太阳电池硅材料

唐雅琴　编著

北　京
冶　金　工　业　出　版　社
2021

内 容 提 要

本书系统阐述了半导体硅材料电池的工作原理，硅材料的提纯、生产和加工工艺及其测试分析技术。主要内容包括太阳电池的研究、应用现状与发展趋势，太阳能光电转换材料及物理基础，硅太阳电池的结构与制备，硅及其化合物，硅的提纯，单晶硅材料，多晶硅的制备及其缺陷和杂质，硅材料加工，硅薄膜材料，硅材料的测试与分析。

本书可供从事新能源材料与器件、新能源科学与工程、太阳能光伏等研究的科研人员与相关领域的工程技术人员阅读，也可供高校有关专业师生参考。

图书在版编目(CIP)数据

太阳电池硅材料/唐雅琴编著. —北京：冶金工业出版社，2019.7（2021.3 重印）

ISBN 978-7-5024-8182-7

Ⅰ.①太… Ⅱ.①唐… Ⅲ.①硅太阳能电池—材料—研究 Ⅳ.①TM914.4

中国版本图书馆 CIP 数据核字（2019）第 140771 号

出 版 人 苏长永
地　　址 北京市东城区嵩祝院北巷 39 号 邮编 100009 电话 (010)64027926
网　　址 www.cnmip.com.cn 电子信箱 yjcbs@cnmip.com.cn
责任编辑 杨 敏 美术编辑 彭子赫 版式设计 孙跃红
责任校对 郭惠兰 责任印制 李玉山
ISBN 978-7-5024-8182-7
冶金工业出版社出版发行；各地新华书店经销；北京中恒海德彩色印刷有限公司印刷
2019 年 7 月第 1 版，2021 年 3 月第 2 次印刷
169mm×239mm；11.75 印张；228 千字；178 页
55.00 元

冶金工业出版社 投稿电话 (010)64027932 投稿信箱 tougao@cnmip.com.cn
冶金工业出版社营销中心 电话 (010)64044283 传真 (010)64027893
冶金工业出版社天猫旗舰店 yjgycbs.tmall.com

前　　言

随着人类生活及工商业活动对能源的需求越来越大，能源问题日趋突出。传统能源的开采难度越来越高，不少能源的储量只能维持几十年时间；与此同时，化石能源在使用时产生的二氧化碳、二氧化硫、颗粒物、重金属等污染物，不可避免地造成温室效应、酸雨、雾霾等各类污染问题，已经影响到人类的生活甚至生命。因此，人们迫切地希望找到新的、清洁的、可替代传统能源的新能源，以解决日益严峻的能源问题和环境问题。

太阳能是一种十分重要的新能源，其具有清洁、可再生、储量丰富等优点，极具应用前景。在太阳能的有效利用研究中，太阳电池是近年来最受瞩目、发展最快的研究领域之一。硅太阳电池是目前应用最为广泛的一类太阳电池，它是以半导体硅材料为基础，其工作原理是利用半导体硅材料吸收光能后发生光电转换效应。由于制造工艺上的不同，硅太阳电池可分为单晶硅太阳电池和多晶硅太阳电池两种结构。

近年来，硅太阳电池技术在理论和应用上都有了很大的发展，也增添了许多新的内容，本书从材料制备和性能的角度，着重介绍了硅材料太阳电池光电转换的基本原理、硅太阳电池的结构与制备工艺、原料硅的提纯、单晶硅和多晶硅生产加工工艺、硅材料的性能测试与分析等，系统总结了目前太阳电池硅材料的主要制备技术及其进展。

本书由贵州理工学院唐雅琴编著。在撰写过程中，贵州理工学院刘仪柯老师提出了许多编写意见，提供了有关参考资料，并参与了最后的校稿工作。

感谢贵州理工学院一流教学团队建设项目（新能源材料与器件一流教学团队）、省级本科高校一流课程“神奇的材料世界”建设项目（16001 黔财教［2016］70 号，17008 黔财教［2017］142 号）和贵州省科技厅基础研究计划项目（黔科合基础［2017］1064 号）对本书内容涉及的有关研究的资助；感谢贵州理工学院对本书出版的支持。

由于作者水平、时间、精力所限，书中不足之处，望各位专家学者和广大读者能予以谅解，并提出宝贵意见。

作　者

2019 年 5 月

目　录

1 绪　论

1.1 能源与环境

能源是人类赖以生存和发展的重要物质基础，是整个世界发展和经济增长的最基本的驱动力，在工业、农业、国防、交通运输等方方面面扮演着重要的角色。从能源发展史可以看出，能源开发与利用是人类生产活动重要的动力来源，是社会经济进步的重要支撑条件。从“火与柴草”时代的亚非农耕文明，到英国主导的“煤炭与蒸汽机”工业革命时代，再到美国主导的“石油与内燃机”的能源变革，每一次能源的变革，都标志着社会生产力的巨大跃迁。

目前，石油、天然气和煤炭这三种能源占据了全球80%以上的能源份额。这三种能源又被称为“化石能源”，因其是由远古时代的动植物化石埋藏于地下演变而来的。化石能源有着独特的优点：（1）能量密度高；（2）便于开采、运输和储存；（3）储量相对较大，成本相对低。

化石能源曾经一度被认为是用之不竭的。这使得化石能源在第一次、第二次工业革命得到广泛的应用，而且，在之后相当长一段时间里在人类经济社会的发展中占据重要地位。

随着人类生活和工业、商业活动对于能源的需求越来越大，传统能源的开采难度越来越高，易开采的煤矿、油田不断枯竭，不少能源的储量只能维持几十年时间。与此同时，化石能源在使用时产生的二氧化碳、二氧化硫、颗粒物、重金属等污染物，不可避免地造成温室效应、酸雨、雾霾等各类污染问题，这些污染已经影响到人类的生活甚至生命。随着国际社会对能源安全、生态环境、异常气候等问题的日益重视，减少化石能源燃烧、加快开发和利用可再生能源已成为世界各国的普遍共识和一致行动。目前，全球能源转型的基本趋势是实现化石能源体系向低碳能源体系的转变，最终目标是进入以可再生能源为主的新能源时代。

1.2 新能源

新能源（new energy）是相对常规能源而言的，所以又称非常规能源，是指传统能源之外的各种能源形式。一般来说，常规能源是指技术上比较成熟且已被大规模利用的能源，而新能源通常是指尚未大规模利用、正在积极研究开发的能源。因此，煤、石油、天然气以及大中型水电被看作常规能源，而太阳能、风能、现代生物质能、地热能、海洋能以及氢能等被看作新能源。

(1) 太阳能。太阳能作为直接从太阳获得能量的清洁可再生能源，目前在我国得到较大范围的使用，主要体现为太阳能热水器等的普及使用。近年来，在政策的大力支持下，太阳能产业得到快速发展，太阳能相关技术如太阳电池等也日臻成熟。中国光伏行业协会公布的数据显示，2017 年，我国多晶硅产量为 24.2 万吨，占全球总产量的 56%；硅片产量约为 90GW，占全球总产量的 83%；电池片产量 68GW，占全球总产量的 67%；电池组件产量达到 74GW，占全球总产量的 71%。截至 2018 年 9 月底，我国太阳能光伏发电累计装机容量达到 16474.3 万千瓦，新增装机连续 6 年保持世界第一。

(2) 风能。我国风能资源较为丰富，风能在我国的利用也较为成熟。2017 年我国风电新增并网装机容量占全部电力新增并网装机容量的比例为 14.6%，累计并网装机容量占全部发电装机容量的比例为 9.2%。风电新增装机容量占比近几年均维持 14%以上，累计装机容量占比则呈现稳步提升的态势。发电量方面，2016 年全国风电发电量 2410 亿千瓦时，占全部发电量的 4.1%，2017 年全国风电发电量 3057 亿千瓦时，占全部发电量的 4.8%，发电量逐年增加，市场份额不断提升，风电已成为继煤电、水电之后我国第三大电源。然而，风电产业快速发展的同时也遭遇了输出的技术瓶颈，“弃风”现象时有发生。

(3) 核电。核电目前是我国主要的发电来源之一，地位仅次于煤炭和水电。目前，我国在运核电机组 45 台，装机容量 4590 万千瓦，位居全球第三；在建核电机组 11 台，装机容量为 1280 万千瓦，规模居世界第一位。

(4) 洁净煤技术。由于煤炭在我国能源结构中的重要地位，今后很长一段时期内，煤炭仍将是我国主要的一次能源，因此，煤炭的清洁燃烧显得尤为重要。洁净煤技术包括两个方面：一是直接烧煤洁净技术；二是煤转化为洁净燃料技术。目前比较成熟的洁净煤技术主要包括型煤加工、洗选煤、水煤浆、动力配煤、煤炭气化、煤炭液化、洁净燃烧和煤气化联合循环发电技术等。

(5) 氢能。近年来，随着氢能应用技术逐渐成熟，氢能的发展在世界各国备受关注。氢能可广泛应用于燃料电池车辆、发电、储能，也可掺入天然气用于工业和民用燃气。氢能具有可规模化储存的特性，其广泛应用可部分替代石油和天然气，成为能源消费的重要组成部分。

我国在氢能研究领域已经取得很多重要成果，燃料电池、燃料汽车技术都已成熟。近年来我国燃料电池汽车产销量保持每年千辆左右，2018 年我国燃料电池汽车产量达到 1619 辆，相比 2017 年增加 27%，燃料电池需求 51MW。

(6) 生物质能。生物质能是指生物排泄和代谢的有机物质所蕴含的能量。生物质能是接近零排放的绿色能源，越来越多的国家将发展生物质能作为替代化石能源、保障能源安全的重要战略措施，生物质能在许多国家能源供应中的作用正在不断增强。生物质发电技术是目前生物质能应用方式中最普遍、最有效的方法之一，在欧美等发达国家，生物质能发电已形成非常成熟的产业，成为一些国家重要的发电和供热方式。生物质发电分为直接燃烧发电、混合燃烧发电、生物质气化发电和沼气发电等不同类型。

（7）地热能。地热应用前景广阔，主要指的是有效利用地下蒸汽和地热水，用途可以发电、供暖等。地热能通常分为浅层地热能、水热型地热能、干热岩型地热能。受资源所限，地热发电站主要集中在西藏地区。在其他地区，地热也正得到越来越广泛的应用。"十二五"期间，中国地质调查局组织完成全国地热能资源调查，对浅层地热能、水热型地热能和干热岩地热能资源分别进行评价。结果显示，中国大陆336个主要城市浅层地热能年可采资源量折合7亿吨标准煤，可实现供暖（制冷）建筑面积320亿平方米，其中黄淮海地区和长江中下游地区最适合。

（8）潮汐能。潮汐能是一种海洋能，是由于太阳、月球对地球的引力以及地球的自转导致海水潮涨和潮落形成的水的势能。我国海岸线绵长，潮汐能丰富，主要集中在浙江、福建、广东和辽宁等省。我国潮汐能发展已有40多年的历史，建成并长期运行的潮汐电站八座，最大的是温岭市江厦潮汐试验电站。

1.3 太阳能

太阳能是资源潜力最大的可再生能源，可利用的技术包括制热、发电、采光和制冷等，目前得到广泛利用的是太阳能热水器和光伏发电。根据能源中长期规划纲要，到2020年，要使中国太阳能热水器总集热面积达到2.7亿平方米，年替代3500万吨标准煤。光伏发电今后较长时间仍主要集中在解决偏远地区无电人口的用电方面，同时开展并网光伏发电的试点和示范。到2020年，将使光伏发电总容量达到100万千瓦。

太阳能热水器作为我国近年来迅速发展的新型产业，已形成完整的产业体系，年总产值已经接近110亿元。2007年，中国太阳能热水器产量的增长速度约为30%，年产量达2340万平方米，总保有量约为10800万平方米。2007年，太阳能热水器市场销售额约为320亿元人民币，产值亿元人民币以上的企业有20多家。太阳能热水器的出口额增长约为28%，6500万美元左右，产品出口欧洲、美洲、非洲、东南亚等50多个国家和地区。但在应用技术方面，我国与欧盟、日本和美国等还有一定差距。目前，发达国家的太阳能热水器与建筑进行了较好的结合，向太阳能建筑一体化方向发展。

太阳能光伏发电作为最有发展前途的发电方式，目前由于建设成本较高，还难以大规模商业化发展，但在解决偏远地区用电方面已经发挥了重要的作用。我国已经建成1000多个太阳能光伏电站，解决了约100万人口的用电问题。

目前太阳能光伏发电居世界各国前列的是日本、德国和美国。中国光伏发电产业于20世纪70年代起步，90年代中期进入稳步发展时期，太阳电池及组件产量逐年稳步增加。经过30多年的努力，已迎来了快速发展的新阶段。在“光明工程”先导项目和“送电到乡”工程等国家项目及世界光伏市场的有力拉动下，我国光伏发电产业迅猛发展。到2007年年底，全国光伏系统的累计装机容量达到10万千瓦，从事太阳电池生产的企业达到50余家，太阳电池生产能力达到290万千瓦，太阳电池年产量达到1188MW，超过日本和欧洲，并已初步建立起从原材料生产到光伏系统建设等多个环节组成的完整产业链，特别是多晶硅材料生产取得了重大进展，突破了年产千吨大关，冲破了太阳电池原材料生产的瓶颈制约，为我国光伏发电的规模化发展奠定了基础。

目前，从能源供应安全和清洁利用的角度出发，世界各国正把太阳能的商业化开发和利用作为重要的发展趋势。欧盟、日本和美国把2030年以后能源供应安全的重点放在太阳能等可再生能源方面。预计到2030年太阳能发电将占世界电力供应的10%以上，2050年达到20%以上。大规模的开发和利用使太阳能在整个能源供应中将占有一席之地。

中国《可再生能源法》的颁布和实施，为太阳能利用产业的发展提供了政策的保障；《京都议定书》的签订、环保政策的出台和对国际的承诺，给太阳能利用产业带来机遇；西部大开发，为太阳能利用产业提供巨大的国内市场；中国能源战略的调整，使得政府加大对可再生能源发展的支持力度，所有这些都为中国太阳能利用产业的发展带来极大的机会。

1.4 太阳电池的研究和应用历史

太阳像是一座聚合核反应器，它一刻不停地向四周空间放射出巨大的能量。它的发射功率为3.865×10^{26}J/s（相当于烧掉1.32×10^{16}t标准煤释放出来的能量）。地球大气表层所接收的能量仅是其中的22亿分之一，但是地球一年接收的太阳的总能量却是现在人类消耗能源的12000倍。另外，根据文献记载，太阳的质量为1.989×10^{30}kg，根据爱因斯坦相对论（$E=mc^2$）可以计算出太阳上氢的含量足够维持800亿年，而由地质资料得出的地球年龄远远小于这个数字。因此，可以说太阳能是取之不尽、用之不竭的。

以太阳能发展的历史来说，光照射到材料上所引起的“光起电力”行为，早在19世纪的时候就已经发现了。

1839年，光生伏特效应第一次由法国物理学家A. E. Becquerel发现。1849年术语“光伏”才出现在英语中。

1883年第一块太阳电池由Charles Fritts制备成功。Charles用锗半导体上覆上一层极薄的金层形成半导体金属结，器件只有1%的效率。

到了1930年代，照相机的曝光计广泛地使用光起电力行为原理。

1946年Russell Ohl申请了现代太阳电池的制造专利。

到了1950年代，随着半导体物性的逐渐了解，以及加工技术的进步，1954年当美国的贝尔实验室在用半导体做实验发现在硅中掺入一定量的杂质后对光更加敏感这一现象后，第一个太阳电池在1954年诞生在贝尔实验室。太阳电池技术的时代终于到来。

1960年代开始，美国发射的人造卫星就已经利用太阳电池作为能量的来源。

1970年代能源危机，让世界各国察觉到能源开发的重要性。

1973年发生了石油危机，人们开始把太阳电池的应用转移到一般的民生用途上。

1983年，美国在加州建立世界上最大的太阳能电厂，它的发电量可以高达16MW。南非、博茨瓦纳、纳米比亚和非洲南部的其他国家也设立专案，鼓励偏远的乡村地区安装低成本的太阳电池发电系统。

目前，太阳电池产品是以半导体为主要材料的光吸收材料，在器件结构上则使用P型与N型半导体所形成的PN结产生的内电场，从而分离带负电荷的电子与带正电荷的空穴而产生电压。由于晶体硅材料与器件在技术的成熟度方面领先于其他半导体材料，最早期的太阳电池极为晶体硅制成，直到近几年晶体硅太阳电池仍有大约90%的市场占有率。除了技术与投资门槛较低以外，不用担心硅原料匮乏等都是造成其市场占有率高的主因。

在晶体硅太阳电池之后，大约从1980年起开始有非晶硅薄膜太阳电池产品进入市场，率先应用于小型电子产品（如计算机、手表等），接着因技术演进而有大面积的太阳电池模块用于建筑物，甚至以其可弯曲的特性创造更宽广的多元应用。只要是具有直接能隙的半导体材料，因其光吸收系数很高，如GaAs、CdTe、CIGS等，都可以作为薄膜太阳电池结构中的光吸收层，厚度只有数微米。比起间接能隙的晶体硅材料（一般需要数百微米的厚度），薄膜太阳电池用料较少，再加上晶体硅原料价格居高不下，在材料成本上会显著低于晶体硅太阳电池。若未来技术成熟度和自主性提升，将有利于市场占有率的提高。

1.5 中国太阳电池的产业现状与未来

地球上太阳能资源的分布与各地的纬度、海拔高度、地理状况和气候条件有关。资源丰度一般以全年总辐射量（单位为kW/m^2·年）和全年日照总时数表示。我国属太阳能资源丰富的国家之一，辐射总量在3.3103~8.4106kJ/m^2之间。全国总面积2/3以上地区年日照时数大于2000h。我国西藏、青海、新疆、甘肃、宁夏、内蒙古高原的总辐射量和日照时数均为全国最高，属世界太阳能资源丰富地区之一；四川盆地、两湖地区、秦巴山地是太阳能资源低值区；东部、南部及东北为资源中等区。

随着全球经济的快速发展，煤炭、石油等不可再生能源供应日趋紧张，开发使用新能源已成当务之急。太阳能作为一种丰富、洁净和可再生的新能源，它的开发利用对缓解能源危机、保护生态环境和保证经济的可持续发展意义重大。加快发展我国太阳能光伏产业，做大经济总量，调优产业结构，推进经济转型，是提升国家整体竞争力的必然选择。发展光伏产业的同时，相关技术的发展更新与积累也为以后的可持续发展打下坚实的基础。

中国光伏发电产业于20世纪70年代起步，当时我国对太阳电池的研究开发工作高度重视。在“七五”期间，非晶硅半导体的研究工作已经列入国家重大课题；“八五”和“九五”期间，我国把研究开发的重点放在大面积太阳电池等方面；90年代中期进入稳步发展时期，太阳电池及组件产量逐年稳步增加。经过30多年的努力，光伏发电已迎来了快速发展的新阶段。在“光明工程”先导项目和“送电到乡”工程等国家项目及世界光伏市场的有力拉动下，中国光伏发电产业迅猛发展。也正是发展过于迅猛，导致目前中国光伏发电产业存在一些不足和问题，归纳总结如下：

（1）产业全面提升下的隐忧。2008年以来，我国太阳能光伏产业的发展受全球金融危机的冲击，订单缩减、业绩有所下滑，不过，受国际、国内的市场拉动以及国内相关产业政策的推动，我国太阳能光伏产业出现了快速增长。其中，太阳能多晶硅产量已突破4000t，太阳电池产量接近2000MW，居全球首位。但是，当前我国太阳能光伏产业整体水平，尤其在事关产业发展的核心关键技术、装备以及相关产业政策等诸多方面，与技术领先国家相比较还存在较大的差距，导致光伏产业发展面临一系列问题。

（2）国家战略层面缺乏系统完备的“顶层设计”。德国、西班牙、美国、日本等发达国家的光伏产业发展实践表明，制定并确立长远的光伏产业发展规则、遵循或建立保障机制、实施政府补贴等政策是光伏产业发展与壮大的动力和源泉。当前，全球最受世人瞩目的光伏产业发展计划是美国、日本制定的“面向2030年的光伏工业线路图”。该计划均是立足于国家层面的光伏产业发展计划，其中美国的目的是由“以出口带动光伏产业发展转变为”投资国内技术和市场，扩大内需，带动产业显著增长，设定了2030年累积装机容量达200GW的宏大目标，每年新增装机容量19GW。届时，光伏发电将占据电力市场较大份额，并成为电力的主要来源。

日本的目的是使未来的光伏研发从“政府指引研发以创建初期光伏系统市场”转变为“基于学术界、产业界和政府间的任务共担与合作的研发模式以创建成熟的光伏系统市场”，设定了2030年累积装机容量达100GW的发展目标。届时，其光伏发电可以提供约50%的日本居民电力消费（约占总电力消费的 10%)。

我国出台的《国民经济和社会发展“十一五”规划纲要》《可再生能源中长期发展规划》《可再生能源发展“十一五”规划》等均涉及太阳能光伏产业发展，明确了未来发展的长远目标。但是，从当前我国光伏产业发展现状、总体趋势看，《可再生能源中长期发展规划》中，2010 年的光伏装机容量 300MW、2020 年的 1.8GW、2030 年的 10GW 以及 2050 年的 100GW 等发展目标设定明显偏低，相比当前世界光伏产业发展势头显得滞后。在涉及制约产业发展的核心技术、装备等方面，所需攻克的关键技术、突破方向、发展路径等尚未提出明确目标；在涉及光伏并网发电问题方面，并网及运行管理行业标准、并网价格以及系统维护等缺乏相对完整、系统的管理办法和政策细则。

(3) 产业链构建畸形，高纯多晶硅材料成为产业发展瓶颈。从全球太阳能光伏产业发展整体视角看，产业上中下游构成一个典型的“金字塔”模型，即产业上游企业数量相对较少，产业中游企业数量比上游多，产业下游企业数目最多。为此，相对完整、合理的产业链结构，有利于太阳能光伏产业的发展与壮大，但是，当前全球光伏产业链的结构已经发生了明显变化。

当前，我国太阳能光伏产业已逐步拓展步入蓬勃发展时期，多晶硅产能、产量不断扩大，2008 年太阳能光伏电池产量已接近 2GW。据有关统计数据，自 2005 年以来，我国多晶硅产量、产能出现爆发式增长，2008 年产量接近 4480t，产能超过 1 万吨；预计 2009 年的产量将超过 3 万吨，产能面临巨大过剩风险。从产业链的构成、产业发展的整体看，产业链发展已经呈现出“畸形”，“金字塔”模式不复存在，未来产业前景不容乐观。

2008 年，全球光伏产业受金融危机影响，多晶硅现货价格一路滑落，使未来我国相关企业面临严峻挑战。同时，在高纯多晶硅制备方面，我国与美、日以及德、意、挪威等欧盟技术领先国家存在较大差距，这是制约我国太阳能光伏产业发展的瓶颈。

(4) 自主知识产权缺乏核心技术和设备有待突破。多晶硅制备，是一项相对复杂的高技术，涉及化工、电子、电气、机械和环保等多个学科。当前，太阳能级多晶硅技术主要包括物理法和化学法。目前，最常用的方法是“改良西门子法”，占据了全球太阳能级多晶硅产量的 76%以上，但是，“改良西门子法”对原材料、技术要求很高。与国外技术领先国家相比，我国国内多晶硅厂商主要采用引进“改良西门子法”，整体的制备工艺、关键核心设备仍依赖引进。

另外，其他太阳能级多晶硅制备技术方面，如日本川崎制铁公司及德国的湿法精炼法、日本德山公司的熔融析出法、美国国家可再生能源实验室的无氯技术等工艺已经逐步成熟，并步入规模化生产，而我国在上述相关技术、工艺方面尚无突破。

（5）行业标准体系尚未建立，缺少应对竞争手段。当前，全球太阳能光伏产业中，国际通用的光伏模组检验标准分别为美国的UL标准以及欧盟的IEC标准。我国光伏产业没有统一的国家行业标准和检测机构，造成市场不规范，企业间不正当竞争频出，市场相对混乱；同时，国外光伏产品进入我国市场，不需要进行任何机构的监测，关税也几乎为“零”，反之，我国光伏产品进入欧美市场，却要经过严格的监测，并取得认证资格，导致我国光伏产品在国际上的竞争力明显降低，与技术领先国家竞争手段匮乏。

（6）高层次人才短缺，自主创新能力不强。目前，发达国家已经建立了相对完善的技术研发机构，形成了比较完善的产业技术服务体系。我国太阳能光伏产业发展相对较晚，研究发展的基础相对较差，特别是技术发展的整体水平、人才能力培养等相对滞后，缺乏多学科和综合型的技术人才，不能尽快满足快速增长的光伏产业对高层次人才需求，导致国内产业整体研发能力相对薄弱，自主创新能力不强，使制约产业发展的核心技术、关键设备未能完全获得突破。

（7）产业发展政策未能及时出台，制约产业进一步发展。我国为促进光伏产业发展，已相继出台和实施了十几部相关法规。但是，从光伏产业发展整体视角看，我国在促进光伏产业发展的有关财政贴息和税收优惠等政策制定方面，还与德国、日本等发达国家存在较大差距，特别是太阳能光伏发电并网标准、发电并网价格等，缺乏相关法律法规。

2 太阳能光电转换材料及物理基础

2.1 半导体材料

世界上的物体如果以导电的性能来区分，有的容易导电，有的不容易导电。容易导电的称为导体，如金、银、铜、铝、铅、锡等各种金属；不容易导电的物体称为绝缘体，常见的有玻璃、橡胶、塑料、石英等；导电性能介于这两者之间的物体称为半导体，主要有锗、硅、砷化镓、硫化镉等。众所周知，原子是由原子核及其周围的电子构成的，一些电子脱离原子核的束缚，能够自由运动时，称为自由电子。金属之所以容易导电，是因为在金属体内有大量能够自由运动的电子，在电场的作用下，这些电子有规则地沿着电场的相反方向流动，形成了电流。自由电子的数量越多，或者它们在电场的作用下有规则流动的平均速度越高，电流就越大。电子流动运载的是电量，我们把这种运载电量的粒子，称为载流子。在常温下，绝缘体内仅有极少量的自由电子，因此对外不呈现导电性。半导体内有少量的自由电子，在一些特定条件下才能导电。

半导体可以是元素，如硅（Si）和锗（Ge），也可以是化合物，如硫化镉（GdS）和砷化镓（GaAs），还可以是合金，如 $Ga_xAL_{1-x}As$，其中 x 为 0~1 之间的任意数。许多有机化合物，如蒽也是半导体。

半导体的电阻率较大（$10^{-5}\Omega\cdot m \leqslant \rho \leqslant 10^{7}\Omega\cdot m$），而金属的电阻率则很小（$10^{-8}\Omega\cdot m \leqslant \rho \leqslant 10^{-6}\Omega\cdot m$），绝缘体的电阻率则很大（$\rho \geqslant 10^{8}\Omega\cdot m$）。半导体的电阻率对温度的反应灵敏，例如锗的温度从 20℃ 升高到 30℃，电阻率就要降低一半左右。金属的电阻率随温度的变化则较小，例如铜的温度每升高 100℃，ρ 增加 40%左右。电阻率受杂质的影响显著。金属中含有少量杂质时，看不出电阻率有多大的变化，但在半导体里掺入微量的杂质时，却可以引起电阻率很大的变化，例如在纯硅中掺入百万分之一的硼，硅的电阻率就从 $2.14\times10^{3}\Omega\cdot m$减小到 $0.004\Omega\cdot m$ 左右。金属的电阻率不受光照影响，但是半导体的电阻率在适当的光线照射下可以发生显著的变化。

半导体的许多电特性可以用一种简单的模型来解释。硅是四价元素，每个原子的最外壳层上有 4 个电子，在硅晶体中每个原子有 4 个相邻原子，并和每一个相邻原子共有两个价电子，形成稳定的 8 电子壳层。

自由空间的电子所能得到的能量值基本上是连续的，但在晶体中的情况就可能截然不同了。孤立原子中的电子占据非常固定的一组分立的能线，当孤立原子相互靠近，规则整齐排列的晶体中，由于各原子的核外电子相互作用，本来在孤立原子状态是分离的能级扩展，根据情况相互重叠，变成如图 2-1 所示的带状。电子许可占据的能带称为允许带，允许带与允许带间不许可电子存在的范围称为禁带。

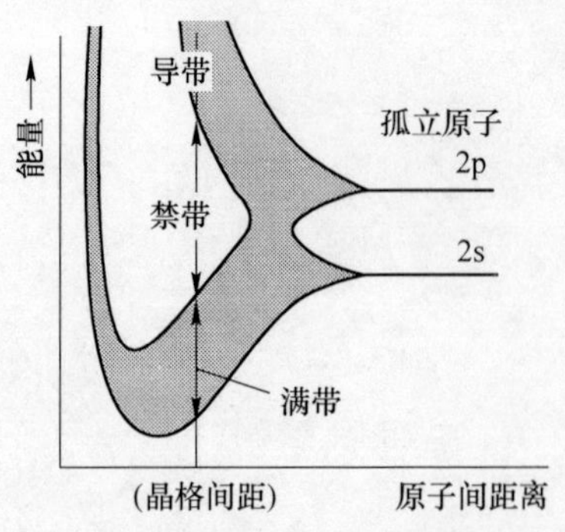

图 2-1　原子间距和电子能级的关系

在低温时，晶体内的电子占有最低的可能能态。但是晶体的平衡状态并不是电子全都处在最低允许能级的一种状态。基本物理定理——泡利（Pauli）不相容原理规定，每个允许能级最多只能被两个自旋方向相反的电子所占据。这意味着，在低温下，晶体的某一能级以下的所有可能能态都将被两个电子占据，该能级称为费米能级（E_F）。随着温度的升高，一些电子得到超过费米能级的能量，考虑到泡利不相容原理的限制，任一给定能量 E 的一个所允许的电子能态的占有概率可以根据统计规律计算，其结果是由下式给出的费米-狄拉克分布函数 $f(E)$，即

$$f(E) = \frac{1}{1 + e^{(E-E_F)/kT}}$$

现在就可用电子能带结构来描述金属、绝缘体和半导体之间的差别。电导现象是随电子填充允许带的方式不同而不同。被电子完全占据的允许带（称为满带）上方，隔着很宽的禁带，存在完全空的允许带（称为导带），这时满带的电子即使加电场也不能移动，所以这种物质便成为绝缘体。允许带不完全占满的情况下，电子在很小的电场作用下就能移动到离允许带少许上方的另一个能级，成为自由电子，而使电导率变得很大，这种物质称为导体。所谓半导体，即天然具有和绝缘体一样的能带结构，但禁带宽度较小的物质。在这种情况下，满带的电子获得室温的热能，就有可能越过禁带跳到导带成为自由电子，它们将有助于物质的导电性。参与这种电导现象的满带能级在大多数情况下位于满带的最高能级，因此可将能带结构简化为图 2-2。另外，因为这个满带的电子处于各原子的最外层，是参与原子间结合的价电子，所以又把这个满带称为价带。图中省略了导带的上部和价带的下部。半导体结晶在相邻原子间存在着共用价电子的共价键。如图 2-2 所示，一旦从外部获得能量，共价键被破坏后，电子将从价带跃迁到导带，同时在价带中留出电子的一个空位。这个空位可由价带中邻键上的电子来占据，而这个电子移动所留下的新的空位又可以由其他电子来填补。这样，我们可以看成是空位在依次地移动，等效于带正电荷的粒子朝着与电子运动方向相反的方向移动，这种空位称为空穴。在半导体中，空穴和导带中的自由电子一样

成为导电的带电粒子（即载流子）。电子和空穴在外电场作用下，朝相反方向运动，但是由于电荷符号也相反，因此，作为电流流动方向则相同，对电导率起叠加作用。

图 2-2 所示的能带结构中，当禁带宽度 E_g 比较小的情况下，随着温度上升，从价带跃迁到导带的电子数增多，同时在价带产生同样数目的空穴，这个过程叫电子-空穴对的产生，把在室温条件下能进行这样成对地产生并具有一定电导率的半导体叫本征半导体，它只能在材料极纯的情况下得到。而通常情况下，由于半导体内含有杂质或存在品格缺陷，作为自由载流子的电子或空穴中任意一方增多，就成为掺杂半导体。存在多余电子的称为 N 型半导体，存在多余空穴的称为 P 型半导体。

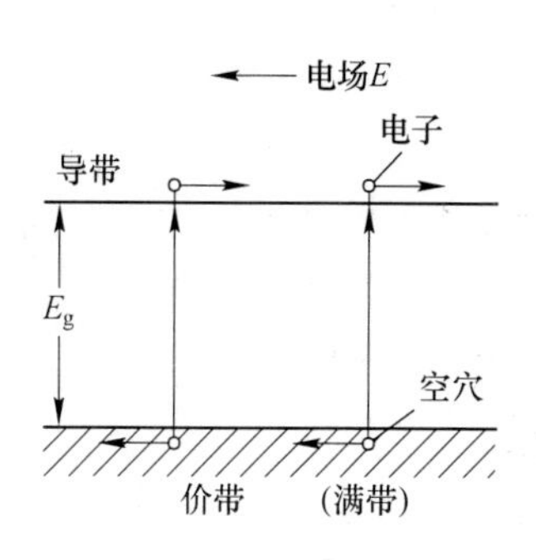

图 2-2　半导体能带结构和载流子的移动

杂质原子可通过两种方式掺入晶体结构：一种方式是，它们可以挤在基质晶体原子间的位置上，这种情况称它们为间隙杂质；另一种方式是，它们可以替换基质晶体的原子，保持晶体结构中的有规律的原子排列，这种情况下，它们被称为替位杂质。

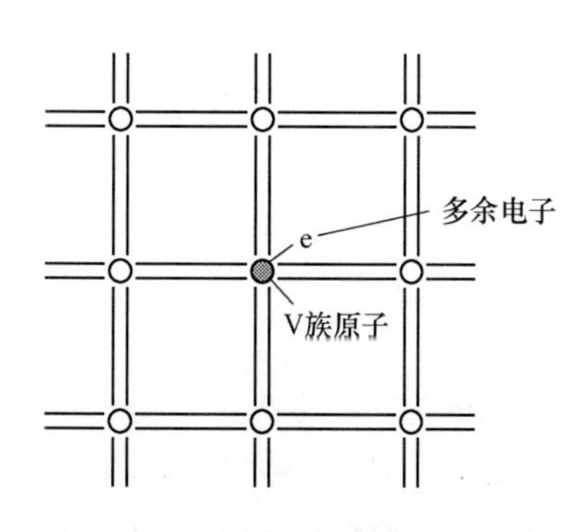

图 2-3　一个Ⅴ族原子替代了一个硅原子的部分硅晶格

周期表中Ⅲ族和Ⅴ族原子在硅中充当替位杂质，图 2-3 示出一个Ⅴ族杂质（如磷）替换了一个硅原子的部分晶格。四个价电子与周围的硅原子组成共价键，但第五个却处于不同的情况，它不在共价键内，因此不在价带内，它被Ⅴ族原子束缚，所以不能穿过晶格自由运动，因此它也不在导带内。可以预期，与束缚在共价键内的自由电子相比，释放这个多余电子只需较小的能量，比硅的带隙能量 1.1eV 小得多。自由电子位于导带中，因此束缚于Ⅴ族原子的多余电子位于低于导带底的能量为 E' 的地方，如图 2-4（a）所示。这就在“禁止的”晶隙中安置了一个允许的能级，Ⅲ族杂质的分析与此类似（如图 2-4（b）所示）。例如，把Ⅴ族元素（Sb、As、P）作为杂质掺入单元素半导体硅单晶中时，这些杂质替代硅原子的位置进入晶格点。

杂质原子的 5 个价电子除与相邻的硅原子形成共价键外，还多余 1 个价电子，与共价键相比，这个剩余价电子与杂质原子的结合极为松弛。因此，只要杂

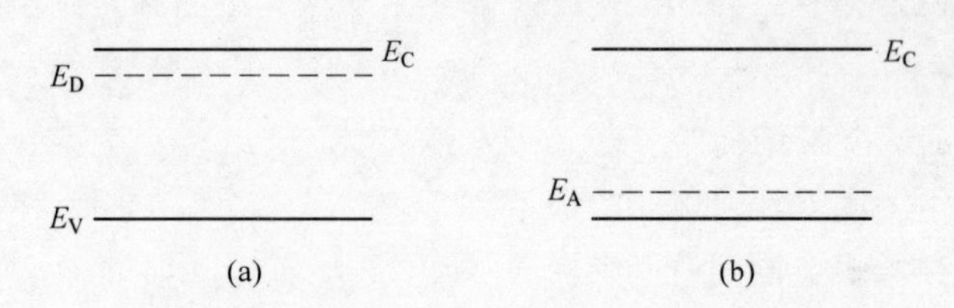

图 2-4　V 族替位杂质在禁带中引入的允许能级（a）和Ⅲ族杂质的对应能态（b）

质原子得到很小的能量，就可以释放出电子形成自由电子，而本身变成 1 价正离子，但因受晶格点阵的束缚，它不能运动。这种情况下，形成电子过剩的 N 型半导体，其能带结构如图 2-5 所示。这类可以向半导体提供自由电子的杂质称为施主杂质。在 N 型半导体中，除存在从这些施主能级产生的电子外，还存在从价带激发到导带的电子。由于这个过程是电子-空穴成对产生的，因此，也存在相同数目的空穴。我们把数量多的电子称为多数载流子，将数量少的空穴称为少数载流子。

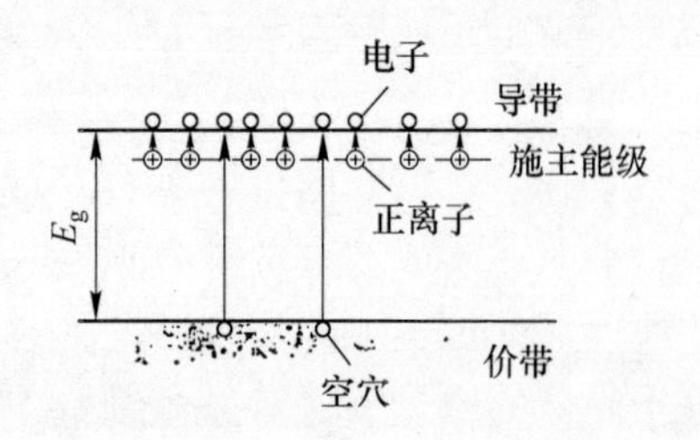

图 2-5　N 型半导体的能带结构

把Ⅲ族元素（B、Al、Ga、In）作为杂质掺入时，由于形成完整的共价键上缺少一个电子，所以，就从相邻的硅原子中夺取一个价电子来形成完整的共价键。被夺走的电子留下一个空位，成为空穴。结果，杂质原子成为 1 价负离子的同时，提供了束缚不紧的空穴。这种结合用很小的能量就可以破坏，从而形成自由空穴，使半导体成为空穴过剩的 P 型半导体，其能带结构如图 2-6 所示。可以接受电子的杂质原子称为受主杂质。这种情况下，多数载流子为空穴，少数载流子为电子。

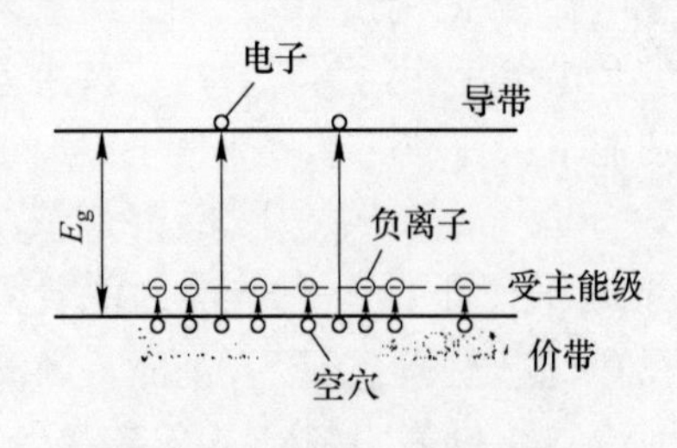

图 2-6　P 型半导体的能带结构

上述的例子都是由掺杂形成的 N 型或 P 型半导体，因此称为掺杂半导体。但为数很多的化合物半导体，根据构成元素某种过剩或不足，有时导电类型发生变化。另外，也有构成元素蒸气压差过大等原因，造成即使掺入杂质有时也得不到 N、P 两种导电类型的情况。

2.2 半导体中载流子的统计

半导体靠电子和空穴传导电流，为了了解和描述半导体的导电过程，必须首先了解其中电子和空穴按能量分布的基本规律，掌握用统计物理学的方法求解处于热平衡状态的一块半导体中的载流子密度及其随温度变化的规律。这就是本节要讨论的主要问题。

为了计算半导体中热平衡载流子的密度及其随温度变化的规律，我们需要两方面的知识：第一，载流子的允许量子态按能量如何分布；第二，载流子在这些允许的量子态中如何分布。

（1）热平衡状态。在一定温度下，如果没有其他外界作用，半导体中能量较低的价带和施主能级上的电子依靠热激发跃迁到能量较高的受主或（和）导带，分别在价带和导带中引入可以导电的空穴和电子。同时，高能量状态上电子也有一定的概率退回到它原来的低能量状态。于是，电子和空穴在所有允许量子态间的可逆跃迁达到稳定的动态平衡，使导带和价带分别具有稳定的电子密度和空穴密度，这种状态即热平衡状态。

处于热平衡状态下的导带电子和价带空穴称为热平衡载流子。热平衡载流子具有稳定的、与温度相关的密度。因此，需要解决如何计算确定温度下半导体热平衡载流子密度的问题。

（2）热平衡状态下的载流子密度。由于导电电子和空穴分别分布在导带和价带的量子态中，所以电子和空穴的密度必取决于这些状态的密度分布，以及电子和空穴占据这些状态的概率。如果状态密度是与能量无关的常数 N_C 和 N_V，则电子和空穴的热平衡密度 n_0 和 p_0 直接由 N_C 和 N_V 分别与相应的概率函数相乘得出；如果状态密度是能量的函数 $g_C(E)$ 和 $g_V(E)$，则载流子密度的计算须采用积分方式，即

$$n_0 = \int_{E_C}^{\infty} g_C(E)f(E)\mathrm{d}E;\ p_0 = \int_{-\infty}^{E_V} g_V(E)f(E)\mathrm{d}E$$

因此，需了解状态密度函数和概率函数的具体函数形式。

2.3 费米能级和载流子的统计

2.3.1 费米分布函数

2.3.1.1 量子态的占据概率

在热平衡状态下，电子在不同能量量子态上的分布概率是一定的。根据量子统计理论，服从泡利不相容原理的电子遵循费米统计律，能量为 E 的一个量子态

被电子占据的概率为

$$f(E)=\frac{1}{1+\exp\left(\frac{E-E_{\mathrm{F}}}{kT}\right)}$$

式中，k 为玻耳兹曼常数，T 为热力学温度。$f(E)$ 被称为电子的费米分布函数。

$f(E)$ 表示能量为 E 的量子态被电子占据的概率，那么 $1-f(E)$ 就是能量为 E 的量子态不被电子占据的概率，若该量子态属于价带，这也就是它被空穴占据的概率。即

$$1-f(E)=\frac{1}{1+\exp\left(\frac{E_{\mathrm{F}}-E}{kT}\right)}$$

2.3.1.2　量子态在不同温度下被电子占据的概率

（1）$T=0\mathrm{K}$ 时，若 $E<E_{\mathrm{F}}$，则 $f(E)=1$，即这些量子态是满的；若 $E>E_{\mathrm{F}}$，则 $f(E)=0$，即这些量子态是空的。

（2）$T>0\mathrm{K}$ 时，若 $E<E_{\mathrm{F}}$，则 $f(E)>1/2$，即能量比费米能级低的量子态被电子占据的概率较大；若 $E=E_{\mathrm{F}}$，则 $f(E)=1/2$，即能量等于费米能级的量子态被电子占据的概率是50%；若 $E>E_{\mathrm{F}}$，则 $f(E)<1/2$，即能量比费米能级高的量子态被电子占据的概率较小。

可以认为，在温度不很高时，能量大于费米能级的量子态基本上没有被电子占据，而能量小于费米能级的量子态基本上为电子所占据，而电子占据费米能级的概率在各种温度下总是1/2，所以费米能级的位置比较直观地反映电子占据量子态的水平。

图2-7中给出了温度300K、1000K和1500K时的费米分布函数曲线。图中可见，随着温度的升高，电子占据费米能级以下能量状态的概率下降，而占据费米能级以上能量状态的概率增大。

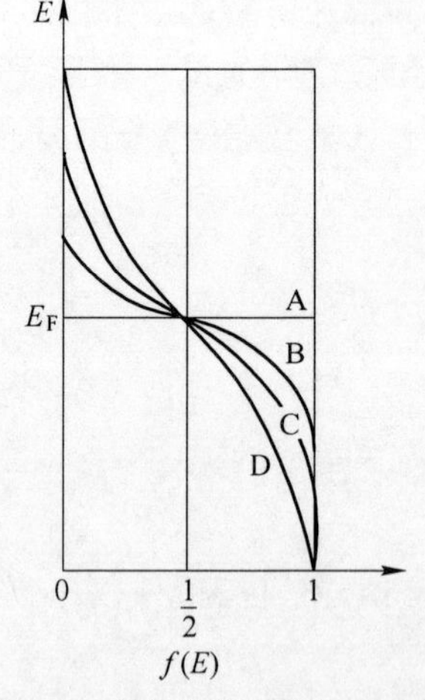

图2-7　费米分布函数与温度的关系曲线（曲线A、B、C、D分别是0K、300K、1000K、1500K的 $f(E)$ 曲线）

2.3.2　费米能级

费米分布函数中的参量 E_{F} 被称为费米能级或费米能量，其大小与温度、材料的导电类型、杂质的含量以及能量零点的选取有关。在一定温度下，E_{F} 决定电子在各量子态上的统计分布。

2.3.2.1 费米能级位置的确定

在确定温度下，量子态被电子占据的难易程度取决于其能级与费米能级的相对位置，因而确定费米能级的位置是载流子统计的前提。

按定义，一个电子系统内所有被电子占据的量子态数目之和应等于该系统的电子总数 N，即

$$\sum_{i} N_i f(E_i) = N$$

如果一个电子系统中没有相同的状态对应于同一能量，则上式中 $N_i = 1$。利用此关系即可确定费米能级在能带结构中的位置。

2.3.2.2 费米能级的物理含义

将半导体中大量电子的集合看成一个热力学系统，由统计理论证明，费米能级 E_F 是系统的化学势，即

$$E_F = \mu = \left(\frac{\partial F}{\partial N}\right)_T$$

在统计物理学中，μ 代表系统的化学势，F 是系统的自由能。上式的意义在于：当系统处于热平衡状态，也不对外界做功的情况下，系统中增加一个电子所引起系统自由能的变化，等于系统的化学势，也就是等于系统的费米能级。处于热平衡状态的系统有统一的化学势，所以，处于热平衡状态的电子系统有相同的费米能级。

2.4 本征半导体的载流子密度

2.4.1 本征半导体（intrinsic）

所谓本征半导体就是不含杂质和缺陷的半导体，其禁带中不存在任何能级。在非零温下，其导带中的电子和价带中的空穴全部来自本征激发，即价带电子受热直接跃迁入导带之中，因而本征半导体中的热平衡电子密度与空穴密度相等，即

$$n_0 = p_0$$

2.4.2 本征半导体的费米能级

利用前节所得之结果，可对本征半导体写出如下方程

$$N_C \exp\left(-\frac{E_C - E_F}{k_0 T}\right) = N_V \exp\left(-\frac{E_F - E_V}{k_0 T}\right)$$

取对数后，解得本征半导体中的费米能级

$$E_i = E_F = \frac{E_C + E_V}{2} + \frac{k_0 T}{2}\ln\frac{N_V}{N_C}$$

将 N_C、N_V表达式代入上式得

$$E_i = E_F = \frac{E_C + E_V}{2} + \frac{3k_0 T}{4}\ln\frac{m_P^*}{m_N^*}$$

此结果表明，若一种半导体电子和空穴的态密度有效质量相等，则其本征费米能级恰在禁带中心。但实际半导体的 m_P^* 都不等于 m_N^*，因而本征费米能级对禁带中心略有偏移。若 $m_P^* > m_N^*$，本征费米能级在禁带中部偏上，反之偏下，分别呈弱 N、弱 P 型。硅和锗的 m_P^*/m_N^* 分别为 0.55 和 0.66，因而本征费米能级略偏下。砷化镓的 $m_P^*/m_N^* = 7.0$，其本征费米能级偏上。不过，一般材料 $\ln(m_P^*/m_N^*)$ 的绝对值均不超过 2，即 E_i对禁带中心的偏移在 $1.5k_0T$ 的范围内。只有锑化铟是例外，其室温禁带宽度 $E_g \approx 0.17\text{eV}$，而其 m_P^*/m_N^* 约为 32。所以，不含杂质的纯净锑化铟也是典型的 N 型材料。

由此可知态密度在决定载流子密度方面的作用。

2.4.3 本征载流子密度 n_i

本征载流子密度即 $n_0=p_0$时的 n_0或 p_0，利用前节结果

$$n_i = (N_C N_V)^{1/2}\exp\left(-\frac{E_g}{2kT}\right)$$

式中，$E_g=E_C-E_V$，为禁带宽度。从上式看出，一定的半导体材料，其本征载流子密度 n_i随温度的升高而迅速增加；不同的半导体材料，在同一温度 T 时，禁带宽度 E_g越大，本征载流子密度 n_i就越小。

同时，对非简并半导体，很显然有关系

$$n_0 p_0 = n_i^2$$

此式表明，在一定温度下，任何非简并半导体的热平衡载流子密度的乘积等于该温度下本征载流子密度的平方，与所含杂质无关。该式不仅适用于本征半导体，也适用于非简并的掺杂半导体。

代入相关的数值，并考虑到 E_g与温度 T 的关系，即设 $E_g = E_g(0) + \beta T$，代入上式得

$$n_i = 4.82 \times 10^{15}\left(\frac{m_P^* m_N^*}{m_0^2}\right)^{3/4} T^{3/2}\exp\left(-\frac{\beta}{2k_0}\right)\exp\left[-\frac{E_g(0)}{2k_0 T}\right]$$

式中，$E_g(0)$ 为外推至 $T=0\text{K}$ 时的禁带宽度。

将具体材料的 m_P^*、m_N^*、β 和 $E_g(0)$ 的数值分别代入上式，可以算出这种

材料在一定温度下的本征载流子密度。

一般半导体器件中，载流子主要来源于杂质电离，而将本征激发忽略不计。在本征载流子密度没有超过杂质电离所提供的载流子密度的温度范围内，如果杂质全部电离，载流子密度是一定的，器件就能稳定工作。但是随着温度的升高，本征载流子密度迅速地增加。例如在室温附近，纯硅的温度每升高 8K 左右，本征载流子密度就增加约一倍。而纯锗的温度每升高 12K 左右，本征载流子密度就增加约一倍。当温度足够高时，本征激发占主要地位，器件将不能正常工作。因此，每一种半导体材料制成的器件都有一定的极限工作温度，超过这一温度后，器件就失效了。

实际硅器件的极限工作温度最高不超过 180℃，双极型硅器件一般在 125℃左右。锗的禁带比硅窄，锗器件的极限工作温度更低。总之，由于本征载流子密度随温度的迅速变化，用本征材料制作的器件性能很不稳定，所以，半导体器件一般都不用本征材料制造。

2.5 PN 结

把一块 P 型半导体和一块 N 型半导体键合在一起，就形成了 PN 结。PN 结几乎是一切半导体器件的结构基础，了解和掌握 PN 结的性质具有很重要的实际意义。

2.5.1 PN 结的形成及其杂质分布

半导体产业形成以来，已开发了多种形成 PN 结的方法，各有其特点。

2.5.1.1 合金法

把一小粒高纯铝置于 N 型单晶硅片的清洁表面上，加热到略高于 Al-Si 系统共熔点（580℃）的温度，形成铝硅熔融体，然后降低温度使之凝固，这时在 N 型硅片的表面就会形成含有高浓度铝的 P 型硅薄层，它与 N 型硅衬底的界面即为 PN 结（这时称为铝硅合金结）。欲在 P 型硅上用同样的方法制造 PN 结，须改用金锑（Au-Sb）合金，即用真空镀膜法在 P 型硅的清洁表面镀覆一层含锑 0.1%的金膜，然后在 400℃左右合金化。

合金结的特点是合金掺杂层的杂质浓度高，而且分布均匀；由于所用衬底一般是杂质浓度较低且分布均匀的硅片，因此形成的 PN 结具有杂质浓度突变性较大的特点，如图 2-8 所示。具有这种形式杂质分布的 PN 结通常称为单边突变结（P^+N 结或 PN^+结）。

合金结的深度对合金过程的温度和时间十分敏感，较难控制，目前已基本淘汰。

2.5.1.2　扩散法

1956 年发明的能精确控制杂质分布的固态扩散法为半导体器件的产业化及其后的长足发展奠定了基础。扩散法利用杂质原子在高温下能以一定速率向固体内部扩散并形成一定分布的性质在半导体内形成 PN 结。由于杂质在某些物质，例如 SiO_2 中的扩散系数极低，利用氧化和光刻在硅表面形成选择扩散的窗口，可以实现 PN 结的平面布局，如图 2-9 所示，从而诞生了以氧化、光刻、扩散为核心的半导体平面工艺，开创了以集成电路为标志的微电子时代。

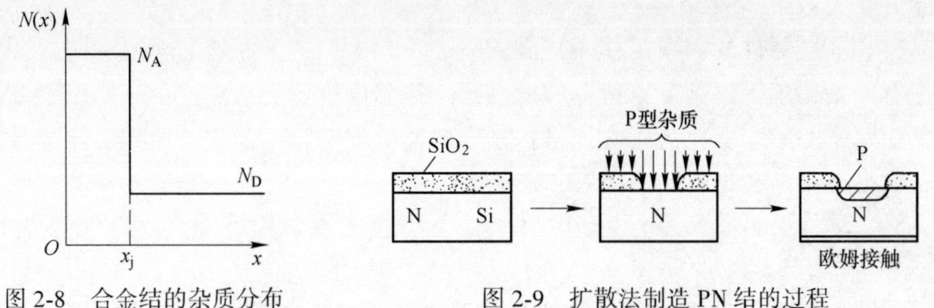

图 2-8　合金结的杂质分布　　　图 2-9　扩散法制造 PN 结的过程

2.5.1.3　其他方法

形成 PN 结的方法还有离子注入法、外延法和直接键合法等，而且这些方法已逐渐成为半导体工业的主流工艺。

2.5.1.4　PN 结的杂质分布

PN 结的杂质分布一般可近似为两种，即突变结和线性缓变结，如图 2-10 所示。合金 PN 结，高表面浓度的浅扩散结，用离子注入、外延和直接键合法制备的结一般可认为是突变结，而低表面浓度的深扩散结一般视为线性缓变结。直接键合法制备的突变结是最理想的突变结。

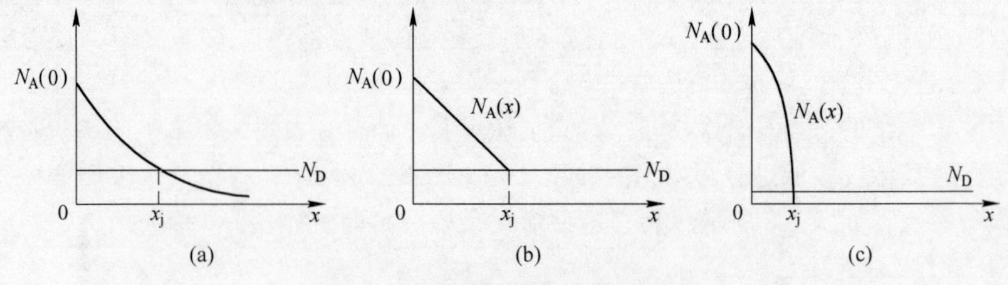

图 2-10　扩散结的杂质分布形式

（a）扩散结；（b）线性缓变结近似；（c）突变结近似

2.5.2 PN 结的空间电荷区与内建电场

考虑两块半导体单晶，一块是 N 型，一块是 P 型。独处的 N 型和 P 型半导体靠电离杂质和少数载流子与其多数载流子保持电中性，但当这两块半导体紧密结合形成 PN 结时，其间的载流子密度梯度导致空穴从 P 区向 N 区、电子从 N 区向 P 区扩散。对于 P 区，空穴离开后，留下了不可动的带负电荷的电离受主，这些电离受主，没有正电荷与之保持电中性，因此，在 PN 结附近的 P 型侧出现了一个负电荷区。同理，在 PN 结附近的 N 型侧出现了由电离施主构成的正电荷区。通常把 PN 结附近的这些由电离施主和电离受主所带电荷称为空间电荷，所在区域称为空间电荷区。

空间电荷区中的这些电荷产生了从 N 区指向 P 区，即从正电荷指向负电荷的电场，称为内建电场。在内建电场作用下，载流子作漂移运动。显然，电子和空穴的漂移运动方向与它们各自的扩散运动方向相反。因此，内建电场起着阻碍电子和空穴继续扩散的作用。随着扩散运动的进行，空间电荷逐渐增多，空间电荷区也逐渐扩展；同时，内建电场逐渐增强，载流子的漂移运动也逐渐加强。在无外加电压的情况下，载流子的扩散和漂移最终将达到动态平衡，两种载流子的扩散电流和漂移电流各自大小相等、方向相反而抵消，因此没有净电流流过 PN 结。这时空间电荷的数量一定，空间电荷区不再继续扩展而保持一定的宽度和一定的内建电场强度。一般称这种情况为热平衡状态下的 PN 结。

2.5.3 热平衡状态下的 PN 结能带结构

2.5.3.1 能带弯曲

当两块半导体结合形成 PN 结时，按照费米能级的意义，系统应有统一的费米能级 E_F。这是通过电子从费米能级高的 N 区流向费米能级低的 P 区，以及空穴从 P 区流向 N 区，使 E_{FN} 下移，E_{FP} 上升，直至 $E_{FN}=E_{FP}$ 来实现的。随着费米能级的移动，空间电荷区外的整个能带随之平移，从而导致空间电荷区内能带弯曲，使空间电荷区费米能级与导带底和价带顶的距离处处不同，如图 2-11 所示。事实上，空间电荷区的能带弯曲是内建电场的结果。由于内建电场从 N 指向 P，空间电荷区内电势 $V(x)$ 由 N 向 P 降低（$E=-dV/dx$），电子的电势能 $-qV(x)$ 则由 N 向 P 升高，即 P 区能带相对 N 区上移，直至费米能级处处相等。由于能带弯曲，电子从势能低的 N 区向 P 区运动时面临这一势能变化形成的势垒。同样，空穴要从 P 区向 N 区运动时也会受到这个势垒的阻挡。

2.5.3.2 热平衡 PN 结的费米能级

本小节进一步证明热平衡状态下 PN 结中费米能级处处相等。

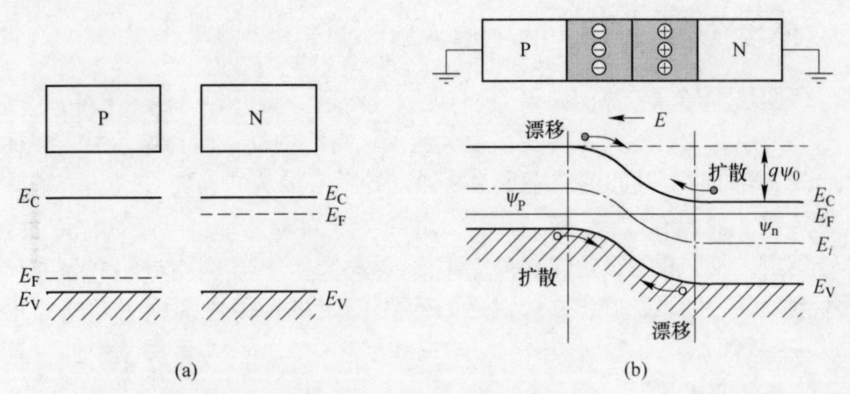

图 2-11　接触前分开的 P 型和 N 型半导体的能带图（a）和接触后热平衡状态下 PN 结的能带图（b）

热平衡 PN 结中不存在外加电场，但存在自建电场。就电子而言，这时流过 PN 结的总电子电流密度 J_n 应等于由载流子密度差引起的电子扩散电流密度和自建电场产生的电子漂移电流密度之和，即

$$J_n = n_0 q\mu_n |E| + qD_n \frac{dn_0}{dx} \tag{2-1}$$

因为热平衡状态下 $J_n = 0$，上式表明热平衡时

$$\frac{dE_F}{dx} = 0 \tag{2-2}$$

对空穴电流也可得到类似结果，即

$$J_p = p_0\mu_p \frac{dE_F}{dx} \tag{2-3}$$

2.5.3.3　广义欧姆定律

对 $n = n_0 + \Delta n$、$p = p_0 + \Delta p$ 的非平衡 PN 结，用同样的推演可得到类似结果：

$$J_n = n\mu_n \frac{dE_F}{dx};\ J_p = p\mu_p \frac{dE_F}{dx} \tag{2-4}$$

以上两式被称作广义欧姆定律。该式表明，若费米能级随位置变化，则 PN 结中必有电流；当电流密度一定时，载流子密度大的地方，E_F 随位置变化小，而载流子密度小的地方，E_F 随位置变化就较大。

2.5.4　PN 结的伏安特性曲线

PN 结之所以能成为两百余种各式各样半导体器件最重要的基本结构单元，主要原因在于它具有明显的单向导电性，即承受反向电压（N 区接正、P 区接负）时电阻特大，承受正向电压（P 区接正、N 区接负）时电阻特小，且阻值皆不为常数，如图 2-12 所示。

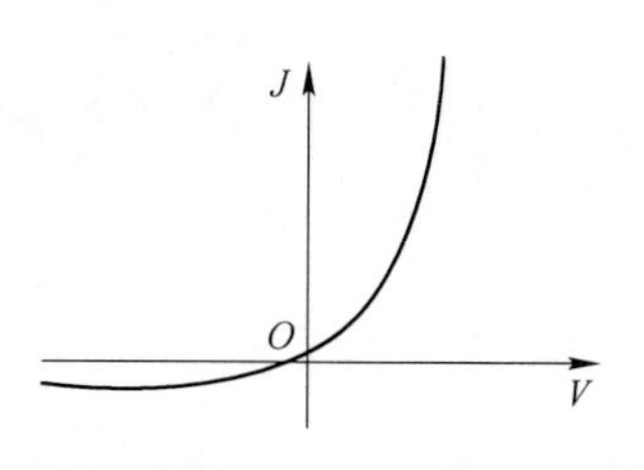

图 2-12 理想 PN 结的伏安曲线

本节通过对 PN 结在正反偏置电压下能带结构的变化及其中载流子的分布和运动的不同特点，通过理想条件下 PN 结电流-电压方程式的推导，了解 PN 结单向导电性和电容效应（充放电效应）的物理本质。

2.5.5 偏置条件下的 PN 结

2.5.5.1 正偏置 PN 结

A 势垒区的变化与载流子运动

对 PN 结加正向电压 V 时，由于势垒区内载流子密度很小，电阻很大，而势垒区外的载流子密度很大，电阻很小，所以外加电压基本上完全降落在势垒区，产生与势垒区内建电场方向相反的电场，因而削弱了势垒区中的电场强度，使其中的空间电荷相应减少。因此，正偏置使 PN 结势垒区变窄，高度下降，由 qV_D 变为 $q(V_D - V)$。

势垒区电场减弱，破坏了载流子扩散运动和漂移运动之间原有的平衡，削弱了漂移运动，使扩散流大于漂移流。所以，在加正向偏压时，产生了电子从 N 区向 P 区以及空穴从 P 区向 N 区的净扩散流。电子通过势垒区扩散入 P 区，在边界 PP′（$x=x_P$）处形成电子的积累，成为 P 区的非平衡少数载流子，结果使 PP′处电子密度比 P 区内部高，形成了从 PP′处向 P 区内部的电子扩散流。这些非平衡电子边扩散边与 P 区的空穴复合，经过比扩散长度大若干倍的距离后，才全部被复合掉。这一段区域称为扩散区。在一定的正向偏压下，单位时间内从 N 区来到 PP′处的非平衡电子具有一定的密度，并在扩散区内形成稳定的分布。所以，当正向偏压一定时，在 PP′处形成的电子扩散流也不会变。同理，在边界 NN′处也有一个不变的流向 N 区内部的空穴扩散流。

N 区的电子和 P 区的空穴都是多数载流子，正向电压将它们分别注入 P 区和 N 区，形成 P 区和 N 区的少子扩散电流。这种由外加正向偏压的作用使非平衡载流子进入半导体的过程称为非平衡载流子的电注入。增大正偏压使势垒降得更低，注入量增大。

B 能带结构

在正向偏压下，PN 结的 N 区和 P 区都累积有对方注入的少数载流子，如图 2-13所示。在非平衡少数载流子存在的区域内，必须由电子的准费米能级 E_{FN} 和

空穴的准费米能级 E_{FP} 取代原来平衡时的统一费米能级 E_F。外加正向电压 V 的大小决定了两条准费米能级的间隔，即

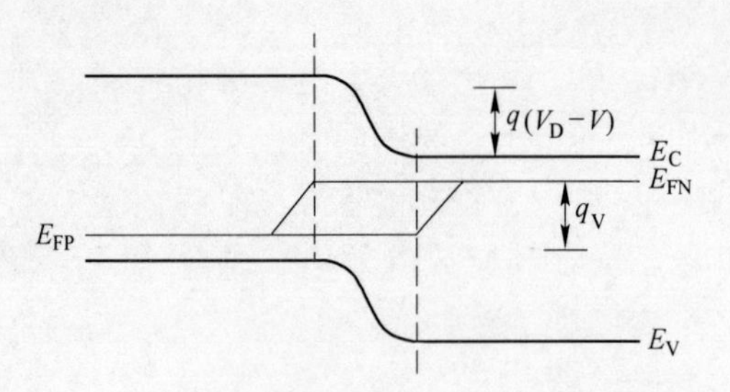

图 2-13 正向偏压下 PN 结的能带与费米能级

$$E_{FN} - E_{FP} = qV \tag{2-5}$$

势垒高度也因此降低了 qV，变为 $q(V_D - V)$。

由于有净电流流过 PN 结，说明准费米能级将随空间变化。但是，在空穴扩散区内，电子密度高，故电子的准费米能级 E_{FN} 的变化很小，可看作不变；但空穴密度较小，故空穴的准费米能级 E_{FP} 的变化较大。从 P 区注入 N 区的额外空穴，在边界 x_N 处密度最高，随着远离 x_N，因为和电子复合，密度逐渐减小，故 E_{FP} 为一斜线；到离开 x_N 远大于 L_P 的地方，注入空穴密度衰减为零，这时 E_{FP} 和 E_{FN} 相等。因为注入空穴的密度主要在扩散区内衰减，准费米能级 E_{FP} 的变化主要发生在扩散区，在势垒区中的变化则可忽略不计。对 P 型侧的电子扩散区可作类似分析。综上所述，准费米能级 E_{FP} 从 P 型中性区到边界 x_N 处为一水平线，在空穴扩散区逐渐上升，到注入空穴为零处与 E_{FN} 相汇合；同样，E_{FN} 从 N 型中性区到边界 x_P 处为一水平线，在电子扩散区逐渐下降，到注入电子为零处与 E_{FN} 相汇合。

C 正偏置 PN 结的扩散电流

正偏压使 PN 结势垒降低，使穿越 PN 结的扩散流超过漂移流，P 侧和 N 侧分别通过空间电荷区向对方注入少子空穴和电子。这些注入的少子因较大的密度差而向其纵深扩散，边扩散边复合，形成指数衰减形式的密度梯度。按载流子一维扩散方程，在空间电荷区边界 x_P 和 x_N 处的少子扩散电流密度即可分别写成

$$j_N(x_P) = \frac{qD_N}{L_N}\Delta n(x_P)；\ j_P(x_N) = \frac{qD_P}{L_P}\Delta p(x_N) \tag{2-6}$$

通过 PN 结的总电流是通过同一截面的电子电流和空穴电流之和，即

$$j = j_P(x_N) + j_N(x_N) \text{ 或 } j = j_P(x_P) + j_N(x_P)$$

若注入电子和空穴在通过空间电荷区时没有复合，则 $j_N(x_N) = j_N(x_P)$，$j_P(x_N) = j_P(x_P)$。于是，上式即

$$j = j_P(x_N) + j_N(x_P) = \frac{qD_P}{L_P}\Delta p(x_N) + \frac{qD_N}{L_N}\Delta n(x_P) \tag{2-7}$$

这样，求 PN 结的电流就简化为求空间电荷区边界处注入载流子的密度 $\Delta p(x_N)$和 $\Delta n(x_P)$。

2.5.5.2 反偏置 PN 结

当 PN 结加反向偏压 V 时，反向偏压在势垒区产生的电场与内建电场方向一致，因而使势垒区电场升高，区域展宽，势垒高度由 qV_D 增高为 $q(V_D+V)$，如图 2-14 所示。势垒区电场升高，破坏了载流子的扩散运动和漂移运动之间的原有平衡，增强了载流子的漂移运动，使漂移流大于扩散流。这时 N 区边界 NN′处的空穴被势垒区的强电场驱向 P 区，而 P 区边界 PP′处的电子被驱向 N 区。当这些少数载流子被电场驱走后，就形成与正向注入时方向恰好相反的少数载流子的密度梯度，P 区和 N 区内部的少子就会分头向势垒区方向扩散，形成反向偏压下的电子扩散电流和空穴扩散电流。这种情况好像少数载流子不断地被抽出来，所以称为少数载流子的抽取。PN 结中总的反向电流等于势垒区边界 NN′和 PP′附近少数载流子扩散电流之和。因为少子密度很低，而扩散长度基本不变，所以反偏压形成的少子密度梯度较小。当反向电压高到一定程度时，边界处的少子密度可以认为是零。这时，少子密度梯度不再随电压变化，因此反向扩散电流也不随电压变化。所以，在反向偏压下，PN 结的电流较小，并且几乎不随电压变化。

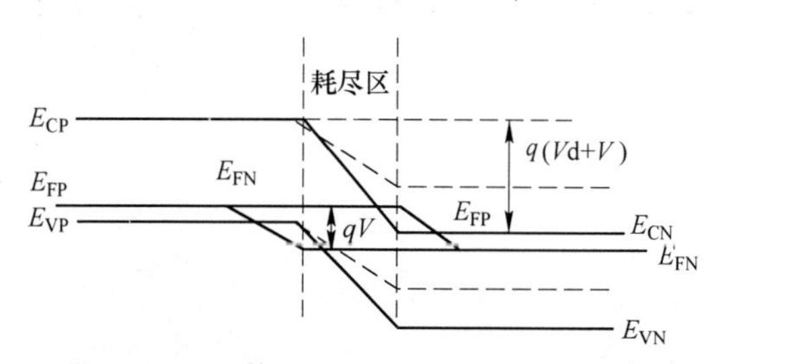

图 2-14 反向偏压下 PN 结的能带与费米能级

在 PN 结加反向偏压时，在势垒区和电子与空穴的扩散区中，电子和空穴准费米能级的变化规律与正向偏压时相似，所不同的是 E_{FP} 和 E_{FN} 的相对位置发生了变化。正偏时，E_{FN} 高于 E_{FP}；反偏时，E_{FP} 高于 E_{FN}。

费米能级的变化仍主要在势垒区外的少子扩散区。只是反偏压使势垒升高，给势垒区边界造成的是少数载流子的准费米能级至其相应能带的距离比其零偏置情况下的距离更大，因而出现少子欠缺，而不是像正偏压下那样的少子累积，即少子扩散区的 Δn 和 Δp 相对其热平衡值为负值。这样，少数载流子才会从 P、N 两侧向中间的势垒区方向扩散，与正偏压注入少子的扩散方向相反。此电流即 PN 结的反向电流。

肖克莱方程式虽然是针对正向偏置情况推导出来的，但也适用于反偏置状态。在反偏置状态，$V<0$。当 qV 的绝对值远大于 kT 时，因指数项远小于 1 而变为

$$J_R = -J_S$$

所以，J_S表示理想状态下 PN 结反向电流的大小。

2.5.6　理想 PN 结的伏安特性

从肖克莱方程式可以看出 PN 结具有如下特点：

(1) 单向导电性。室温下，$kT/q=0.026V$，外加正向电压 V_F一般在其 10 倍以上，故 $\exp[qV_F/(kT)] >> 1$，正向电流密度表示为

$$J_F = J_S \exp\left(\frac{qV_F}{kT}\right) \tag{2-8}$$

这表明正向电流随偏压的升高而指数增大。

对反向偏压，因 $V_R < 0$，当 $q|V_R| >> kT$ 时，$\exp[qV_R/(kT)] \to 0$，则

$$J_R = -J_S = -\left(\frac{qD_P p_{N0}}{L_P} + \frac{qD_N n_{P0}}{L_N}\right) \tag{2-9}$$

式中，负号表示电流密度方向与正向电流相反。该式表明，反向电流密度的大小在反偏压超过 kT/q 的若干倍后即与其无关，故称$-J_S$为反向饱和电流密度。

由此可见，PN 结的正向和反向伏安特性是不对称的，具有单向导电性，此即整流效应。

(2) 温度依赖性。PN 结的伏安特性对温度十分敏感。首先，决定 J_S大小的诸因子，除常数 q 外皆为温度的函数。根据扩散长度与少子寿命对温度的依赖性，可设 D_N/τ_N与 T^γ成正比，这里 γ 为一常数。于是，由

$$J_S \approx \frac{qD_N n_{P0}}{L_N} = q\left(\frac{D_N}{\tau_N}\right)^{1/2} \frac{n_i^2}{N_A}$$

可将 J_S对温度的依赖关系表示为

$$J_S \propto T^{\frac{\gamma}{2}} \cdot \left[T^3 \exp\left(-\frac{E_g}{kT}\right)\right] = T^{\left(3+\frac{\gamma}{2}\right)} \exp\left(-\frac{E_g}{kT}\right)$$

式中，$T^{(3+\gamma/2)}$随温度变化比较缓慢，故 J_S随温度变化主要由 $\exp[-E_g/(kT)]$决定。由于 E_g也是温度的函数，需用绝对零度时的禁带宽度 $E_g(0)$ 将其表示为 $E_g = E_g(0) + \beta T$。于是 J_S对温度的依赖性变成

$$J_S \propto T^{\left(3+\frac{\gamma}{2}\right)} \exp\left(-\frac{E_g(0)}{kT}\right) \tag{2-10}$$

由此可见，PN 结的反向电流密度随着温度的升高而指数上升，并且 $E_g(0)$越大的半导体，其 J_S随温度的变化幅度越大。

为了考察 PN 结正向电流的温度依赖性，令 $E_g(0) = qV_{g0}$。这里 V_{g0} 为绝对零度时导带底和价带顶的电势差。正向电流对温度的依赖关系表示为

$$J_F \propto T^{\left(3+\frac{\gamma}{2}\right)} \exp\left(\frac{q(V_F - V_{g0})}{kT}\right) \tag{2-11}$$

即 PN 结正向电流密度也是随着温度的升高而指数上升，但 $E_g(0)$ 较大的半导体，其 J_F随温度变化的幅度较小。

2.6 半导体材料的光吸收

半导体晶体的吸光程度由光的频率 ν 和材料的禁带宽度所决定。当频率低、光子能量 $h\nu$ 比半导体的禁带宽度 E_g小时，大部分光都能穿透；随着频率变高，吸收光的能力急剧增强。吸收某个波长 λ 的光的能力用吸收系数 $\alpha(h\nu)$ 来定义。半导体的光吸收由各种因素决定，这里仅考虑到在太阳电池上用到的电子能带间的跃迁。一般禁带宽度越宽，对某个波长的吸收系数就越小。除此以外，光的吸收还依赖于导带、价带的态密度。

光为价带电子提供能量，使它跃迁到导带，在跃迁过程中，能量和动量守恒，对没有声子参与的情况，即不伴随有动量变化的跃迁称为直接跃迁，其吸收过程的形式如图 2-15 所示，而伴随声子的跃迁称为间接跃迁，其吸收跃迁过程如图 2-16 所示。

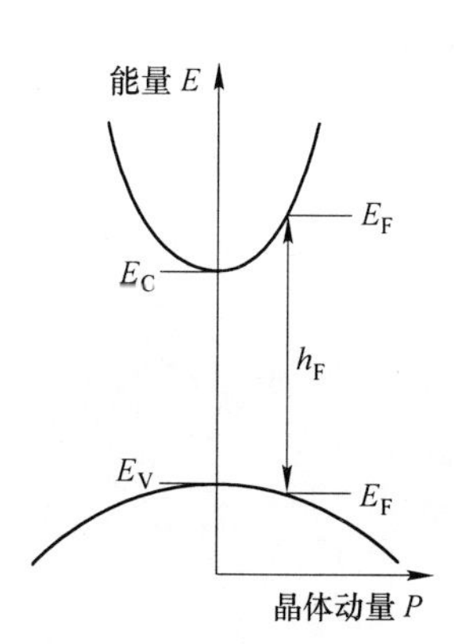

图 2-15 直接带隙半导体的能量-晶体动量图

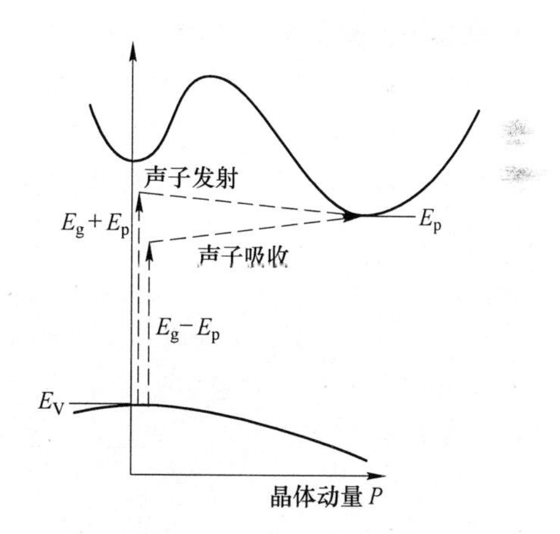

图 2-16 间接带隙半导体的能量-晶体动量图

硅属于间接跃迁类型，其吸收系数上升非常平缓，所以在太阳光照射下，光可到达距表面 20μm 以上相当深的地方，在此还能产生电子-空穴对。与此相反，对直接跃迁型材料 GaAs，在其禁带宽度附近吸收系数急剧增加，对能量大于禁带宽度的光子的吸收缓慢增加，此时，光吸收和电子-空穴对的产生，大部分是

在距表面 2μm 左右的极薄区域中发生。简言之，制造太阳电池时，用直接跃迁型材料，即使厚度很薄，也能充分地吸收太阳光，而用间接跃迁型材料，没有一定的厚度，就不能保证光的充分吸收。但是作为太阳电池必要的厚度，并不是仅仅由吸收系数来决定的，也与少数载流子的寿命有关系，当半导体掺杂时，吸收系数将向高能量一侧发生偏移。

由于一部分光在半导体表面被反射掉，因此，进入内部的光实际上等于扣除反射后所剩部分。为了充分利用太阳光，应在半导体表面制备绒面和减反射层，以减少光在其表面的反射损失。

2.7　光生伏特效应

2.7.1　PN 结的光伏效应

当一个理想的同质 PN 结接受均匀光照的时候，能量 $h\nu$ 等于或大于禁带宽度 E_g 的光子将在其中均匀地产生额外电子–空穴对。在 PN 结空间电荷区及其附近的那些电子-空穴对，将迅即被 PN 结内建电场分开，并分别扫向 N 区和 P 区。同时，P 层内部的光生电子和 N 层内部的光生空穴，受浓度差的驱使，则将同时从两边向空间电荷区扩散。如果它们在到达空间电荷区边沿时还没有被复合掉，它们也会被结电场分别扫向 N 区和 P 区。如果该 PN 结这时处于开路状态，则上述过程将逐渐使 N 区富余电子，处于低电位；使 P 区富余空穴，处于高电位。如此累积起来的电位差产生的电场与 PN 结内建电场的方向相反，因而将削弱并最终阻止光生载流子的继续迁移。稳定时，该电位差有一个确定的大小，称为开路电压，通常用 V_{OC} 表示。如果将这个 PN 结两边的欧姆接触用一根导线短接，上述的光生载流子迁移过程则将通过外接导线继续进行下去，从而在回路中形成电流，如图 2-17（a）所示。稳定时，该电流亦有一定大小，称为短路电流，通常用 I_{SC}（或对电流密度用 J_{SC}）表示。此电流与该 PN 结处于暗状态时的反向电流方向相同。这时，若对该 PN 结外加一可变的正向电压，向它注入正向电流，以抵消因光照而产生的电流 I_{SC}，如图 2-17（b）所示，那么，当回路中净电流为零时的正向偏置电压的大小，显然就等于开路电压 V_{OC}。

2.7.2　光照 PN 结的电流-电压方程

光照条件下的 PN 结电流-电压方程与暗状态下的方程略有不同。对最简单的情形，即考虑杂质在 P 区和 N 区都是均匀分布的突变结，并假定光生电子-空穴对的产生率处处相等。实际情况中，这意味着辐照光子的能量恰好等于或略高于电池材料的禁带宽度 E_g。这种光在电池中的穿透深度较大，在电池不太厚的各层中的吸收基本均匀。求解这种情况下的 PN 结在外加电压 V 作用下的电流，与

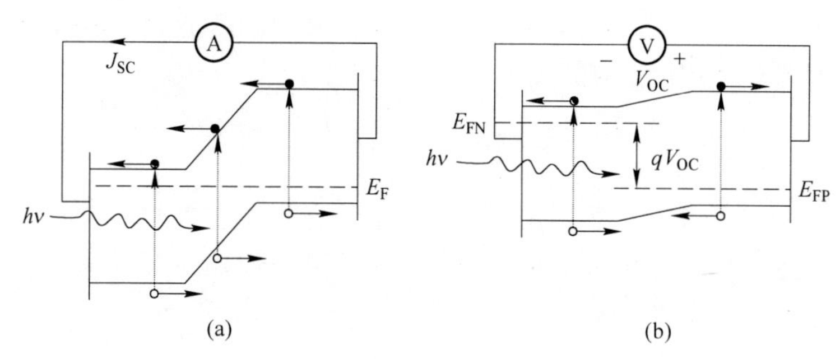

图 2-17 光照下的 PN 结能带图

(a) 短路状态；(b) 外加正偏压使光电流消零的状态

求解暗状态下 J-V 关系的方法相似，但需在其扩散方程中增加一个常数项，即辐照在单位时间单位体积中产生的额外载流子数目，也即产生率 G。因此，对 P、N 两区中的少数载流子，其扩散方程分别为

$$D_N \frac{d^2 \Delta n}{dx^2} = \frac{\Delta n}{\tau_N} - G;\ D_P \frac{d^2 \Delta p}{dx^2} = \frac{\Delta p}{\tau_P} - G \tag{2-12}$$

式中，τ_N、τ_P、D_N、D_P 分别是电子和空穴的寿命与扩散系数。

由这两个方程的适合于特定边界条件的解，可分别得到空穴和电子扩散电流密度 J_P 和 J_N。求解时忽略空间电荷区中复合过程对扩散电流的影响，但需计入其中的产生电流密度 $J_G = qGW$ 对总电流密度的贡献（这里，W 是空间电荷区的宽度）。这时的总电流密度，相当于暗状态时的正向电流与全部光生电流的代数和（二者方向相反），即

$$J = J_0\left[\exp\left(\frac{qV}{kT}\right) - 1\right] - J_L \tag{2-13}$$

式中，J_0 和 J_L 分别是 PN 结暗状态下的反向饱和电流密度和光照时的短路电流密度（$V=0$ 时 $J=J_L$，也即 J_{SC}）。其表达式分别为

$$J_0 = q\left(\frac{D_P p_{N0}}{L_P} + \frac{D_N n_{P0}}{L_N}\right)$$

$$J_L = qG[L_N + L_P + W] \tag{2-14}$$

式中，L_P 和 L_N 分别是空穴和电子的扩散长度。

上式表明，在上述理想情况下，太阳电池的光电流等于空间电荷区及其两侧各一个少子扩散长度范围内的全部光生载流子的贡献。通常将此区域称作有源集电区。

PN 结光、暗两态下的伏安特性曲线如图 2-18 所示。图中虚线表示暗状态，即 $J_L = 0$ 的状态，实线表示光照态。从图中可见，太阳电池的伏安特性只需用三个参数即可完整地表示，它们是开路电压 V_{OC}、短路电流密度 J_{SC} 和填充因子

FF。V_{OC}和J_{SC}的物理意义已在前面指出，其数学表达式也很清楚。其中，J_{SC}即J_L，而V_{OC}则可由$J=0$得出：

$$V_{OC} = \frac{kT}{q}\ln\left(\frac{J_L}{J_0} + 1\right) \tag{2-15}$$

图2-18中实线的第四象限部分也是太阳电池性能高低的一个关键特征。设其上一点Q定义了电池的最大输出功率，其对应的负载电压和负载电流分别为V_M和J_M，则填充因子FF定义为

$$FF = \frac{V_M J_M}{V_{OC} J_{OC}} \tag{2-16}$$

电池的FF越大，其输出功率越大。形象地看，FF是图2-18中由Q点确定的阴影面积对由V_{OC}和J_{SC}确定的矩形区域的填充比。对于不变的V_{OC}和J_{SC}，输出特性曲线的形状不同，阴影区的面积就会不同。显然，输出特性曲线越趋近于矩形，FF的值也就越大，输出功率也就越大。因此，FF实际是比V_{OC}和J_{SC}还重要的一个特征参数。

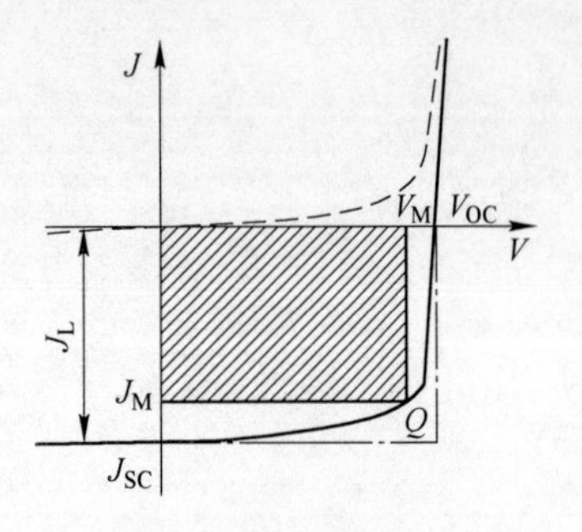

图2-18　理想PN结暗状态（虚线）和光照态（实线）下的伏安特性曲线

实际太阳电池的FF一般在0.7～0.85左右。

3 硅太阳电池的结构和制备

3.1 硅太阳电池的结构和光电转换效率

3.1.1 硅太阳电池的结构

太阳电池发电的原理主要是半导体的光电效应，一般的半导体主要结构如图 3-1 所示。

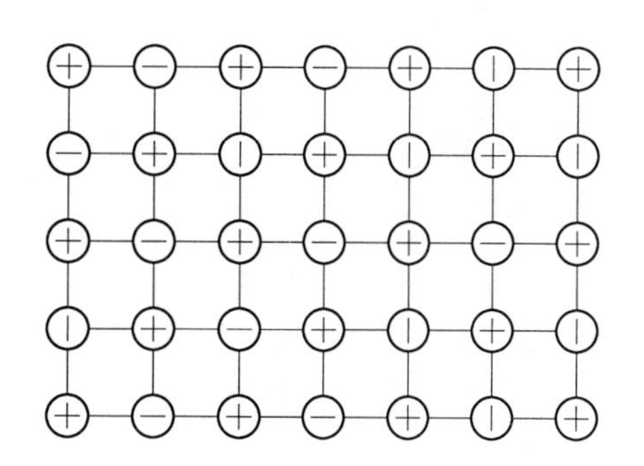

图 3-1 硅半导体晶体的原子及电荷结构示意图

图 3-1 中，正电荷表示硅原子，负电荷表示围绕在硅原子旁边的四个电子。当硅晶体中掺入其他的杂质，如硼、磷等，硅晶体中就会存在着一个空穴，它的形成可以参照图 3-2。

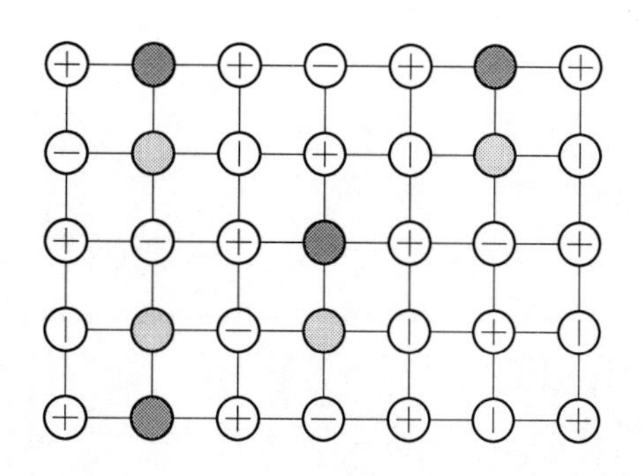

图 3-2 P 型掺杂硅半导体晶体的原子及电荷结构示意图

图 3-2 中，正电荷表示硅原子，负电荷表示围绕在硅原子旁边的四个电子。而黄色的表示掺入的硼原子，因为硼原子周围只有 3 个电子，所以就会产生如图所示的深灰色的空穴，这个空穴因为没有电子而变得很不稳定，容易吸收电子而中和，形成 P（positive）型半导体。同样，掺入磷原子以后，因为磷原子有五个电子，所以就会有一个电子变得非常活跃，形成 N（negative）型半导体。浅灰色的为磷原子核，深灰色的为多余的电子，如图 3-3 所示。

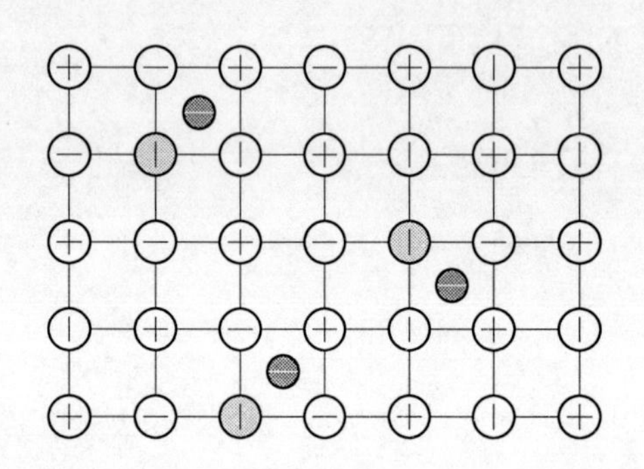

图 3-3　N 型掺杂硅半导体晶体的原子及电荷结构示意图

N 型半导体中含有较多的空穴，而 P 型半导体中含有较多的电子，这样，当 P 型和 N 型半导体结合在一起时，就会在接触面形成电势差，这就是 PN 结。

当 P 型和 N 型半导体结合在一起时，在两种半导体的交界面区域里会形成一个特殊的薄层，界面的 P 型一侧带负电，N 型一侧带正电。这是由于 P 型半导体多空穴，N 型半导体多自由电子，出现了浓度差。N 区的电子会扩散到 P 区，P 区的空穴会扩散到 N 区，一旦扩散就形成了一个由 N 指向 P 的“内电场”，从而阻止扩散进行。达到平衡后，就形成了这样一个特殊的薄层形成电势差，这就是 PN 结。

当硅太阳电池片受光后，PN 结中，N 型半导体的空穴往 P 型区移动，而 P 型区中的电子往 N 型区移动，从而形成从 N 型区到 P 型区的电流，然后在 PN 结中形成电势差，这就形成了电源。

由于半导体不是电的良导体，电子在通过 PN 结后如果在半导体中流动，电阻非常大，损耗也就非常大。但如果在上层全部涂上金属，阳光就不能通过，电流就不能产生，因此一般用金属网格覆盖 PN 结（如图 3-4 所示的梳状电极），以增加入射光的面积。另外，硅表面非常光亮，会反射掉大量的太阳光，不能被电池利用。为此，科学家们给它涂上了一层反射系数非常小的保护膜（如图 3-4 所示），将反射损失减小到 5%甚至更小。一个电池所能提供的电流和电压毕竟有限，于是人们又将很多电池（通常是 36 个）并联或串联起来使用，形成太阳能光电板。

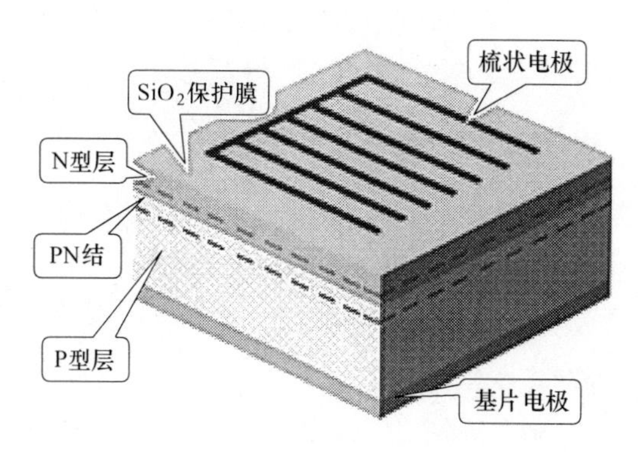

图 3-4 硅太阳电池基本结构示意图

3.1.2 硅太阳电池的光电转换效率及测试

3.1.2.1 太阳光的光谱照度

太阳电池的能量来源于太阳光，所以太阳光的强度与光谱就决定了太阳电池的输入功率。太阳光的强度可以用光谱照度来表示，它是所有波长的光谱照度的总和，单位为 W/m^2。光谱照度与测量位置以及太阳相当于地表的角度有关，这是因为太阳光在抵达地面前，会经过大气层的吸收与散射。一般用大气质量来表示位置与角度这两个因素。如通常测试条件 AM1.5G 表示在地表上，太阳以 48°左右角入射的情况，此状态下太阳光的入射强度为 $1000W/m^2$。

3.1.2.2 太阳电池的电路模型

一般传统电池的输出电压和最大输出功率是固定的，但太阳电池的输出电压、电流及功率则受到光照条件及负载等因素的影响。当太阳电池不受光时，它基本就是一个 PN 结合的二极管。在一个理想二极管的状态下，电流和电压之间的关系可以用式（3-1）和式（3-2）来计算：

式中，I 为电流大小；V 为电压；I_0为饱和电流；$V_t = kT/q$。一般二极管的正电流方向定义为由 P 型流向 N 型，而电压的正负值定义为 P 型端电压减去 N 型端电压。根据这些定义，太阳电池在工作时，电压值为正值，而电流为负值。

$$I = I_0(e^{\frac{V}{V_T}} - 1) \tag{3-1}$$

当太阳电池受到光照时，它就会产生光电流，这是负向电流，因此太阳电池的电流-电压关系，就是一个理想二极管再加上一个负向的光电流 I_L。因此电流可以用下式表示：

$$I = I_0(e^{\frac{V}{V_T}} - 1) - I_L \tag{3-2}$$

在没有光照时，$I_L=0$，太阳电池就如同一个二极管。而当太阳电池处于短路状态时，此时的电压值（V）为 0，可以得到短路电流 $I_{sc}=-I_L$，这表示当太阳电池处于短路状态时，短路电流应该等于入射光源所产生光电流。若太阳电池处于开路状态时，此时的电流值（I）为 0，可以得到开路电压 V_{OC}，且 V_{OC}可由下式来计算：

$$V_{OC} = V_T \text{In}\left(\frac{I_L}{I_0} + 1\right) \tag{3-3}$$

上述的推论是理想化的状态。实际上，太阳电池组件本身尚存在着串联电阻 R_s 及分流电阻 R_{sh}，因此一个太阳电池的等效电路可以用图 3-5 来表示。串联电阻的产生是因为半导体本身存在着电阻，而且在半导体与金属的接触间也会有电阻存在，这些电阻的作用就如同串联电阻一般。再者，太阳电池组件的电路之间，或多或少存在着漏电流 I_{leak}，即 $R_{sh}=V/I_{leak}$。当分流电阻越小时，漏电流就越大。在考虑这些串联电阻及分流电阻时，太阳电池的电流-电压关系可写为：

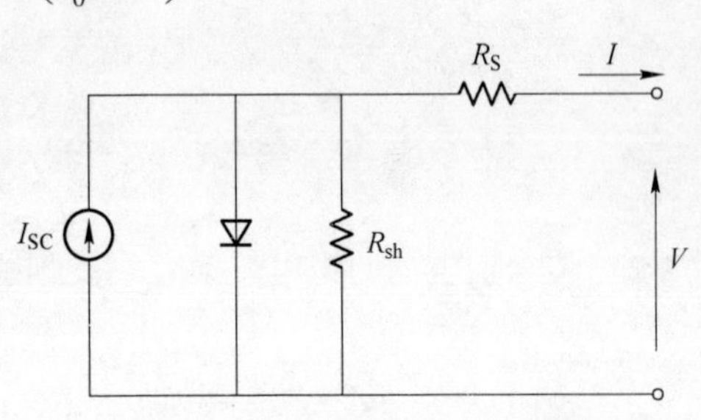

图 3-5　太阳电池的等效电路图

$$I = I_0\left[e^{\frac{V-IR_s}{V_T}} - 1\right] + \frac{V - IR_s}{R_{sh}} - I_L \tag{3-4}$$

3.1.2.3　太阳电池光伏性能参数

A　最大功率点

一个太阳电池可以在不同的电压与电流下工作，根据电压的大小，由 0 到一个有限高值，我们可以获得电能的最大输出功率 P_m（单位为瓦特，W），$P_m=V_m \times I_m$。其中，V_m与 I_m分别为在最大输出功率时的电压与电流。

产生电力的多少不仅受到能量转换效率的影响，也与日照的程度及太阳电池板的面积有关。为了有效地比较不同太阳电池之间的输出功率，我们必须在相同的标准状态下去测试太阳电池。国际的公用测量标准是采用以下的测试条件：

（1）使用 1000W/m² 的日照辐射度；

（2）使用 AM1.5 的固定太阳辐射光谱大小（即固定的光源种类）；

（3）测试温度为 25℃。

根据上述条件所测量到的功率，用 W_p 来表示。举例来说，一个尺寸为 125mm×125mm 的硅晶太阳电池的峰值功率 W_p约为 2.66W。

B 能量转换效率

要判别一个太阳电池性能的好坏，最重要的参数就是能量转换效率 η。转换效率定义为太阳电池的输出电能（P_m）与进入太阳电池的太阳辐射光能量（P_{in}）的百分比，可以由以下的计算公式表示：

$$\eta = \frac{P_m}{P_{in}} \times 100\% = \frac{V_m \times I_m}{P_{in}} \times 100\% = \frac{V_m \times I_m}{A_c \times E} \times 100\% \quad (3\text{-}5)$$

式中，E 为标准条件下的日照辐射量，W/m²；A_c 为太阳电池的面积。

转换效率越高，表示可产生越多的电力。由于不同的材料吸收太阳光源的光谱能量不同，所以用来制作太阳电池的材料种类是决定能量转换效率高低的一个重要因素。在三月份或九月份，一个晴朗的中午，地球赤道上的太阳辐射量约为1000W/m²。这个数值定义为标准的太阳辐射量，它表示每平方米的面积接受约1000W 的太阳辐射功率。因此，如果我们在赤道附近安装一个面积为 1m²、能量转换效率为 15% 的太阳电池板，那么它的发电量为 150W（1000W/m² × 1m²×15%）。

C 填充因子

填充因子（FF）是一个用来定义太阳电池整体行为的参数。它等于最大功率值 P_m除以开路电压 V_{OC}及短路电流 I_{SC}，可用下式表示：

$$FF = \frac{P_m}{V_{OC} \times I_{SC}} = \frac{V_m \times I_m}{V_{OC} \times I_{SC}} = \frac{\eta \times A_C \times E}{V_{OC} \times I_{SC}} \quad (3\text{-}6)$$

图 3-6 所示为太阳电池的电压-电流特性图，图中曲线为受到日光照射时的电流-电压曲线，填充因子表示图中浅灰色四边形的面积对于深灰色四边形的面积的比率。所以填充因子是用来描述 I-V 曲线和一个矩形的类似程度，填充因子越高，就表示 I-V 曲线越接近矩形。填充因子是一个小于 1 且没有单位的数值，这个数值不会因为温度及日照率的改变而产生变化，这个数值越接近 1 越好。在没有串联电阻，且分流电阻为无穷大时（即完全没有漏电流时），填充系数最大。任何串联电阻的增大或者分流电阻的减小都会降低填充因子。

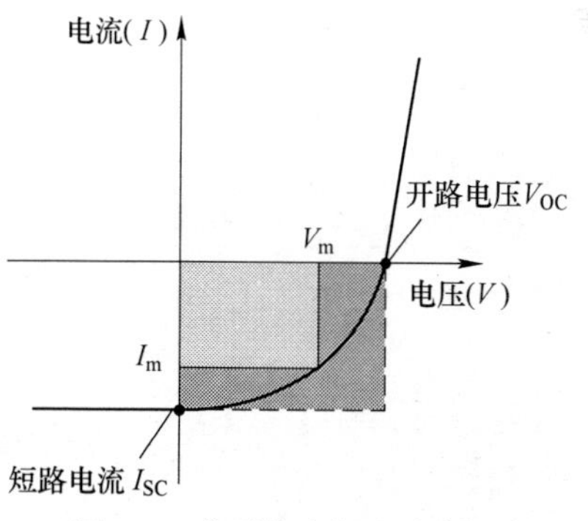

图 3-6 典型的太阳电池光照 I-V 特性曲线

我们可以将能量转换效率（η）以及开路电压 V_{OC}、短路电流 I_{SC}、填充因子 FF 这三个重要参数重新表示成下式：

$$\eta = \frac{FF \times V_{OC} \times I_{SC}}{P_{in}} \tag{3-7}$$

因此，如果我们想要提高能量转化效率，则要同时增大开路电压、短路电流（即光电流）及填充因子（即减小串联电阻与漏电流）。

3.2 晶硅太阳电池的基本生产工艺

生产电池片的工艺比较复杂，一般要经过硅片检测、表面制绒、扩散制结、去磷硅玻璃、等离子刻蚀、镀减反射膜、丝网印刷、快速烧结和检测分装等主要步骤，如图 3-7 所示。本节介绍的是晶硅太阳电池片生产的一般工艺与设备。

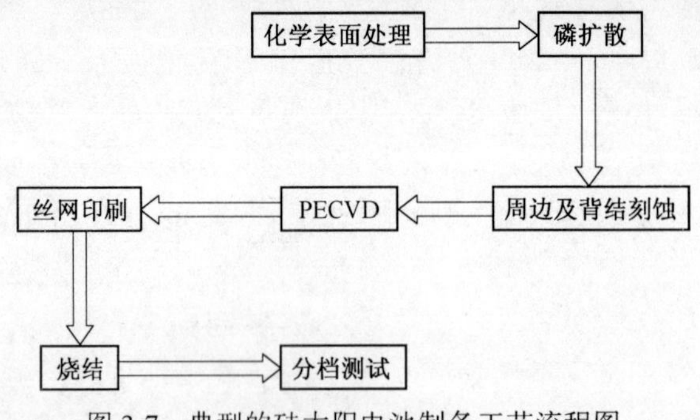

图 3-7　典型的硅太阳电池制备工艺流程图

3.2.1　硅片检测

硅片是太阳电池片的载体，硅片质量的好坏直接决定了太阳电池片转换效率的高低，因此需要对来料硅片进行检测。该工序主要用来对硅片的一些技术参数进行在线测量，这些参数主要包括硅片表面不平整度、少子寿命、电阻率、P/N 型和微裂纹等。该组设备分自动上下料、硅片传输、系统整合部分和四个检测模块。其中，光伏硅片检测仪对硅片表面不平整度进行检测，同时检测硅片的尺寸和对角线等外观参数；微裂纹检测模块用来检测硅片的内部微裂纹；另外还有两个检测模组，其中一个在线测试模组主要测试硅片体电阻率和硅片类型，另一个模块用于检测硅片的少子寿命。在进行少子寿命和电阻率检测之前，需要先对硅片的对角线、微裂纹进行检测，并自动剔除破损硅片。硅片检测设备能够自动装片和卸片，并且能够将不合格品放到固定位置，从而提高检测精度和效率。

3.2.2　表面制绒

单晶硅绒面的制备是利用硅的各向异性腐蚀，在每平方厘米硅表面形成几百万个四面方锥体，即金字塔结构，如图 3-8 所示。由于入射光在表面的多次反射和折射，增加了光的吸收，提高了电池的短路电流和转换效率。硅的各向异性腐蚀液通常用热的碱性溶液，可用的碱有氢氧化钠，氢氧化钾、氢氧化锂和乙二胺等。大多使用廉价的浓度约为1%的氢氧化钠稀溶液来制备绒面硅，腐蚀温度为70~85℃。为了获得均匀的绒面，还应在溶液中酌量添加醇类，如乙醇和异丙醇等作为络合剂，以加快硅的腐蚀。制备绒面前，硅片需先进行初步表面腐蚀，用碱性或酸性腐蚀液蚀去约20~25μm，在腐蚀绒面后，进行一般的化学清洗。经过表面准备的硅片都不宜在水中久存，以防沾污，应尽快扩散制结。

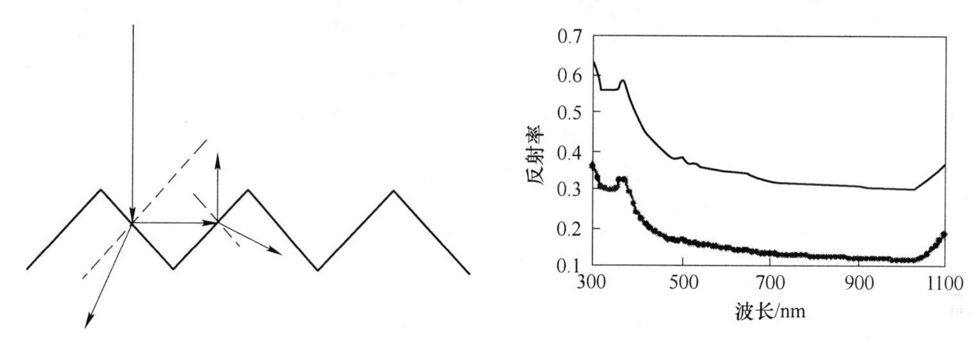

图3-8 具有绒面结构的硅片表面的光线反射示意图和制绒前后光反射率对比谱图

3.2.3 扩散制结

太阳电池需要一个大面积的PN结以实现光能到电能的转换，而扩散炉即为制造太阳电池PN结的专用设备。管式扩散炉主要由石英舟的上下载部分、废气室、炉体部分和气柜部分四大部分组成，P型硅扩散制结过程如图3-9所示。扩散一般用三氯氧磷液态源作为扩散源。把P型硅片放在管式扩散炉的石英容器内，在850~900℃高温下使用氮气将三氯氧磷带入石英容器，通过三氯氧磷和硅片进行反应，得到磷原子。经过一定时间，磷原子从四周进入硅片的表面层，并且通过硅原子之间的空隙向硅片内部渗透扩散，形成了N型半导体和P型半导体的交界面，也就是PN结。这种方法制出的PN结均匀性好，方块电阻的不均匀性小于百分之十，少子寿命可大于10ms。制造PN结是太阳电池生产最基本也

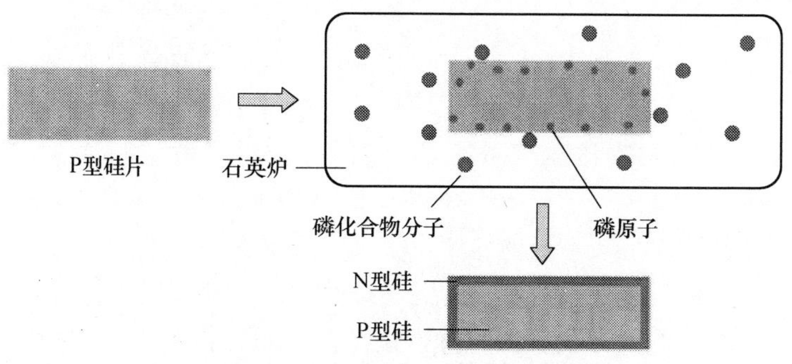

图3-9 硅片扩散制PN结过程示意图

是最关键的工序。因为正是PN结的形成，才使电子和空穴在流动后不再回到原处，这样就形成了电流，用导线将电流引出，就是直流电。

3.2.4 去磷硅玻璃

该工艺用于太阳电池片生产制造过程中，通过化学腐蚀法也即把硅片放在氢氟酸溶液中浸泡，使其产生化学反应生成可溶性的配合物六氟硅酸，以去除扩散制结后在硅片表面形成的一层磷硅玻璃。在扩散过程中，$POCl_3$与O_2反应生成P_2O_5淀积在硅片表面。P_2O_5与Si反应又生成SiO_2和磷原子，这样就在硅片表面形成一层含有磷元素的SiO_2，称之为磷硅玻璃。去磷硅玻璃的设备一般由本体、清洗槽、伺服驱动系统、机械臂、电气控制系统和自动配酸系统等部分组成，主要动力源有氢氟酸、氮气、压缩空气、纯水、热排风和废水。氢氟酸能够溶解二氧化硅是因为氢氟酸与二氧化硅反应生成易挥发的四氟化硅气体。若氢氟酸过量，反应生成的四氟化硅会进一步与氢氟酸反应生成可溶性的配合物六氟硅酸。

3.2.5 等离子刻蚀

由于在扩散过程中，即使采用背靠背扩散，硅片的所有表面包括边缘都将不可避免地扩散上磷。PN结的正面所收集到的光生电子会沿着边缘扩散有磷的区域流到PN结的背面，从而造成短路。因此，必须对太阳电池周边的掺杂硅进行刻蚀，以去除电池边缘的PN结。通常采用等离子刻蚀技术完成这一工艺。等离子刻蚀是在低压状态下，反应气体CF_4的母体分子在射频功率的激发下，产生电离并形成等离子体。等离子体是由带电的电子和离子组成，反应腔体中的气体在电子的撞击下，除了转变成离子外，还能吸收能量并形成大量的活性基团。活性反应基团由于扩散或者在电场作用下到达SiO_2表面，在那里与被刻蚀材料表面发生化学反应，并形成挥发性的反应生成物脱离被刻蚀物质表面，被真空系统抽出腔体。

3.2.6 镀减反射膜

抛光硅表面的反射率为35%，为了减少表面反射，提高电池的转换效率，需要沉积一层氮化硅减反射膜。现在工业生产中常采用PECVD设备制备减反射膜。PECVD即等离子增强型化学气相沉积。它的技术原理是利用低温等离子体作能量源，样品置于低气压下辉光放电的阴极上，利用辉光放电使样品升温到预定的温度，然后通入适量的反应气体SiH_4和NH_3，气体经一系列化学反应和等离子体反应，在样品表面形成固态薄膜，即氮化硅薄膜。一般情况下，使用这种等离子增强型化学气相沉积的方法沉积的薄膜厚度在70nm左右。这样厚度的薄膜具有光功能性。利用薄膜干涉原理，可以使光的反射大为减少，电池的短路电流和输出就有很大增加，效率也有相当的提高。镀膜过程及最终产品如图 3-10 所示。

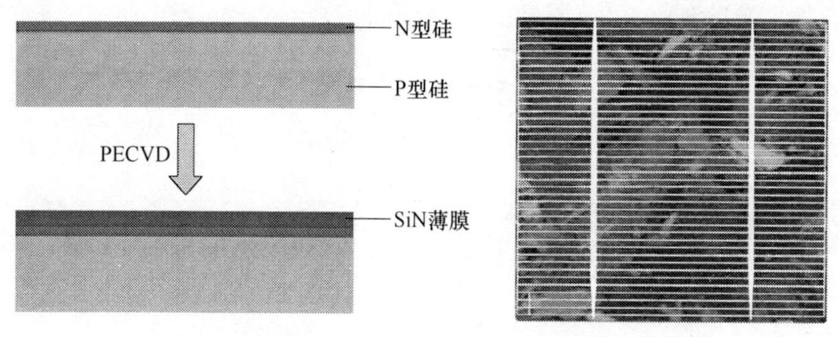

图 3-10 硅片镀 SiN 减反射膜

3.2.7 丝网印刷

太阳电池经过制绒、扩散及 PECVD 等工序后，已经制成 PN 结，可以在光照下产生电流。为了将产生的电流导出，需要在电池表面上制作正、负两个电极。制造电极的方法很多，而丝网印刷是目前制作太阳电池电极最普遍的一种生产工艺。丝网印刷是采用压印的方式将预定的图形印刷在基板上，该设备由电池背面银铝浆印刷、电池背面铝浆印刷和电池正面银浆印刷三部分印刷而成。其工作原理为：利用丝网图形部分网孔透过浆料，用刮刀在丝网的浆料部位施加一定压力，同时朝丝网另一端移动，油墨在移动中被刮刀从图形部分的网孔中挤压到基片上。由于浆料的黏性作用使印迹固着在一定范围内，印刷中刮板始终与丝网印版和基片呈线性接触，接触线随刮刀移动而移动，从而完成印刷行程。电池电极制备加工示意图如图 3-11 所示。

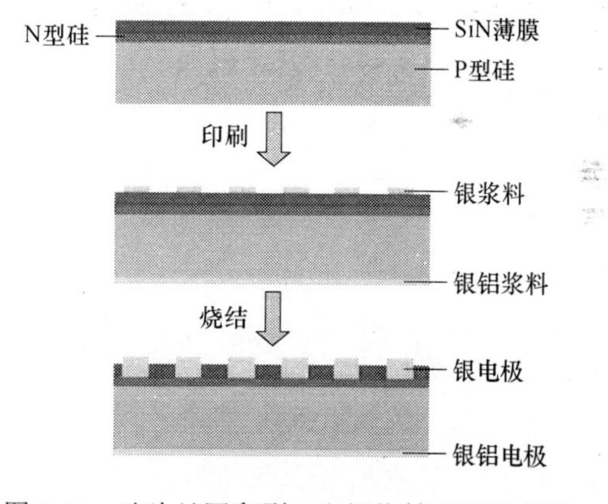

图 3-11 硅片丝网印刷、电极烧结原理示意图

3.2.8 快速烧结

经过丝网印刷后的硅片，不能直接使用，需经烧结炉快速烧结，将有机树脂黏合剂燃烧掉，剩下几乎纯粹的、由于玻璃质作用而密合在硅片上的银电极。当银电极和晶体硅在温度达到共晶温度时，晶体硅原子以一定的比例融入熔融的银电极材料中去，从而形成上下电极的欧姆接触，提高电池片的开路电压和填充因子两个关键参数，使其具有电阻特性，以提高电池片的转换效率。烧结炉分为预

烧结、烧结、降温冷却三个阶段。预烧结阶段目的是使浆料中的高分子黏合剂分解、燃烧掉，此阶段温度慢慢上升；烧结阶段中烧结体内完成各种物理化学反应，形成电阻膜结构，使其真正具有电阻特性，该阶段温度达到峰值；降温冷却阶段，玻璃冷却硬化并凝固，使电阻膜结构固定地黏附于基片上。最终产品如图3-12所示。

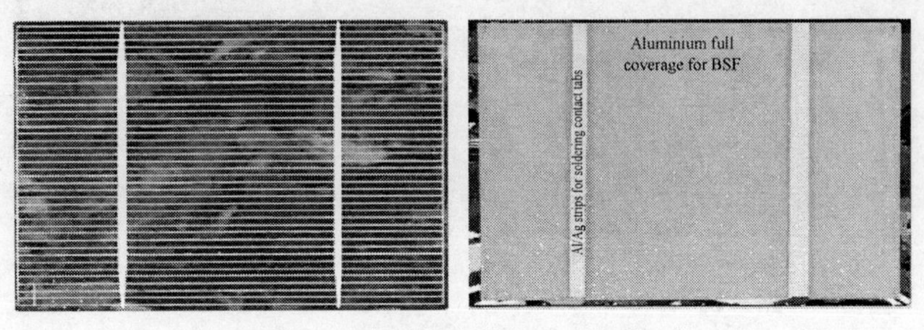

图 3-12　烧结后太阳电池片正反面照片

4 硅及其化合物

4.1 硅元素

硅元素原子序数 14，相对原子质量为 28.025，在自然界有三种同位素，分别为^{28}Si、^{29}Si、^{30}Si，所占比例分别为 92.23%、4.67%、3.10%。硅元素在元素周期表第三周期 IVA 族，硅原子的价电子构型为 $3s^2 3p^2$，价电子数目与价电子轨道数相等，被称为等电子原子。电负性为 1.90，原子的共价半径为 117pm，主要氧化数为+4 和+2。硅在地壳中的丰度为 25.90%，仅次于氧，其含量在所有元素中居第二位。硅在自然界主要以氧化物形式（如硅酸盐矿石和石英砂）存在，不存在单质。

4.2 硅单质及其性质

4.2.1 硅的物理性质

硅晶体是原子晶体，深灰色且带有金属光泽，它的熔点为 1420℃，沸点为 2355℃，莫氏硬度为 6.5。硅晶体为脆性，密度为 2.329g/cm^3，比热容为 0.7J/(g·K)。硅晶体形成过程是硅原子中的价电子进行杂化，形成四个 sp^3 杂化轨道，相邻硅原子的杂化轨道相互重叠，以共价键结合，形成硅晶体。在常压下硅晶体具有金刚石型结构。

硅单质是半导体，本征电阻率为 $2.3\times10^5\Omega\cdot cm$，介于导体与绝缘体之间。硅晶体的共价键（如图 4-1 所示）中电子在正常情况下是束缚在成键两原子周围，它们不会参与导电。因此在绝对温度零度（$T=0K$）和无外界激发的条件下，硅晶体没有自由电子存在。但在通常情况下，有部分电子因获得动能而摆脱共价键的束缚，成为自由电子，而成键原子少了电子形成空穴（如图 4-2 所示）。其他价电子会移动来占据空穴，一个空穴消失，但又形成一个新空穴，由此出现空穴的移动。在半导体中自由电子和空穴均为可运动的导电电荷，又称为“载流子”。具有这样两种载流子是半导体不同于导体、绝缘体的特点之一。

半导体按其是否含有杂质，分为本征半导体和杂质半导体。高纯硅是一种本征半导体，在常温下只有为数极少的电子—空穴对参与导电，部分自由电子遇到空穴会迅速恢复合成共价键电子结构，所以硅的本征电阻率比较大。但如果在高

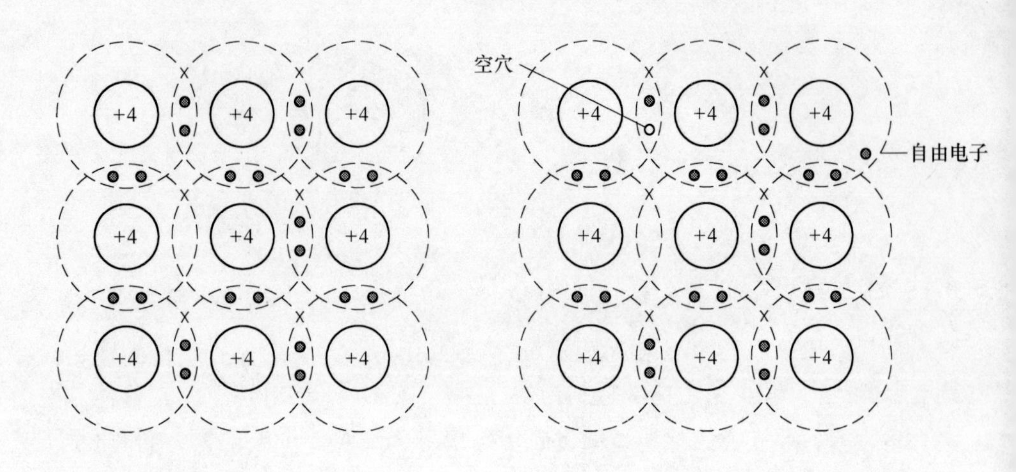

图 4-1　硅晶体的共价键结构　　图 4-2　硅晶体中的自由电子和空穴

纯硅中掺入极微量的电活性杂质，其电阻率会显著下降，例如，向硅中掺入亿分之一的硼，其电阻率就降为原来的千分之一。掺入杂质不仅改变电导率，而且改变导电型号。如在硅中掺入磷、砷、锑等5价元素（又称施主杂质），它们的价电子多于价轨道，是多电子原子，在形成共价键之外有多余的电子，位于共价键之外的电子受原子核的束缚力要比组成共价键的电子小得多，只要得到很少能量，就能成为自由电子。同时，该5价元素的原子成为带正电阳离子。该材料以电子为多数载流子，称为N型半导体。N型半导体中也有空穴，但数量少，称为少数载流子。如果在硅中掺入硼、镓、铝等3价元素（又称受主杂质），它们的价电子数目少于价轨道，是缺电子原子，在形成的共价键内出现空穴，位于共价键内的电子只需外界给很少能量，就会摆脱束缚过来填充，形成新的空穴。同时，该3价元素的原子成为带负电的阴离子。该材料以空穴为多数载流子，称为P型半导体。P型半导体中也有自由电子，但数量很少，称为少数载流子。由此可见，不论是N型半导体还是P型半导体，虽然掺入杂质极低，它们的导电能力却比本征半导体大得多。

当P型半导体和N型半导体紧密接触在一起（如图4-3所示），在交界面上就会有自由电子和空穴的浓度差，空穴向N型半导体扩散，自由电子向P型半导体扩散。在交界面附近，空穴和自由电子复合，于是在交界面附近，P型半导体带负电，N型半导体带正电，形成一个称为势垒电场的内建电场，其方向从带正电的N区指向带负电荷的P区（如图4-4所示）。电场的形成阻碍了自由电子和空穴的扩散，从而形成一个稳定的电场，这就是半导体的PN结。

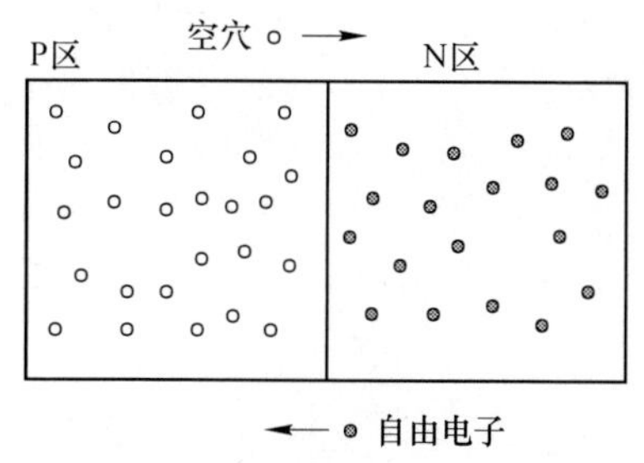

图 4-3 P 区和 N 区紧密接触

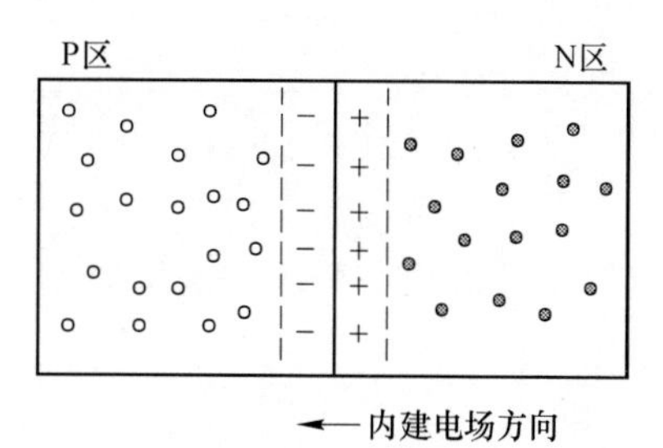

图 4-4 PN 结的形成

硅的光吸收处于红外波段。人们利用超纯硅对 1~7μm 红外光透过率高达 90%~95%这一特点制作红外聚焦透镜。半导体硅材料是间接带隙材料，其发光效率极其低下，约为 10^{-3}，不能做激光器和发光管；它又没有线性电光效应，不能做调制器和开关。因此，一般认为硅材料不是光电子材料，不能应用在光电子领域。

室温下硅无延展性，属脆性材料。但在温度高于 700℃时硅具有热塑性，在应力作用下会呈现塑性形变，其内部存在的位错开始移动或攀移。而常温时，在外力作用下，单晶硅中很难产生位错和进行位错的移动。硅的抗拉应力远大于抗剪应力，在切割、研磨和机械抛光等承受剪切应力，易于产生破碎。同样硅片亦要经历不同的热处理过程，这必然会在硅片中产生热应力，使硅片产生翘曲，光刻图形套刻的精度下降；并且加速位错滑移，产生各类结构缺陷，甚至使硅片破裂。而随着 IC 用硅片直径的不断增大，上述情况将更趋严重。同时，硅片背损伤吸杂亦在生产中经常使用，由此产生的后果是硅片本身就具有微裂纹，易于脆断或自然解理断裂，影响下一步加工处理。再者硅材料和器件的机械可靠性也是器件制造和使用中所关注的问题。微机械加工的硅器件可能会处于复杂的应力状态，从而使其断裂或性能失效。

尽管半导体材料的（事实上是任何固体的）理论解理强度从未被达到过，但计算理论解理强度的一个相当简单的模型，为我们了解影响断裂韧性的材料参数提供了机会。半导体材料的所有断裂特性中，最为我们了解的就是解理面和解理方向了。这在很大程度上归因于解理是快速有效的从硅片上划分电路的方法。单晶硅的断裂一般是沿着其解理面的，通常的断裂面为 {111} 面，但由于单晶表面的起始裂纹不同，断裂形式也不尽相同。同一单晶制成的硅片，由于加工方式不同，表面损伤程度不同，断裂强度不同。一般而言，表面损伤越小，断裂强度越大。杂质原子的存在会影响到半导体材料的断裂行为。在一定的直径下，硅片越厚，则越不容易产生变形。这是因为硅片厚度越大，它所具有的热容量也越大，从而使硅片上所产生的温度梯度变小，温度分布更趋于均匀一致。显而易见，如果是一个很厚的单晶锭，要使它产生翘曲，是很不容易也几乎是不可能的。所以在工业上，为了防止硅片翘曲，有时候会采取增加硅片厚度的办法。但这种方法的缺点是会产生很大的浪费，使得相同长度的硅单晶锭所切的硅片数量大大减少，这对生产来讲是不可取的。但是，随着硅片直径的不断增加，在硅片的机械强度不能大幅度提高的情况下，为了防止翘曲，人们只能采用增加硅片厚度的方法。

4.2.2 硅的化学性质

硅单质在常温下化学性质十分稳定，但在高温下，硅几乎与所有物质发生化学反应。硅材料的一个重要优点就是硅表面很容易氧化，形成结构高度稳定的二氧化硅氧化层。硅容易同氧、氮物质发生作用，它可以在400℃与氧发生反应，在1000℃与氮发生反应：

$$Si + O_2 = SiO_2 \tag{4-1}$$

$$3Si + 2N_2 = Si_3N_4 \tag{4-2}$$

硅在300℃与氯气发生反应：

$$Si + 2Cl_2 = SiCl_4 \tag{4-3}$$

在2273~2773K时硅能与碳反应：

$$Si + C = SiC \tag{4-4}$$

硅在高温下能与金属反应生成硅化物，如Mg_2Si、$CaSi_2$、NaSi、$TiSi_2$、WSi_2、$MoSi_2$等。

在高温下硅单质能与氢化物反应，如在280℃与HCl反应：

$$Si + 3HCl = SiHCl_3 + H_2 \tag{4-5}$$

在1673K与氨反应：

$$3Si + 4NH_3 = Si_3N_4 + 6H_2 \tag{4-6}$$

在高温下硅能与一些氧化物反应，如在1400℃以上能与二氧化硅反应：

$$Si + SiO_2 = 2SiO \tag{4-7}$$

在1000℃能与水蒸气反应：

$$Si + 2H_2O = SiO_2 + 2H_2 \tag{4-8}$$

在常温下硅对多数酸是稳定的，硅不溶于盐酸、硫酸、硝酸、氢氟酸及王水。但硅却很容易被HF-HNO_3混合液所溶解。因而，通常使用此类混合酸作为硅的腐蚀液，反应式为：

$$Si + 4HNO_3 + 6HF = H_2SiF_6 + 4NO_2\uparrow + 4H_2O \tag{4-9}$$

HNO_3在反应中起氧化剂作用，没有氧化剂，HF就不易与硅发生反应。

在常温下硅能与稀碱溶液反应，硅和NaOH或KOH能直接作用生成相应的硅酸盐而溶于水中：

$$Si + 2NaOH + H_2O \xlongequal{} Na_2SiO_3 + 2H_2 \uparrow \tag{4-10}$$

4.2.3 硅的分类及应用

硅根据其杂质含量分为粗硅和高纯硅。粗硅的纯度约为95%~99%，又称为冶金级硅，其中含的杂质有Fe、C、B、P等，主要用于铝硅合金（如作汽车发动机），用来制备硅氧烷和有机硅化学品的也是这种规格。“冶金硅”的其他用途还包括炼钢，制备高温合金、铜合金和电接触材料，同时，它还是高纯硅的原料。高纯硅一般要求纯度达到小数点后面4个“9”至8个“9”的范围，一般用作半导体和太阳电池。

高纯硅根据晶型的不同，分为单晶硅、多晶硅和无定形硅；根据用途不同，可分为电子级硅和太阳能级硅。硅含量为99.9999%（6个9）的为太阳能级硅（SG），主要用于太阳电池芯片的生产制造。纯度在99.999999999%（11个9）的为电子级硅（EG），主要用于半导体芯片制造。

人们经过研究发现，金属钽、钼、铌、钛、钒等即使在硅中含量极微，也会对电池的效率产生影响。但其他一些金属，即使含量超过$10^{15}cm^{-3}$，也不会对电池的转换效率产生明显影响，这就对半导体级硅的要求放宽了100倍，因而人们可以尝试用成本较低的方法来制造太阳电池级硅材料。

硅材料科学与技术卓有成效的发展在20世纪世界材料科学领域中无可非议地占据了极为重要的地位。1948年发明的半导体晶体管，导致电子设备小型、轻量、节能、低成本，并提高设备可靠性及寿命；1958年出现的集成电路，使计算机及各种电子设备发生一次飞跃；进入20世纪90年代，集成电路的集成度进一步提高到微米、亚微米以及深亚微米水平。

下面简单介绍高纯硅的主要用途。

（1）整流器。整流器按容量分两类：大容量电力用整流器和小容量整流器。大容量的用于电气铁道、电化学及电冶金工业、机械制造工业，代替直流电源——直流发电机、水银整流器、硒整流器等。小容量整流器用于电报接收机、收音机、通信设备及其他电气仪器的直流电供电装置，用以代替硒整流器与真空管。

（2）二极管。晶体二极管既能整流又能检波，可分为点接触型和面结型晶体二极管。定电压二极管用电气测定仪器、电子计算机、载波装置及其他电子仪器中的定电压回路中。其他二极管用于微波通信装置、雷达及其他无线电设备等。

（3）三极管。三极管起到信号放大和开关作用，通常与二极管一起称为小功率器件。

（4）集成电路。集成电路是将成千上万个分立的晶体管、电阻、电容等元件，采用掩蔽、光刻、扩散等工艺，把它们集成在一个或几个很小的硅晶片上，集结成一个或几个完整的电路。微机的出现就是集成电路发展的结果，随着集成电路的不断发展，我们的微型计算机可以体积更小、速度更快、功能更强大。

(5) 原子能方面应用。原子能电池与太阳电池结构一样，可以把原子堆废料中放出的射线转变为电能。原子能电池容量小、效率低，但寿命和效率在几年内不会降低。

(6) 硅可以作成红外探测器，广泛用于照相机、人造卫星、火箭和红外强聚焦等设备上。

(7) 光电池。利用硅材料可以把光能转化成电能，尤其是把太阳能转化成电能，常用的是光伏发电。

5 硅的提纯

5.1 太阳电池用硅材料

若将粗硅提纯到太阳能级电子级硅所需的纯度，必须经过化学提纯或者物理提纯。所谓硅的化学提纯是把低纯度硅用化学方法转化为硅的中间化合物，再将中间化合物提纯至所需的高纯度，然后再还原、分解成为高纯硅单质。中间化合物一般选择易于合成、化学分离和提纯的中间产物，曾被研究过的中间化合物有四氯化硅、四碘化硅、硅烷等，现在通用的是三氯氢硅、硅烷。中间化合物提纯到所需要的纯度后，在后续的还原工艺中应特别注意，因为在还原过程中如果工艺技术不恰当，将会造成污染而降低产品的纯度，因此，还原也是重要的工艺过程。化学法提纯高纯多晶硅的生产方法大多数分为三个步骤：（1）中间化合物的合成；（2）中间化合物的分离提纯；（3）中间产物被还原或者是分解成高纯硅。

5.2 化学提纯

经过长期的研究、分析比较，从技术的可行性以及经济指标等各方面考虑，现代大规模地用于生产的提纯方法是四氯化硅氢还原法、二氯二氢硅还原法、三氯氢硅氢还原法和甲硅烷热分解法等，对应的中间产物为四氯化硅、二氯二氢硅、三氯氢硅、甲硅烷。特别是三氯氢硅氢还原法和甲硅烷热分解法在国际上占主导地位，本节仅对三氯氢硅的合成、提纯及还原过程和技术进行阐述。

5.2.1 中间产物的合成

三氯氢硅由硅粉与氯化氢合成而得，化学反应为

$$Si + 3HCl \longrightarrow SiHCl_3 + H_2 \tag{5-1}$$

上述反应要加热到所需温度才能进行，因为是放热反应，反应开始后能自动持续进行。但能量如不能及时导出，温度升高后反而将影响产品收率。影响产率的重要因素是反应温度与氯化氢的含水量。此外，硅粉粗细对反应也有影响。

5.2.2 中间产物的提纯

三氯氢硅的提纯主要是经过化工工艺中的两级精馏，即粗馏、精馏两个精馏

过程，降低杂质总量的含量，使其降到10^{-7}~10^{-10}数量级。硅的提纯中最常用到的两种提纯技术为精馏和吸附。

精馏是近代化学工程中有效的提纯方法，可以获得很好的提纯效果。其原理是利用不同组分有不同的沸点，在同一温度下各组分具有不同蒸汽压进行分离的。硅的化学提纯包括把硅变为中间化合物而后进行精馏，精馏是作为化学提纯过程中的一个步骤，是极为有效的重要方法之一。在硅的提纯过程中，不论$SiCl_4$、$SiHCl_3$、SiH_2Cl_2还是SiH_4均可以采用精馏技术进行提纯。

5.2.3 中间产物的还原

用氢为还原剂还原已被提纯过的高纯三氯氢硅，使得高纯硅沉积在1100~1200℃的热载体上面。化学反应式为

$$SiHCl_3 + H_2 \longrightarrow Si + 3HCl \tag{5-2}$$

以上为三氯氢硅还原法制备高纯硅的主要步骤及原理，这方面的内容将在第7章多晶硅的制备中进一步介绍。

5.3 物理提纯

物理提纯技术的提高几乎与半导体科学技术的发展并驾齐驱。区域提纯方法最成功的应用是锗元素的提纯，使得高纯锗小数点后达到了8个9以上的纯度。

由于动力学的限制和杂质的多样性，单纯采用一种提纯方法很难达到理想的效果。对工业硅的提纯可以分为提纯到超冶金级硅（99.99）和太阳能级硅（99.9999），通常采用湿法冶金提纯到超冶金级硅，此方法成熟，成本低，设备简单（酸洗方法），利用真空蒸馏能有效去除易挥发性的杂质，区域熔炼、定向凝固可以除去大部分的金属杂质，氧化精炼可以有效除去部分非金属元素。以下就硅的各种冶金提纯方法进行详细的阐述。

5.3.1 湿法提纯（酸浸）

将传统的湿法冶金技术运用到硅的提纯已经有较长的历史了，冶金级硅粉的酸浸研究从Tucker的开拓工作到现在，已经有80多年的历史。酸浸工艺的原理就是冶金级硅中的大部分金属杂质在硅中拥有比较高的分离系数。因此，尽管熔体硅中的杂质拥有高溶解能力，但是它们在固体中的杂质的溶解能力比较小，并且在硅颗粒的边界能够保持一定的浓度。经过球磨后的冶金级硅，大部分的杂质都出现在颗粒边界的断裂处，杂质能直接暴露在外面，与酸液参加反应。

将冶金级硅先通过湿法浸出得到超冶金级硅的生产路线，是区别于传统的西门子法高纯硅生产工艺的一条新的制备路线。主要优点集中在它是一个低温的工艺，能量要求比较低。有研究表明在硫酸、王水、氢氟酸以及其他酸的作用下，

采用微波二极管处理可以从冶金级硅中获得合适的硅料。Hunt 等人采用颗粒尺寸不大于 50μm，在 75℃的王水中反应 12h 的酸浸过程，冶金级硅中的杂质能够去除 90%以上。目前，已有大量的研究报道将冶金级硅选取合适的浸出液在一定条件下进行酸浸处理，产物基本能够达到超冶金级硅。但是不同类型的冶金级硅拥有不同的浸出行为，且硅粉粒度、时间、温度、浸出液的浓度等因素都会对杂质浸出效果产生一定影响。一般普遍认同盐酸是最好的冶金级硅湿法处理杂质的浸出液，采用盐酸能够去除 85%的杂质，最后采用氢氟酸进一步处理能够得到纯度为 99.9%的硅粉。尹盛等人提出了采用冷等离子体与湿法冶金相结合制备纯度为 6mol/L 的硅材料，此材料基本达到制造太阳电池的要求。

由于经过湿法冶金提纯的硅粉的纯度不是很高，特别是导致太阳电池性能恶化的非金属杂质如硼、磷等非金属杂质很难去除，因此，目前的湿法冶金只能作为一种初级提纯的方法。其产品还需要经过真空技术、定向凝固等方法更进一步提纯才能达到制作太阳电池所需的要求。

5.3.2 分凝现象

完全互溶的二元系的固液相图如图 5-1 所示（其原理同于气液相图）。某一 P 组分的材料熔化后，温度缓缓降低冷却 T_1 温度。由图 5-1 可知，在 T_1 温度先与 P 组分的液相平衡是 q 组分的固相。由此可见，固体熔化后再结晶时，凝固出来的固相中所含组分与原先的组分不同。原先 P 组分的液相中 B 的含量大而新凝固的 q 组分的固相中 B 的含量小，这种现象称为分凝现象。

对微量杂质的分凝，在物理化学中表达为分配定律；互相平衡的单元二元素中加入少量另一 B 成分，实验指出在一定温度下这种成分在两相内的浓度比保持恒定。这两个浓度的比值定义为平衡分凝系数：

$$k_0 = \frac{c_s}{c_l} \tag{5-3}$$

式中，c_s 和 c_l 分别为界面附近固体和液体中杂质的平衡浓度（见图 5-2）。

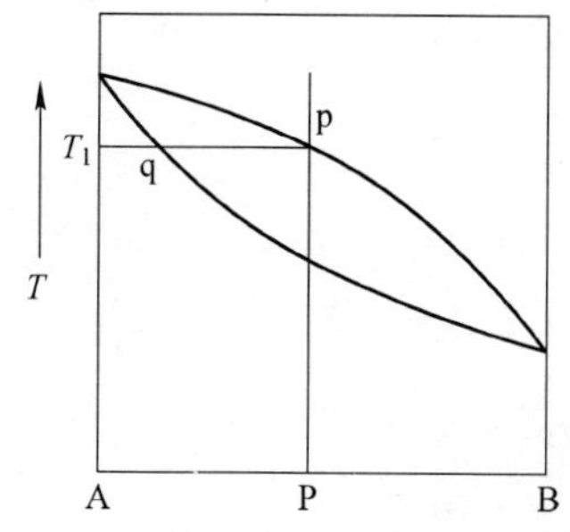

图 5-1 无限互溶二元系的固液相图

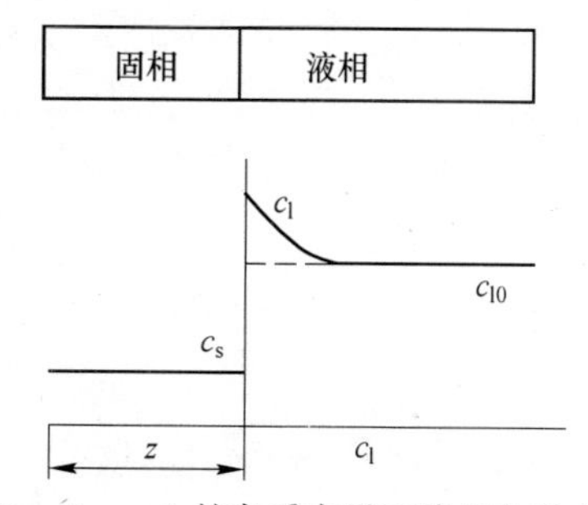

图 5-2 $k_0 < 1$ 的杂质在界面附近杂质分布图

5.3.3　正常凝固

将材料全部熔化为液体，然后由一点开始结晶，逐渐扩展，而后全部凝固，具有这样一种特征的凝固过程，称为正常凝固过程。

如图5-3所示，令锭长为1、截面面积为1，正常凝固的杂质分布可从求解杂质分布微分方程而得。

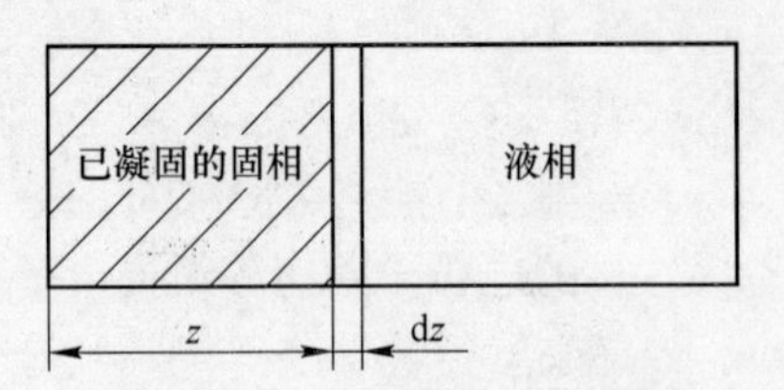

图5-3　正常凝固进行示意图

设沿固体锭的杂质浓度分布为$c_s(z)$，在固液界面移动达到z点时，界面继续前进dz，凝固到固体中的杂质为$c_s dz$，液相中杂质的变化为$(c_l - c_s)dz$，同时可写为$(1-z)dc_l$，方程式为

$$(c_l - c_s)dz = (1-z)dc_l \tag{5-4}$$

边界条件

$$c_s(0) = kc_l(0) = kc_0 \tag{5-5}$$

求得

$$c_s(z) = kc_0(1-z)^{-(1-k)} \tag{5-6}$$

对于$k \ll 1$的杂质，在大部分固体中符合

$$c_s \approx k\frac{c_0}{1-z} \tag{5-7}$$

这可视为杂质几乎全部流在液体中，未凝固部分体积为（1–z），液相中的杂质浓度为$\frac{c_0}{1-z}$，乘以k得固相浓度，只在很接近尾部时才偏离此值。

5.3.4　定向凝固

多晶硅的定向凝固，是在凝固过程中采用强制手段，在凝固金属（硅）和未凝固体中建立起特定方向的温度梯度，从而使熔体沿着与热流相反的方向凝固，获得具有特定取向柱状晶的技术。利用定向凝固技术让晶粒沿受力方向生长，消除横向晶界，甚至消除所有晶界制成单晶，明显提高其高温性能。

定向凝固原理：设金属A中含有杂质B，在压力一定时达到熔点温度，即处于固—液平衡状态，此时组分A在溶液中的化学势与组分A在固熔体中的化学势相等。

$$\mu_{A,l}(T, p, c_{A,l}) = \mu_{A,s}(T, p, c_{A,s}) \tag{5-8}$$

（用“l”代表液相，用“s”代表固相）

定压下若使液相浓度微量变化，则固—液两相建立新的平衡：

$$\mu_{A,l} + d\mu_{A,l} = \mu_{A,s} + d\mu_{A,s} \tag{5-9}$$

由于$\mu_{A,l} = \mu_{A,s}$，故$d\mu_{A,l} = d\mu_{A,s}$，所以

$$\frac{\partial \mu_{A,\,l}}{\partial T}dT+\frac{\partial \mu_{A,\,l}}{\partial c_{A,\,l}}dc_{A,\,l}=\frac{\partial \mu_{A,\,s}}{\partial T}dT+\frac{\partial \mu_{A,\,s}}{\partial C_{A,\,s}}dc_{A,\,s} \tag{5-10}$$

假定固溶体是理想溶液，$\mu_{A,\,s}=\mu^0_{A,\,s}(T,\ p)+RT\ln c_{A,\,s}$，则

$$\frac{\partial \mu_{A,\,s}}{\partial c_{A,\,s}}=\frac{RT\partial \ln c_{A,\,s}}{\partial c_{A,\,s}}=\frac{RT}{c_{A,\,s}}dc_{A,\,s} \tag{5-11}$$

由于

$$\frac{\partial \mu_{A,\,s}}{\partial T}=-S_{A,\,s} \tag{5-12}$$

将式（5-10）、式（5-11）代入式（5-9）得

$$\frac{dc_{A,\,l}}{c_{A,\,l}}-\frac{dc_{A,\,s}}{c_{A,\,s}}=\frac{(S_{A,\,l}-S_{A,\,s})dT}{RT}=\frac{\Delta S_A}{RT}dT \tag{5-13}$$

将 $\Delta S_A=\frac{\Delta H_{f,\,A}}{T}$ 代入式（5-12）得

$$\frac{dc_{A,\,l}}{c_{A,\,l}}-\frac{dc_{A,\,s}}{c_{A,\,s}}=\frac{\Delta H_{f,\,A}}{RT^2}dT \tag{5-14}$$

$\Delta H_{f,\,A}$ 为一摩尔 A 由固溶体状态溶入溶液时的溶解热。

对式（5-14）积分，得

$$\int^{A,\,l}\frac{dc_{A,\,l}}{c_{A,\,l}}-\int^{A,\,s}\frac{dc_{A,\,s}}{c_{A,\,s}}=\int_{T_f^0}^{T_f}\frac{\Delta H_{f,\,A}}{RT^2}dT \tag{5-15}$$

式中，T_f^0 为纯 A 的熔点，T_f 为浓度为 $c_{A,\,s}$ 时固溶体的熔点。由于杂质含量较小，则熔点改变值也不大，可将 $\Delta H_{f,\,A}$ 视为常数，且假定 $T_f^0\times T_f\approx(T_f^0)^2$，则

$$\ln c_{A,\,l}-\ln c_{A,\,s}=\frac{\Delta H_{f,\,A}}{R}\left(\frac{1}{T_f^0}-\frac{1}{T_f}\right)=-\frac{\Delta H_{f,\,A}(T_f^0-T_f)}{RT_f^0T_f} \tag{5-16}$$

对于 A、B 组成的稀溶液，$\ln c_{A,\,l}=-c_{B,\,l}$，$\ln c_{A,\,s}=-c_{A,\,s}$，代入得

$$\Delta T_f=\frac{R(T_f^0)^2}{\Delta H_{f,\,A}}c_{B,\,l}\left(1-\frac{c_{B,\,s}}{c_{B,\,l}}\right) \tag{5-17}$$

A 从固溶体变为熔融态为吸热，故 $\Delta H_{f,\,A}>0$。令 $k=\frac{c_{B,\,s}}{c_{B,\,l}}$，若 $k<1$，即 $c_{B,\,l}>c_{B,\,s}$，$c_{A,\,l}<c_{A,\,s}$，则 $\Delta T_f>0$，熔点下降，如图 5-4（a）所示。反之，$k>1$ 时熔点上升，如图 5-4（b）所示。当 $k<1$ 时，把杂质浓度为 c_0 的固溶体加热至熔融状态，然后进行定向凝固时，最先凝固的固相杂质含量为 c_s，比 c_0 减少。若经多次定向凝固，杂质含量将不断减少，可以达到提纯的目的。硅中金属杂质的平衡分配系数均小于 1，根据理论分析，经过定向凝固可达到提纯的目的。

金属杂质元素能够被去除的原因可通过凝固的溶质分配系数 k（$k=c_{B,\,s}/c_{B,\,l}$，$c_{B,\,s}$、$c_{B,\,l}$ 分别表示固液相的平衡浓度）来说明。对硅与杂质元素

组成的相图，有两种情况（见图 5-4）：当 $k>1$ 时，先凝固的固相含有较多的杂质，不利于杂质的去除；当 $k<1$ 时，把杂质浓度为 c_0 的固溶体加热至熔融状态，然后进行定向凝固时，最先凝固的固相杂质含量为 c_S，比 c_0 减少，若经多次定向凝固，杂质含量将不断减少，可以达到除杂的目的。有效的分凝固系数可以表示为：$k_{eff}=c_s/c_l=\dfrac{k_0}{k_0+(1-k_0)\exp(R\delta/D)}$ 晶体的生长速率 R、平衡常数 k_0、扩散层厚度 δ，杂质在溶剂中的扩散系数 D。

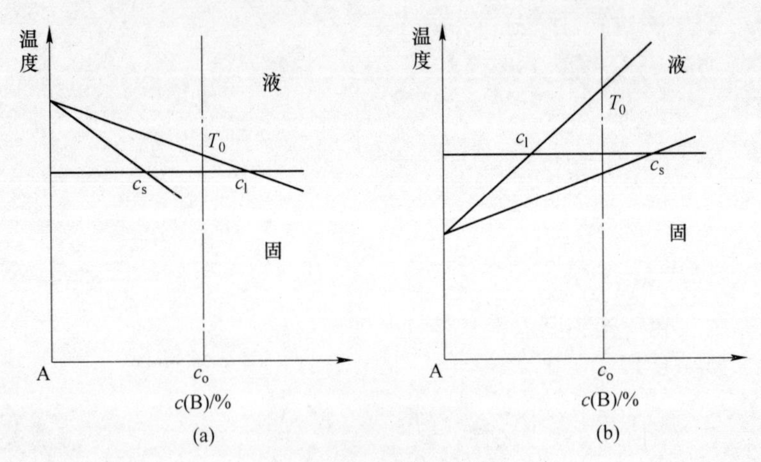

图 5-4　杂质去除原理图

(a) $k<1$；(b) $k>1$

几种常见杂质的分离系数如表 5-1 所示。

表 5-1　几种常见杂质的分离系数

杂质	分离系数	杂质	分离系数
B	8.00×10^{-1}	Fe	6.40×10^{-6}
P	3.50×10^{-1}	Ti	2.00×10^{-6}
C	5.00×10^{-2}	Cu	8.00×10^{-4}
Al	2.80×10^{-3}	Ca	8.00×10^{-3}

其他条件一定的情况下，分凝固系数越小的，定向凝固越有利，对于一次不能分离的杂质可以采取多次定向凝固分离。

5.3.5　区域提纯

正常凝固的提纯只能进行一次，第二次再熔化时只做上一次结晶的重复，得到的仍然是同样的结果。因为正常凝固是最宽熔区的区域提纯，第二次提纯时就把已经提纯得到的分布又破坏了，不能达到第二次提纯的效果。区域熔化是熔化锭条的一部分，熔化的部分称为熔区。当熔化区从头到尾移动一次以后，杂质随熔化区移到尾部。利用这种方法不只可以进行一次提纯，而且可以进行多次提纯，一次一次地移动熔化区以达到很好的效果。该方法称为区域熔化提纯，简称为区域提纯。

5.3.5.1 一次区域提纯

如图 5-5 所示，材料截面为 1，长度为 1，熔化区域长度为 l，凝固部分长度为 z。设熔区前进 dz，液区中杂质含量增加了新熔化部分的杂质 c_0dz，减少了凝固出去的杂质 c_sdz，净增 $(c_0-c_s)dz$。由此可得

$$(c_0 - c_s)dz = l dc_l = \frac{l}{k}dc_s \tag{5-18}$$

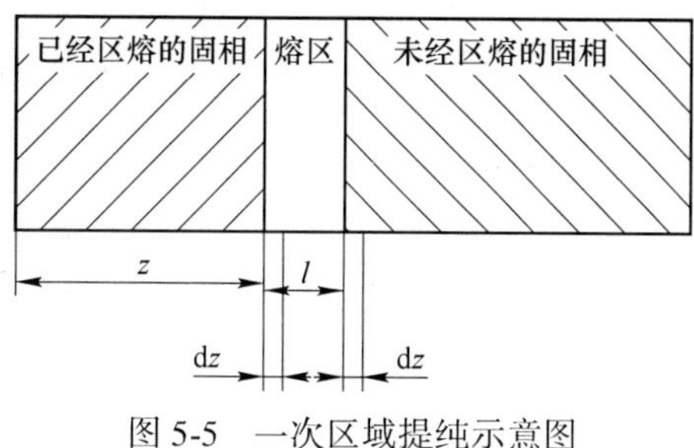

图 5-5 一次区域提纯示意图

即
$$\frac{l}{k}\frac{dc_s}{dz} + c_s(z) = c_0 \tag{5-19}$$

求解得
$$c_s(z) = c_0 + Ae^{-\frac{kz}{l}} \tag{5-20}$$

式中，A 为常数。边界条件为

$$c_s(0) = kc_0 \tag{5-21}$$

代入得
$$c_0 + A = kc_0 \tag{5-22}$$

即
$$A = -(1-k)c_0 \tag{5-23}$$

从而得
$$c_s(z) = c_0[1-(1-k)e^{-\frac{kz}{l}}] \tag{5-24}$$

这就是一次区域提纯后的杂质分布表达式。如果只进行一次区域提纯，提纯效果不如正常凝固的好。

5.3.5.2 多次区域提纯

多次区域提纯能够得到更高的纯度，但也不可能把纯度无限提高。对于一定熔区宽度 l，有一极限分布。若已达到这一极限分布后再进行区域提纯，固体中的杂质分布将仍然不变。

没达到极限的分布为 $c(\xi)$，如果继续进行区域提纯，在 x 处的熔区把 $x \rightarrow x+l$ 范围内熔化，熔区中的杂质总量为 $\int_x^{x+l} c_s(\xi)d\xi$，认为杂质在熔区中均匀分布，

因此熔区中的杂质浓度为 $c_l(x)=\frac{1}{l}\int_x^{x+l}c_s(\xi)\,\mathrm{d}\xi$。如果 $c_s(x)=kc_l(x)$ 成立，说明新凝固的固体中杂质分布依然如故，即描述极限分布的方程式为

$$c_s(x)=\frac{k}{l}\int_x^{x+l}c_s(\xi)\,\mathrm{d}\xi \tag{5-25}$$

起始条件为

$$\int_0^l c_s(\xi)\,\mathrm{d}\xi=c_0 \tag{5-26}$$

式中，c_0 为初始杂质浓度。方程的解为

$$c=A\mathrm{e}^{Bx} \tag{5-27}$$

式中，A 和 B 可从 $A=\frac{c_0B}{\mathrm{e}^B-1}$ 和 $k=\frac{Bl}{\mathrm{e}^{Bl}-1}$ 得到。

正常凝固是最宽熔区的区域提纯，只能进行一次熔化，第二次提纯时就把已经提纯得到的分布又破坏了，不能达到第二次提纯的效果。区域提纯的熔区小了，第二次提纯时不会把第一次已取得的杂质分布结果破坏，可以继续获得更好的分布，使杂质在固体中的浓度差别拉大。但应该注意到熔区仍有一定宽度，熔化时仍然使后面杂质流向前方。所以多次区域提纯达到的极限分布的好坏，取决于 l 的大小。如果 $l\to 0$，理论上可以达到无限提纯的目的。但 l 越小，每次提纯的效果又小了。对于一次熔化来说，正常凝固的效果是最好的。上面已讲到多次区域提纯可以得到比正常凝固更好的效果，但一次区域提纯的效果比正常凝固的差。

硅不能采用水平区域提纯法进行提纯，因为找不到合适的容器材料。石英是最好的熔硅的容器材料，但石英仍然与硅有反应，其中的杂质会熔入硅中，不但不能提纯反而带来沾污，且在凝固时石英与硅粘连使器皿破裂，从而无法进行多次区域提纯。无坩埚区域提纯是硅提纯的特殊工艺技术，熔区经过直立的硅棒自下而上地移动熔区，因为熔硅有很大的表面张力，它能保持熔区的力学稳定性。硅熔体不依靠任何器皿，也不与任何固体接触，所以，这种提纯方法称为无坩埚区域提纯。它不但用于提纯，而且用于晶体生长。

在大多数情况下，半导体用硅不需要经过区域提纯。目前经过化学提纯的优质硅多晶已经有足够高的纯度。多晶中的硼杂质浓度降到了 $5\times10^{12}\mathrm{cm}^{-3}$ 以下。这样的杂质含量相当于 P 型硅 3000Ω · cm 的电阻率；磷杂质浓度降到 $2\times10^{13}\mathrm{cm}^{-3}$ 以下，相当于 n 型硅 300Ω · cm 的电阻率。硼在硅中的分配系数接近于 1，区域提纯对去除硼几乎无效果，所以不能指望化学提纯后还含有较多硼的硅多晶经过区域提纯能使硼含量进一步降低而达到高纯度。对于一般的用途，达到上述纯度的多晶直接用直拉法或区域熔化法一次成晶，其磷含量在伴随的物理提纯中进一

步有所降低，已能满足要求。只有在需要极高电阻率的特殊情况下（例如探测器级硅单晶），才有必要将化学提纯后的多晶硅棒再进行无坩埚区域提纯，使磷含量进一步降低。磷在硅中的分配系数小于 1，而且磷在硅熔液中很快得到蒸发，所以用无坩埚区域提纯去磷过程中更主要的是靠蒸发作用。为了加强蒸发作用，区域提纯应在真空中进行。

5.3.6 杂质蒸发

硅熔体中的杂质常具有很强的蒸发性，可利用这一性质来提纯材料。蒸发是在不平衡状态下进行的，多不采用平衡蒸汽压来表征，而常用蒸发常数 E 来描述真空条件下杂质蒸发的快慢。

设在杂质浓度很小时，单位时间内从融体表面上蒸发出的杂质量为 N，则有

$$N = EAc_1 \mathrm{d}c_1 \tag{5-28}$$

式中，A 为融体的蒸发表面积；c_1 为熔体中的杂质浓度；比例常数 E 称为蒸发常数，表示单位时间从单位面积上蒸发出的杂质原子数与熔体中杂质浓度之比。由上述 N 的定义可知 $N\mathrm{d}t = -V\mathrm{d}c_1$，$V$ 为熔体的体积。从上式可得到

$$\mathrm{d}c_1/\mathrm{d}t = -EAc_1/V \tag{5-29}$$

解此微分方程可得到

$$c_1 = c_{1_0}\exp\left(-\frac{EA}{V}t\right) \tag{5-30}$$

式中，c_{1_0} 为初始杂质浓度。可定义杂质蒸发时间 t_{ev}，表示熔体中的杂质浓度降低到其最初值的 $1/c$ 时所需要的时间。从上述微分方程的解可知 $t_{ev} = V/EA$。在硅中 P、As、Sb、Ga 和 In 等杂质蒸发常数都很大，对应的 t_{ev} 很小，而杂质 B 蒸发很慢。硅中各个杂质的蒸发常数列于表 5-2 中。

表 5-2 熔硅中杂质的蒸发常数

杂质	P	As	Sb	B	Al	Ga	In
$E/\mathrm{cm}\cdot\mathrm{s}^{-1}$	10^{-4}	5×10^{-3}	7×10^{-2}	5×10^{-6}	10^{-4}	10^{-3}	5×10^{-3}

在有保护气的情况下，逸出杂质不易扩散而离开液体表面，这就会使蒸发速度降低，也就是说杂质的蒸发速度与气压有关。在工艺过程中杂质蒸发的速率可以通过保护气压来控制。

6 单晶硅材料

6.1 单晶硅的生长

无论是铸造多晶硅的生产还是单晶硅的制备都是以高纯多晶硅为原料。微电子工业中以及单晶硅太阳电池所使用的硅片的前身是单晶硅锭，因此从高纯多晶硅转化成单晶硅对于微电子工业和单晶硅太阳电池的生产而言，是极其关键的一步。高纯多晶硅的生产主要是典型的精细化工生产过程，而由高纯的多晶硅生长单晶硅则基本是以区熔法（FZ）和直拉法（CZ）两种物理提纯生长方法为主，且到目前为止仅这两种单晶硅的生长方法被大规模地应用到工业生产中。由这两种方法得到的硅单晶分别称为FZ硅和CZ硅。

6.1.1 硅单晶的区熔生长（FZ）

6.1.1.1 区域熔炼

区域熔炼是一个简单的物理过程，指根据液体混合物在冷凝结晶过程中组分重新分布（称为偏析）的原理，通过多次熔融和凝固，制备高纯度的（可达99.999%）金属、半导体材料和有机化合物的一种提纯方法，属于热质传递过程。此法是由W. G. 范在1952年提出的，最初应用于高纯度锗的生产。

区域熔炼的典型方法是将被提纯的材料制成长度为0.5~3m（或更长些）的细棒，通过高频感应加热，使一小段固体熔融成液态，熔融区液相温度仅比固体材料的熔点高几度，稍加冷却就会析出固相。熔融区沿轴向缓慢移动（每小时几至十几厘米）。杂质的存在一般会降低纯物质的熔点，所以熔融区内含有杂质的部分较难凝固，而纯度较高的部分较易凝固，因而析出固相的纯度高于液相。随着熔融区向前移动，杂质也随着移动，最后富集于棒的一端，予以切除。

在熔炼过程中，锭料水平放置，称为水平区熔，如锗的区熔一般采用水平区熔；锭料竖直放置且不用容器，称为悬浮区熔，如硅的无坩埚区域熔炼，如图6-1所示。

6.1.1.2 FZ硅

FZ硅单晶的生长系统如图6-2所示，首先用针眼状的感应线圈加热多晶硅棒的一端，形成一个尖端状的熔区，然后该熔区与特定晶向的籽晶接触，这个过程就是引晶。要求籽晶是单晶，其电阻率不宜过分低于产品要求。籽晶应该是圆柱形，或倒角圆滑。直径不宜太粗，一般大约直径5~8mm较好。籽晶表面不应有严重氧化，不宜有机械损伤，不宜过分粗糙，籽晶应规格化。接着将籽晶和多晶棒一起向下移动，熔区就会经过多晶棒，这个单晶硅就会在籽晶外延伸。通常，在引晶的过程中，由于热冲击，会在新形成的单晶中产生位错。显然位错不加以排除，将会在继续生长的单晶中产生更多的错位，最后无法形成无位错单晶。为了消除位错，W. C. Dash提出了一种缩颈工艺，即在形成一段籽晶之后，缩小晶体的直径至2~3mm，继续生长20mm左右，即可把位错完全排除到籽晶的外表面，如图6-3所示。接着再生长一段无位错的细晶后，放肩至目标尺寸进入等径生长。在等径生长过程中，熔区的形成以及晶体的直径控制可以通过调整射频线圈的功率以及熔区的移动速度来实现。在直径的自动控制上，FZ法CZ法都是利用红外传感器聚焦在半月形弯月面上。弯月面的形状由三相交界处的接触角、晶体直径和表面张力大小来决定。当半月形弯月面的角度发生变化，亦即晶体直径发生变化的信号被传感器测到时，自动控制系统就会发生反馈信号实现晶体的等径控制。需要说明的是，在晶体生长过程中，籽晶和晶体的旋转方向相反，这是为了保持热场的对称性。待籽晶熔

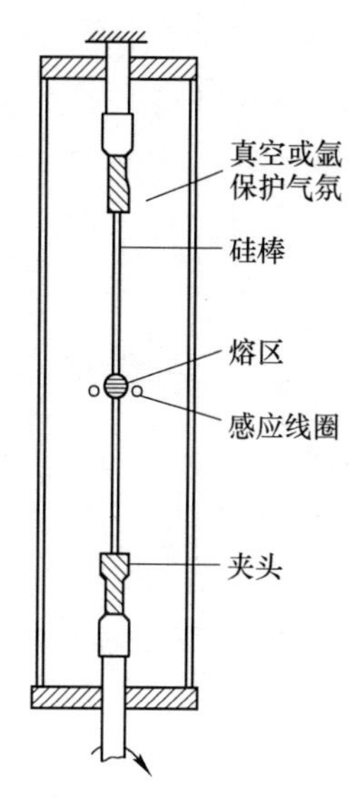

图6-1 硅的无坩埚区域熔炼示意图

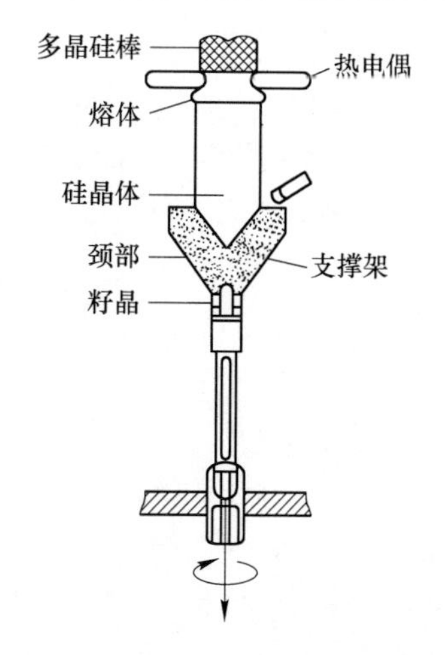

图6-2 区熔硅生长系统的原理图

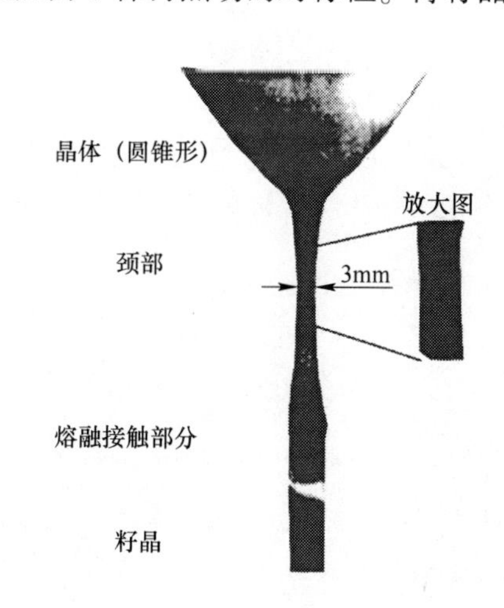

图6-3 Dash缩颈工艺示意图

接良好后，使熔区沿多晶硅向上移动，通过缩颈、放肩、转肩、等径和收尾等工艺程序，拉制出完整的无位错单晶硅。悬浮区熔法生长单晶原理如图 6-4 所示。

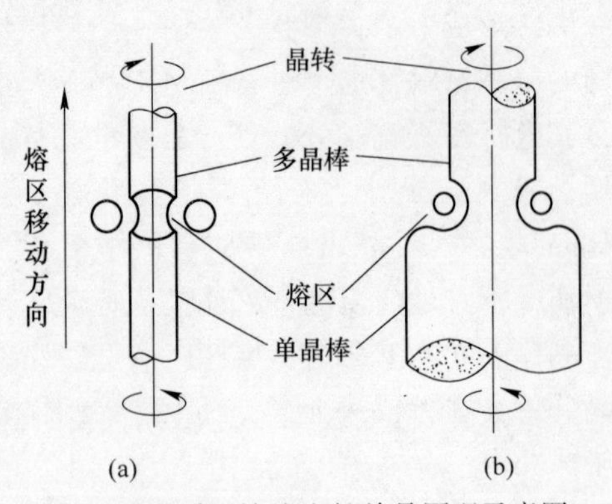

图 6-4　悬浮区熔法生长单晶原理示意图

6.1.1.3　真空区熔应具备的条件

真空区熔的全部工作，是为了在竖直的硅棒下端产生一个熔区，并自下而上移动熔区，在末端凝固，然后保持硅棒暗红使加热线圈发挥始端，按需要重复此过程，最后长成单晶。为完成这一过程需具备以下条件：

（1）产生一个熔区所需的热源，先多利用感应线圈进行加热。由一高频炉产生高频电流，通过同轴引线，由环绕在硅棒周围的加热线圈输出，从而产生高频电磁场进行感应加热。

（2）硅在高温下有很强的化学活泼性，因而在熔区过程中必须使硅棒和熔区处于非常清洁的环境中，尽量避免一切的污染源，才能比较准确地控制晶体中的微量杂质和获得高纯度的产品，故在工作室内采用高真空（在气体区熔中用纯度为 5~6 个“9”的惰性气体，如氩气）作为保护气氛。

（3）为使得熔区移动和单晶形状对称，需要一套传动机构来带动线圈（或者硅棒），转动籽晶和调节熔区形状。

（4）原料硅棒电阻率多数是大于 0.1Ω · cm，高频电磁场在硅棒上产生的感应电流很小，不能直接达到熔化。必须依靠预热使硅棒达到 700℃左右，此时硅棒本征电阻率大约为 0.1Ω · cm，感应电流大大增加，足以维持继续增高加热区域的温度，达到产生一个熔区。因此需备有预热物件，否则不能产生熔区。

（5）为了方便获得单晶，应在硅棒下端放置一个小单晶作为籽晶。

6.1.2　硅单晶的直拉生长（CZ）

6.1.2.1　CZ-Si 的历史背景和由来

到现在为止有很多方法可以生长硅单晶，但是应用于工业生产的只有两种方法，即悬浮区熔法（FZ）和直拉法（CZ）。由于跟 FZ 技术相比，CZ 法具有熔体稳定，晶体直径大，对多晶形状要求低，通过晶转和锅转控制晶体-熔体边界层能较好地控制径向掺杂均匀度等优点，且直拉硅基本能满足太阳电池和小功率集成电路使用材料的需要，所以使得直拉硅占领了 85%以上的硅单晶市场。

切克劳斯基法（Czochralski method）是利用旋转着的籽晶从坩埚中的熔体中提拉制备出单晶的方法，又称直拉法、提拉法（简称 CZ 法），因波兰人 J. Czochralski 于 1916 年利用该方法生长金属单晶而得名。后来美国科学家 G. K. Teal 和 J. B. Little 在 1950 年将此方法用于锗单晶的生长，紧接着在 20 世纪 50 年代初，Teal 和 Buehler 在石墨托碗内放置一石英坩埚，采用 CZ 法从熔硅中拉制硅单晶。

CZ 法制备出的体硅晶体的早期问题是存在高密度位错和小角度晶界。Keller 首先提出了采用一细籽晶可以显著地减小 FZ 硅单晶的位错密度（对于 CZ 硅具有同样重要的意义），在此基础上 Dash 利用细圆锥形籽晶，在引晶时保持很小的直径的条件下，第一个制得了无位错 FZ 和 CZ 硅晶体，并提出了完整的无位错硅单晶生长工艺，同时对其机理作出了解释。随后 Ziegler 修改了 Dash 法，提出了快速引晶拉出单晶的方法。

CZ 法生长硅单晶已有 40 多年的历史了，Teal 和 Buehler 等人描述的无位错硅单晶直拉法的基本原则到今天仍然没有太多的改变。但是通过不断的改进和完善，该生长工艺已日趋成熟。晶体的直径不断增大，缺陷不断减少，杂质分布的均匀性也不断得到提高。

6.1.2.2 基本原理及示意图

直拉单晶制造法（Czochralski，CZ 法）是把原料多晶硅硅块放入石英坩埚中，在单晶炉中加热熔化，再将一根直径只有 10mm 的棒状晶种（称籽晶）浸入熔液中。在合适的温度下，熔液中的硅原子会顺着晶种的硅原子排列结构在固液交界面上形成规则的结晶，成为单晶体。把晶种微微地旋转向上提升，熔液中的硅原子会在前面形成的单晶体上继续结晶，并延续其规则的原子排列结构。若整个结晶环境稳定，就可以周而复始地形成结晶，最后形成一根圆柱形的原子排列整齐的硅单晶晶体，即硅单晶锭。当结晶加快时，晶体直径会变粗，提高升速可以使直径变细，增加温度能抑制结晶速度。反之，若结晶变慢，直径变细，则通过降低拉速和降温去控制。拉晶开始，先引出一定长度、直径为 3~5mm 的细颈，以消除结晶位错，这个过程叫做引晶。然后放大单晶体直径至工艺要求，进入等径阶段，直至大部分硅熔液都结晶成单晶锭，只剩下少量剩料。在拉制单晶过程中，不仅要获得完整的单晶锭，同时还要严格控制单晶性能参数，如单晶直径、晶向、导电型号，以及电阻率和电阻率均匀性等，以达到所需要求。

CZ 法的主要设备及原理示意图如图 6-5 和图 6-6 所示。

6.1.2.3 主要的生长工艺流程

如图 6-7 所示，CZ 法生长单晶硅工艺主要包括加料、熔化、缩颈生长、放肩生长、等径生长、尾部生长 6 个主要步骤。

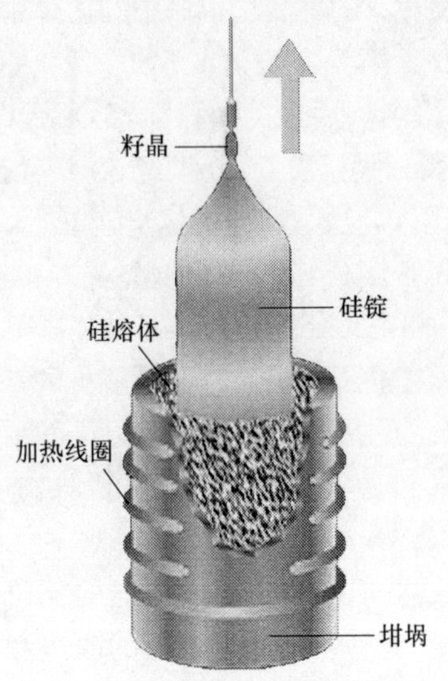

图 6-5　直拉单晶生成示意图

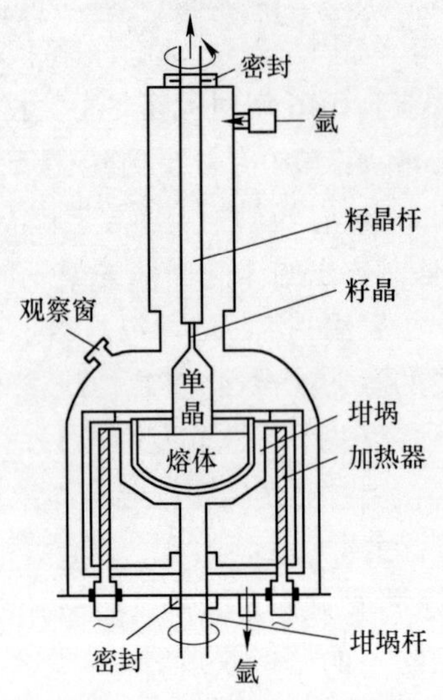

图 6-6　直拉单晶炉结构示意简图

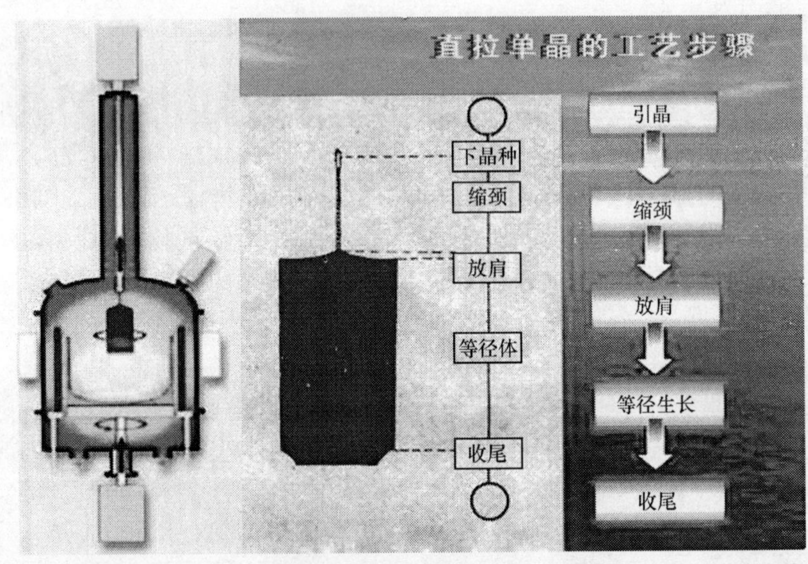

图 6-7　CZ 法生长单晶硅主要工艺示意图

(1) 加料。将多晶硅原料及杂质放入石英坩埚内，杂质的种类依电阻的 N 或 P 型而定。杂质种类有硼、磷、锑、砷。在轻掺杂的情况下，P 型的掺杂物一般为硼，N 型的掺杂物一般为磷；而在拉制重掺 N 型硅单晶时，需要使用特殊的掺杂方法。

(2) 熔化。加完多晶硅原料于石英埚内后，长晶炉必须关闭并抽成真空后充入高纯氩气，使之维持一定压力范围内，然后打开石墨加热器电源，加热至熔化温度（1420℃）以上，将多晶硅原料熔化。在此过程中，最重要的控制参数是加热功率的大小。使用功率过小会使得整个熔化过程耗时太久而降低产率，使用功率过大，虽然可缩短熔化时间，但有可能造成石英坩埚壁的过度损伤而降低石英坩埚的寿命，这一点在拉制大直径硅单晶时是非常危险的。多晶硅熔化后，应在高温下保持一段时间，以排除熔体中的气泡。因为如果在晶体生长过程中存在微小气泡发射至固液界面，将有可能导致晶体失去无位错生长特征（俗称“断苞”），或者在晶体中引起空洞。

（3）缩颈生长。当硅熔体的温度稳定之后，将籽晶慢慢浸入硅熔体中。由于籽晶与硅熔体场接触时的热应力，会使籽晶产生位错，这些位错必须利用缩颈生长使之消失掉。缩颈工艺是无位错的基础，在 CZ 法和 FZ 法中都会用到。

（4）放肩生长。长完细颈之后，须降低温度与拉速，使得晶体的直径渐渐增大到所需的大小。采用减缓拉升速度与降低熔体温度的方法逐步增大直径，达到预定值。目前，基本都采用平放肩工艺，即肩部夹角接近 180°，这样可以提高多晶硅的利用率，尤其是对于大直径硅单晶，平放肩工艺具有重要的经济意义。

（5）等径生长。长完细颈和肩部之后，借着拉速与温度的不断调整，可使晶棒直径维持在±2mm 之间。通过控制拉速和熔体温度，补偿液面下降引起温场的改变，以达到晶体直径恒定。一般由于坩埚中的液面会逐渐下降及加热功率逐渐上升等，使得晶体的散热速率随着晶体长度而减小，所以固液界面处的温度梯度减小，因此拉速通常会随着晶体长度的增加而减小。这段直径固定的部分即称为等径部分。单晶硅片取自于等径部分。

图 6-8 为完成了引晶、放肩和转肩后转入等径生长的晶体实物图。

（6）收尾。在长完等径部分之后，如果立刻将晶棒与液面分开，那么效应力将使得晶棒出现位错与滑移线。于是为了避免此问题的发生，必须将晶棒的直径慢慢缩小，直到成一尖点而与液面分开。这一过程称之为尾部生长。长完的晶棒被升至上炉室冷却一段时间后取出，即完成一次生长周期。

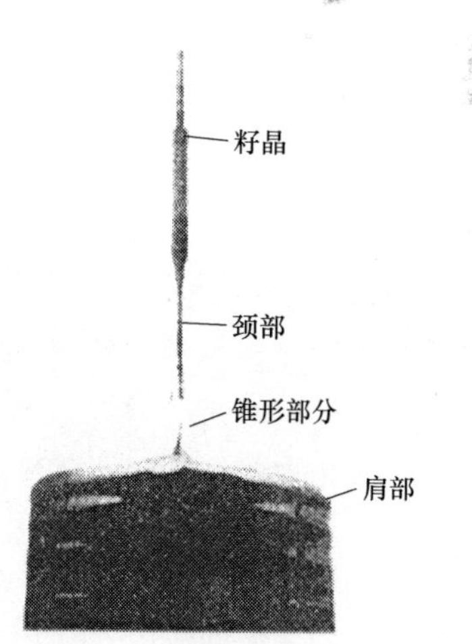

图 6-8 直拉硅单晶进入等径生长的实物图片

6.1.2.4 直拉单晶炉设备简介

图 6-9 为一直拉硅单晶炉的实际外观照片。每个设备供应商制造的单晶炉在外形上会稍有区别，但基本内部构造及原理却大致相同，如图 6-10 所示。根据投料量的大小可以将炉体设置成一个炉室和分成主副两炉室的两种单晶炉，现多采用主副两室的

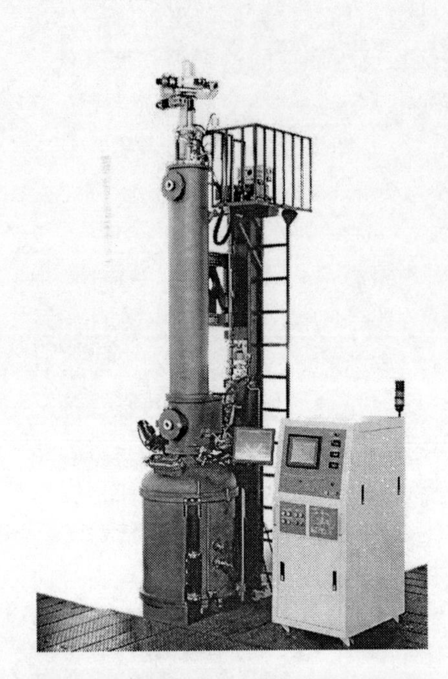

图 6-9　直拉硅单晶炉的实际外观照片

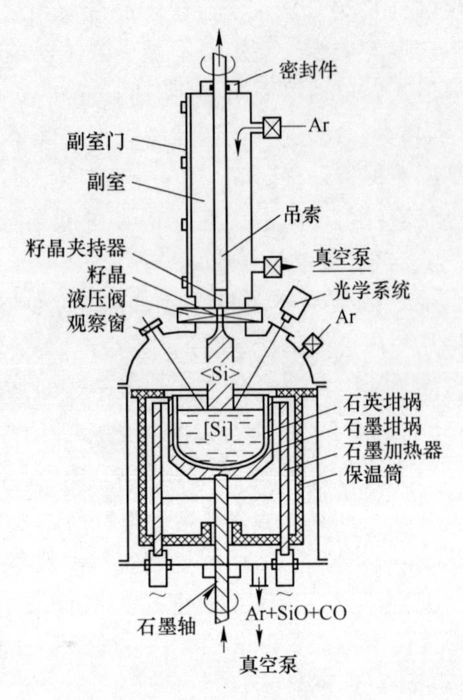

图 6-10　单晶炉基本构造简图

多晶炉，炉膛的材料一直都用水冷式不锈钢炉壁，利用隔离阀把上炉室（也称副炉室）和下炉室（也称主炉室）分开。用作晶体生长的容器叫主室。主炉室容纳所有的热场部分，包括石英坩埚、石墨坩埚、石墨加热器、热绝缘筒和地盘(用于承接硅漏液）等，常用炉底、炉筒、炉盖组装固联而成。用来暂存单晶锭的容器叫副室，副室为生长好的晶体提供冷却的场所。副室的内径比主室小，能容纳单晶锭即可。

石英坩埚用于盛硅熔体，对它的纯度和耐热性能要求很高，这是由于石英坩埚对单晶的性能有重要的影响。石英坩埚在高温下会与熔硅起反应，使得直拉硅中含有 1018/cm^3数量级的氧，而正是由于氧的存在，使直拉硅能用于制造集成电路。石英坩埚的质量好坏还会影响硅单晶无位错生长的成功率。

石墨坩埚是用于支撑石英坩埚的，可以多次使用，其寿命取决于石墨的材质、承受的重量、在晶体生长过程中的受热程度以及石墨坩埚的形状等因素。石墨坩埚的底部比较厚，以起到较好的绝热效果，从而使熔体的温度从底部到表面逐渐降低。用于制造石墨坩埚的石墨有两种：等静压石墨和机械压涂石墨。等静压石墨的价格要高一些，但质量要好得多。生长大直径硅单晶时，由于石英坩埚尺寸和多晶硅重量的增大，石墨坩埚的使用次数将会有所减少，一般不超过 20 次。此外，石英坩埚里残留的熔硅有所增加，它们在凝固时体积会增大，如果石墨坩埚是整体式的话，它就有可能被撑破。所以，用于大热场的石墨坩埚往往被做成两瓣或三瓣式的，由于瓣与瓣之间存在间隙，可以吸收剩余的熔硅凝固时体积增大而造成的应力，从而减少漏硅的危险。

硅单晶炉中的加热器也是用石墨制造的，通常采用二相直流电源使石墨电阻发热。石墨发热器的电阻一般都很小，因此加在石墨加热器上的电流往往很大而电压不是太高（比如5000A/60V）。要注意的是石墨加热器的电阻会随着使用次数的增加而升高，为了延长加热器的寿命，在设计加热器时，把初始的电阻值设置得比理论计算值稍微低一点。

此外为了保持熔体液面在晶体生长的过程中维持在同一水平位置，晶体和坩埚的上升需要联动并被精确控制。晶体和坩埚的旋转方向相反，以改善热场的对称性。现在的晶体炉中，一般利用软吊索挂住单晶，当晶转在某个范围时，吊索和晶体会出现共振现象。出现这种情况时，固液界面不稳定而使晶体生长难以为继。此外在某些晶转下，棱线或者小平面与直径的读取同步，引起直径的读值和拉速的大幅度跳动，严重影响拉晶。因此，在晶转的选择上，要避开上述两个范围。在这个前提下，尽量提高晶转可以改善晶体中杂质分布的径向均匀性。但是，过高的晶转会使固液界的形状太凹，而增加晶体生长的难度，并在保持晶体的形状上也会遇到问题。

直拉硅生长通常是在氩气保护下的减压状态下进行。早期在真空状态下拉晶时，无位错生长状态很难维持，这是由于熔硅与石英坩埚反应生成的SiO从熔硅表面挥发而出现沸腾现象。在氩气保护下，如果压力太高（比如接近大气压），则挥发出的SiO会在氩气的充分降温作用下于冷却的炉壁上凝结成过多的颗粒，其中某些颗粒很有可能会掉入熔体中并移动到固液界面处，从而破坏晶体的无位错生长。因此，为了充分排除SiO，通常使炉内的压力维持在减压状态，压力一般在666.61~133322Pa之间。气体压力控制系统的作用就是在于控制氩气的流量和真空系统的抽气，使炉内的工作压力维持在某一数值附近。充入氩气的另外一个好处就是可以带走由SiO与石墨件发生反应而形成CO气体，从而使硅晶体的碳含量很低。在另一方面，也可以选择以氮气作为保护气体。通常认为，由于高温下氮气与硅会发生反应生成氮化硅，因此国际上曾公认氮气不能用作直拉硅单晶的保护气体。但通过国内一些专家的研究证明，在减压充气的条件下，用氮气作为保护气体，不仅能顺利地实现单晶的生长，而且，硅中引入的微量氮，能显著地改变硅单晶的性能。硅中的氮含量主要取决于化料时炉膛内的压力和氮气的流量。由于化料时氮气的压力、流量都很小，而且多晶硅表面生成的氮化硅阻止了氮气与内部硅的进一步反应，所以氮化硅的形成并不像人们预期的多。目前，减压充氮直拉硅已投入大规模工业生产。

6.1.2.5 新型 CZ 硅生长技术

为了克服普通的 CZ 生长方法在生长硅单晶是所固有的一些局限性，发展了一些特殊的 CZ 生长法以满足各种特殊的要求。

A MCZ 生长

半导体工业所用的硅单晶，几乎 90%是用 CZ 法生长的。常规 CZ 法生长的晶体中，氧主要来自石英坩埚，随晶体生长的各种参数而变，其浓度上限接近于硅熔点时的饱和浓度。氧在硅晶体内的分布是不均匀的：沿晶体轴向，头部浓度最高，尾部浓度最低；沿晶体径向，中间浓度高，边缘浓度低。直拉硅单晶中氧起着有益的和有害的两种作用。从有益方面来说，由于钉扎位错，增强了硅晶格，滑移得以延迟。通过沉淀氧化物和伴生位错网络，氧原子间接吸除易动性杂质；从有害方面来说，如果氧化物沉淀起因于初始氧浓度高的话，则通过硅-氧复合体产生施主，形成堆垛层错，并使片子翘曲。要是保持氧浓度小于 38×10^{-6}，就可减少这种有害作用。

在 CZ 晶体的生长期间，由于熔体存在着热对流，使微量杂质分布不均匀，形成生长条纹。因此，在拉晶过程中，如何抑制熔体的热对流和温度波动，一直是单晶生产厂家面临的棘手的问题。抑制熔体的热对流以降低熔硅与石英坩埚的反应速率，并使氧可控，从而可生长出高质量的单晶。由于半导体熔体都是良导体，对熔体施加磁场，熔体会受到与其运动方向相反的洛伦兹力作用，可以阻碍熔体中的对流，这相当于增大了熔体的黏滞性。适当分布的磁场能减少氧、硼、铝等杂质从石英坩埚进入熔体，进而进入晶体的可能性。采用这种技术生长出的硅晶体可以具有得到控制的从低到高广泛范围的氧含量，并减少了杂质条纹。在生产中通常采用水平磁场、垂直磁场等技术。

MCZ 法的基本原理为：在熔体施加磁场后，运动的导电熔体体元受到洛伦兹力作用。洛伦兹力为

$$F = qvB$$

式中，q 为熔体体元具有的电荷；v 为体元的运动速度；B 为磁感应强度矢量。由洛伦兹定律可知，穿过磁力线运动的导电熔体内部便产生与移动方向和磁场方向相垂直的电流。此电流与磁力线相互作用，使导电熔体受到与移动方向相反的作用力，使熔体流动受到抑制。也可将洛伦兹力抑制热对流的效应理解为磁场增加了熔体的动黏度。在磁流体动力学中，常用哈特曼数 M 来表征这个效应。

哈特曼数 M 定义为：

$$M^2 = (\sigma/\rho\nu)(\mu HD)^2$$

M^2 = 单位体积中的磁黏滞力/单位体积中的黏滞力（即加磁场时动黏度与不加磁场时动黏度之比）

式中，μ 为磁导率；H 为磁场强度；σ 为电导率；ρ 为熔体密度；ν 为运动黏滞系数；D 为石英增涡直径。当 M 大于 1 时，意味着加磁场时的熔体动黏度占优势。

增加熔体的磁动黏度，就提高了表征热对流开始产生的临界瑞利数 Rc。

对于普通的流体，不产生热对流的临界瑞利数为 10^3，而当坩埚中的熔硅量大于 10kg 时，可以估算出瑞利数约为 10，所以普通的 CZ 硅熔体中必然会产生热对流。加上磁场后，可以估算出当磁场强度为 0.15T 时 M 约为 10，这时临界瑞利数约为 10。因而加上磁场后提高了熔体不产生热对流的临界瑞利数，热对流受到抑制，亦即增加了石英坩埚壁附近的溶质边界层厚度，所以从石英坩埚壁进入熔硅中的氧和其他杂质减少。

MCZ 法有许多优越性：

（1）磁致黏滞性控制了流体的运动，大大地减少了机械振动等原因造成的熔硅液面的抖动，也减少了熔体的温度波动。

（2）控制了溶硅与石英坩埚壁的反应速率，增大氧官集层的厚度，以达到控制含氧量的目的。与常规 CZ 单晶相比，最低氧浓度可降低一个数量级。

（3）有效地减少或消除杂质的微分凝效应，使各种杂质分布均匀，减少生长条纹。

（4）减少了由氧引起的各种缺陷。

（5）由于含氧量可控，晶体的屈服强度可控制在某一范围内，从而减小了片子的翘曲。

（6）尤其是硼等杂质沾污少，可使直拉硅单晶的电阻率得到大幅度的提高。

（7）氧分布均匀，满足了大规模集成电路和超大规模集成电路的要求。

B　连续 CZ 生长技术

为了提高生产率，节约石英坩埚（在晶体生产成本中占相当比例），发展了连续直拉生长技术，主要是重新装料和连续加料两种：

（1）重新加料直拉生长技术。可节约大量时间（生长完毕后的降温、开炉、装炉等），一个坩埚可用多次。

（2）连续加料直拉生长技术。除了具有重新装料的优点外，还可保持整个生长过程中熔体的体积恒定，提高基本稳定的生长条件，因而可得到电阻率纵向分布均匀的单晶。连续加料直拉生长技术有两种加料法，分别是连续固体送料和连续液体送料法。

6.2　单晶硅中的缺陷和杂质

硅单晶的形成过程中往往会伴随各种缺陷的形成和杂质的引入，即使在现代高质量的无位错生长的硅片中，在工艺过程中还可能会诱生出某些微缺陷。同时，硅片中对材料性能并没有明显影响的一些缺陷又会和硅中的杂质作用形成有害的结构。通常，人们把晶体生长过程中产生的缺陷称为原生长缺陷，而在硅片加工过程中及器件工艺过程中引入硅片中的缺陷称为诱生缺陷或二次缺陷。就缺陷的结构而言，直拉单晶硅中包含点缺陷、位错、层错和微缺陷。硅晶体中引入的杂质一般有两类：轻元素杂质和金属杂质，轻元素杂质包括氧、氮、碳、氢等杂质，金属杂质主要指铁、铜等过渡金属。本节就硅中的常见缺陷和杂质进行简单的介绍。

6.2.1 单晶硅中的缺陷

6.2.1.1 硅中的点缺陷简介

硅中的点缺陷包括空位和自间隙原子以及杂质原子。空位或自间隙原子的凝聚是形成硅晶格中一些缺陷的起源。缺少一个硅原子的晶格位置称为空位，自间隙原子则处在晶体中晶格位置外的任何位置。目前，点缺陷对太阳电池性能的影响尚需进一步的研究。

硅晶体中的空位和自间隙原子是晶体中所固有的，因此通常又被称为本征点缺陷。本征点缺陷是拉晶过程中在硅的固液界面形成的。单晶硅片的中间区域多是空位富集区，而硅片的边缘区域多为自间隙原子富集区。

对于直拉（CZ）硅单晶，随着拉速和固液界面处轴向温度梯度的不同，空位和自间隙原子富集区大小会有所不同。高拉速或小的轴向温度梯度时，硅片中空位富集区扩大甚至使自间隙原子富集区消失，形成全部是空位富集区；反之，硅片中空位富集区缩小甚至消失，形成全部是自间隙原子富集区。

由于能量的原因，晶体中空位和自间隙原子在一定温度下的平衡浓度是一定的。温度越高，点缺陷的平衡浓度越高，当刚从熔炉中生长出来的硅单晶锭被提拉离开熔体并逐渐变冷时，在高温熔炉中形成的点缺陷浓度大多便超过了它们在相对较低温度下的平衡浓度，其中必有部分点缺陷通过其他途径而减少。这样，晶锭中过剩的点缺陷可以通过被位错吸收而减少，同种点缺陷可能凝聚形成扩展缺陷，空位和自间隙原子也可能湮没。

在有限大的晶体中，空位和自间隙原子可以在硅片表面独立地产生和湮没，晶体表面对于空位和自间隙原子的平衡和非平衡浓度起着很关键的作用。硅中的本征点缺陷的平衡浓度与温度有关。一般认为，晶体中点缺陷浓度是点缺陷的产生、扩散和复合三种效应共同作用的结果。

相对于本征点缺陷而言，硅中的杂质原子称为非本征点缺陷。硅中的杂质通常有两类：一类是在硅片加工和器件加工过程中不可避免地引入的杂质，如 C、O 和某些过渡金属等；另一类是为了控制硅的性质而人为地加入的杂质，这一类杂质通常称为掺杂剂，如 P、Sb 等。硅的金刚石结构使得硅晶体中接受间隙位置的杂质原子相对较容易些，例如硅中的氧和大部分的3d金属占据的是硅单晶中间隙位置。当然，间隙位置对杂质原子的大小也具有一定的限制。像这类占据晶格间隙位置的杂质原子称为间隙杂质原子，而位于晶格位置的杂质原子则为替位杂质原子。硅晶格中引入的杂质原子的大小会引起周围晶格的膨胀或收缩，从而对硅晶体中的空位和自间隙原子的平衡浓度产生一定的影响。

对于硅中常见杂质原子的性质以及它们对硅材料性能的影响将在后续章节中作进一步的介绍。此外，硅中一些更微小的缺陷近年来也引起了人们的研究兴趣，如LSTDs（laser scattering tomography defects）、FPDs（flow pattern defects）、COPs（crystal originated particles）。

红外散射缺陷（LSTDs）是硅中的原生缺陷，是通过激光扫描仪检测出来的一种光点形式的缺陷。拉制硅单晶时的拉速越慢，LSTDs密度越低。

流水花样缺陷（FPDs）是在secco液（0.15mol/L $K_2Cr_2O_7$ ∶ HF = 1 ∶ 2）择优腐蚀后观察到的，观察到的腐蚀痕迹是呈流线状的。大多研究者认为流水花样缺陷（FPDs）是硅晶体中的过饱和空位凝聚而成的空位团。

晶体原生颗粒缺陷（COPs）是硅单晶中的原生缺陷。这种缺陷是用SC-1（NH_4OH ∶ H_2O_2 ∶ H_2O = 1 ∶ 1 ∶ 5）腐蚀后由激光计数器观察到的。COPs缺陷的密度与晶体的拉速有关，缺陷密度随着拉速的增加而增加，这说明COPs缺陷的形成与晶体的生长过程紧密相关。

6.2.1.2 硅中的位错

晶体在结晶时，会受到温度变化、杂质或振动产生的应力作用；同时，在工艺生产过程中，晶体也会受到切割、打击等机械应力作用。晶体在这些应力的作用下，内部质点的排列会发生变形，原子行列间会发生相互滑移从而形成位错。

硅晶体结构属于金刚石结构，从晶体结构的特点分析，硅晶体中可以有多种位错。位错是太阳电池用直拉单晶硅中的主要缺陷。位错对硅单晶的电学性质影响很大，硅单晶是刃型位错，影响载流子浓度，它的主要特点是沿位错线有一串未饱和的悬挂键，键上未配对的电子可能离开位错变成传导电子，刃性位错作为一排施主中心向导带提供电子。刃型位错也可能作为一排受主，位错的未饱和键接受电子，把自由电子配成电子对，自由电子数目减少，空穴数相应增加。由此看来，位错能够改变载流子浓度。位错作为一个线电荷和空间电荷圆柱成为陷阱和复合中心，严重影响少数载流子寿命，它作为复合中心使少数载流子寿命缩短。同时，单晶硅中位错也会对电子迁移率及杂质的扩散产生影响。

A 位错的滑移矢量（柏格斯矢量）和滑移面

由热力学原理可知，晶体中的位错的稳定的原子组态应该是能量最低的组态。一般来说，由于单位长度位错线的能量正比于柏格斯矢量长度的平方，位错的柏格斯矢量的最优先的方向应该是原子密度最大的方向，并且其长度等于最近邻原子的间距，而最优先的滑移面应该是原子的密排面（一般来说密排面之间的键合最弱）。在金刚石结构的晶体硅中，〈110〉晶向上的原子线密度最大，因此金刚石晶体硅中的位错的最常见的柏格斯矢量为 $1/2a$〈110〉（其长度为沿晶胞的面对角线方向上的原子间距）。在金刚石结构的晶体中，原子面密度最大、面间键密度最小的面为｛111｝双层密排面。因此｛111｝面是金刚石结构的晶体中位错滑移最容易产生的滑移面。

B　位错线的方向

硅这样的金刚石结构的晶体中位错线的优先方向为〈110〉晶向。这样的位错主要有两种：柏格斯矢量与位错线平行的纯螺型位错，以及柏格斯矢量与位错线方向成60°角的60°混合位错。其他可能有的位错有：滑移面也为｛111｝晶面、位错线方向为〈211〉晶向的30°、90°的位错（纯刃型位错），滑移面为｛100｝晶面、位错线方向为〈110〉晶向的90°位错（纯刃型位错），滑移面为｛100｝晶面、位错线方向为〈100〉晶向的45°位错等。对于硅中的位错的实验观察表明，硅中的位错强烈地趋向于｛111｝晶面上的纯螺型或60°混合型。

C　金刚石结构晶体的位错模型

Hornstra 提出了金刚石结构晶体的位错模型，纯螺型位错的原子组态如图6-11（a）所示。图中 a 是位错线，在｛111｝面上的〈110〉方向，与柏格斯矢量 b 平行。60°混合型位错的原子组态如图6-11（b）所示。60°混合型位错虽然也有额外的半原子面，但是其位错线的方向与柏格斯矢量的方向之间成60°角，区别于纯刃型位错。图6-11（c）为纯刃型位错。

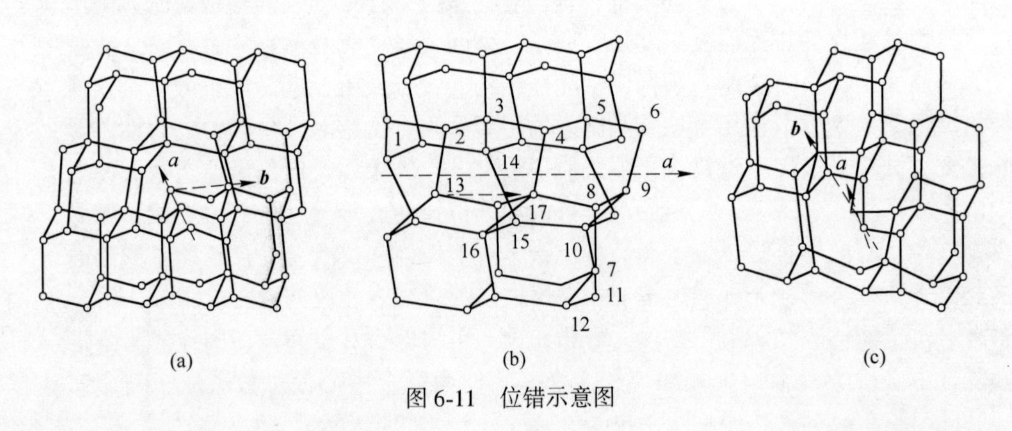

图6-11　位错示意图

D　单晶硅位错的形成

就单晶硅最主要的生产工艺直拉法而言，在生产过程中，由于生产工艺的不良，可能使单晶产生位错。产生位错的环节和方式有下列几种情况：

(1) 籽晶引入位错。籽晶表面损伤、机械磨损裂痕等使籽晶表面晶格受到破坏形成位错或籽晶本身有位错。

(2) 单晶生长中位错。硅单晶中的位错除籽晶中的位错延伸、增殖外，生长过程中还可能产生新的位错增殖。

(3) 单晶冷却过程位错。直接单晶硅生长结束后，单晶和熔硅脱离接触，进行冷却。单晶冷却时，晶体表面和中心由于收缩率不同产生很大的应力，同时晶体表面存在温度梯度，产生很强的热应力，这些应力都足以使单晶界面生成新位错。

6.2.2 单晶硅中的杂质

人们为了控制硅材料的电阻率和导电性能，会有意地将某些电活性杂质掺入其中。同时，单晶硅生长和加工过程中，往往会不可避免地引入一些杂质，如氧、碳、氮等非金属杂质和某些金属杂质，这些杂质对硅材料性能往往会有很大的影响。

本章仅对单晶硅生产过程中容易引入且对材料性能影响大的氧、碳、氮三种杂质进行阐述。

6.2.2.1 硅中的氧

氧是晶体硅中的主要杂质之一，它主要来源于原材料和晶体生长过程中石英坩埚的污染。氧可以形成具有电学性能的氧团簇，也可以与空位结合成微缺陷，还可以形成氧沉淀，氧沉淀还会引入二次缺陷，这对硅太阳电池和集成电路的性能都有破坏作用。研究发现，硅中的氧除了对硅材料及其器件具有不利影响之外，还具有有利的一面：氧的存在可以阻止位错的运动，提高硅片的机械强度和在器件热退火工艺中抵抗翘曲的能力，利用氧的性质，设计“内吸杂”工艺，可以吸除直拉单晶硅中的金属杂质，大大提高超大规模集成电路的性能和电路的成品率。与集成电路不同的是太阳电池由于工作区域的不同而不能设计利用“内吸杂”工艺。但由于太阳电池用的单晶硅中氧沉淀及其相关缺陷的数量和形成几率均较少，对太阳电池的影响远小于它们对集成电路的影响。

A 硅中氧的基本性质

直拉单晶硅生长过程中采用的石英坩埚的熔点高于硅材料的熔点，但是熔融的液态硅在高温下会严重地侵蚀石英坩埚，石英坩埚与高温液态硅作用后生成 SiO 这种硅氧化物：

$$Si + SiO_2 = 2SiO$$

一部分 SiO 以气体的形式从硅熔体表面蒸发掉，少量的 SiO 会以氧原子的形态存在于熔体中，最终进入硅晶体中，其反应方程式为：

$$SiO \xlongequal{} Si + O$$

和其他杂质一样，氧在单晶硅生长过程中会产生分凝现象，硅中氧的分凝系数为1.25，氧的分凝对氧在硅晶体中的分布有着重要的影响。晶体生长工艺的不同使得硅晶体中氧浓度的分布会有所差异，但一般来讲，直拉单晶硅的头部氧浓度要高于尾部；同时，硅径向上的氧浓度分布也受晶体生长工艺影响，一般而言，单晶硅中心部位的氧浓度比边缘部位要高。

氧位于硅晶格的间隙位置，是一种非电活性杂质。氧原子与两个〈111〉方向的硅原子键合，氧原子本身稍稍偏离〈111〉方向，Si—O—Si 键角约为 100°，形成一个等边三角形的 Si—O—Si 结构。在利用红外技术对硅单晶进行测试的红外吸收光谱中，氧在 $515cm^{-1}$、$1720cm^{-1}$有两个弱的吸收峰，在 $1107cm^{-1}$有一个较强的吸收峰。通常利用 IR 测量 $1107cm^{-1}$峰的强度，来确定硅中氧的浓度。室温下 IR 吸收系数（α）与氧浓度［O］（单位：cm^{-3}）的关系式为：

$$[O_i] = C \times \alpha_{max} \times 10^{17}$$

式中，C 为校正系数；α_{max}为 $1107cm^{-1}$峰的最大吸收系数。对于校正系数 C 的取值，不同的国家有着不同的标准，目前，校正系数大多采用 3.14±0.09。

应该注意的是，氧在晶体硅中还可以以沉淀或复合体等形式存在，而采用红外测试技术仅能测得其中间隙氧的浓度。因此，在采用红外技术进行硅中氧浓度的测量时，需要对晶体硅进行处理，使其中的氧以间隙态的形式存在，然后再利用红外技术进行测试。

B 氧施主

直拉单晶硅在进行热处理的过程中，会产生与杂质氧相关的施主效应。当处理温度处于 300～500℃左右的范围内，会产生与氧相关的热施主效应。高于550℃的短时间退火（0.5～1h）即可消除这些热施主（氧施主）。热施主是有害的，它使得电阻率失真。在高阻材料中由热施主引起的电阻率变化会使 MOS 晶体管的阈值电压有很大的漂移。

从直拉单晶硅的形成过程来看，热施主的形成是无法避免的。通常认为，热施主产生的速率和氧浓度、温度有关。

当直拉单晶硅的热处理温度处于 550～850℃左右的范围内，新的与氧有关的施主会形成，这就是新施主。新施主需要经过 1000℃以上较长时间的退火才可以消失。新施主会引起电阻率的漂移，会对器件和电路的性能产生严重的影响。一般认为，新施主的形成与氧沉淀相关联，但对于新施主的结构模型，不同的研究者有着不同的观点。相对热施主而言，新施主的形成速率较低，形成时间比较长，其最高浓度一般不超过 $1\times10^{15}cm^{-3}$。与热施主不同，硅中的碳杂质能够促进新施主的形成。

C 氧沉淀

硅中的氧在熔点温度附近的平衡固溶度约为2.75×10^{18}cm^{-3}，在硅单晶生长过程中，随着温度的降低，氧会以过饱和间隙态的形式存在。过饱和氧在适当的温度下进行热处理时会脱溶而形成氧沉淀。

氧沉淀的存在会对硅材料及其器件的电学性能造成一定的影响。虽然氧沉淀没有电学性能，不会影响载流子的浓度，但氧沉淀的量和诱生缺陷等都将对太阳电池或硅集成电路的性能产生不利的影响，例如，造成双极型器件的短路、漏电，对CMOS的优越性造成影响等。值得一提的是，氧沉淀对材料力学性能具有有利和不利两方面的影响：硅中存在微小氧沉淀时，会对位错起钉扎作用，使得材料的力学性能增强；但当氧沉淀的体积太大或数量太多时，诱发的二次缺陷会引发硅片的破损，从而降低硅材料的机械强度。

如前所述，在直拉单晶硅的生长过程中，熔融的液态硅会与石英坩埚发生化学反应生成SiO，少部分SiO以氧原子的形态存在于熔体中，从而使得硅中的氧不断富集。在晶体的高温生长过程中，熔体中的氧会不断地进入到硅晶体中而接近饱和状态。随着温度的降低，氧在硅晶体中的固溶度会有所下降，因此，晶体在随后的冷却过程中，硅中的氧是处于过饱和状态的，这些过饱和的氧最终会凝聚在某种核心上而形成沉淀物或硅氧团。一般认为，硅中过饱和氧的沉淀过程中存在均匀成核和非均匀成核两种模型。均匀成核是指氧沉淀核心的形成是随机的，当凝聚的氧团沉淀核心尺寸大于该温度下的临界成核体积时，沉淀核心就会长大成为沉淀物，反之，沉淀核心就会重新溶入硅晶体中。非均匀成核是指氧先聚集在缺陷、自间隙原子团或氧、氮等杂质上，形成氧沉淀的核心，然后再形成氧沉淀。

晶体硅中的初始氧浓度和后续热处理工艺温度与处理时间长短是影响氧沉淀的主要因素。

太阳电池用直拉单晶硅的拉晶速率较微电子用直拉单晶硅要快，同时，硅太阳电池制备所经历的工艺也较简单。因此，当硅中氧含量较低时，太阳电池的效率受氧的影响很小；反之，硅中的氧可能会对太阳电池的效率产生不利的影响。

D 硼氧复合体

早在1973年，Fischer等就发现直拉单晶硅太阳电池在太阳光照射下会出现效率衰退现象。太阳电池的效率可以在光照10h后，从20.1%衰退到18.7%，一般达到10%左右，在AM1.5的光线下照射12h，直拉单晶硅太阳电池的效率将呈指数下降，然后达到一个稳定的值。而这个效率衰减，在空气中200℃热处理后又能完全恢复，这在非晶硅太阳电池中是著名的Staebler-Wronski现象。这种现象也出现在直拉单晶硅太阳电池中。其原因一直没有解决，成为直拉单晶硅高效太阳电池的重要影响因素，尤其是目前直拉单晶硅太阳电池的效率达到15%以上，这个问题更显得突出。目前，单晶硅太阳电池的最高效率为 24.7%，但这是利用低氧的区熔单晶硅制备的，对于高氧直拉单晶硅，最高的太阳电池效率只有 20%左右。

人们最初认为这种现象可能是直拉单晶硅中的金属杂质所致，如铁杂质可以与硼形成 Fe-B 对，在 200℃左右可以分解，形成间隙态的铁，引入深能级中心，可能导致太阳电池效率的降低。后来人们发现，在载流子注入或光照条件下，直拉单晶硅的少数载流子寿命会降低，造成电池效率的衰减。研究表明，这种现象与氧的一种亚稳缺陷有关，这种亚稳的缺陷是与氧、硼相关的，是一种硼氧（B-O）复合体。该缺陷密度与硼浓度呈线性关系，与氧浓度呈指数关系，其指数为 1.9。缺陷的形成是一种热激活过程，激活能为 0.4eV，其形成机制符合扩散控制缺陷形成机理。硼氧复合体缺陷除了与氧、硼相关外，温度对其形成和消失也有决定性作用。硼氧复合体缺陷可以经低温（200℃左右）热处理予以消除，消除过程也是一种热激活过程，激活能为 1.3eV。此外，光照强度对硼氧复合体缺陷的产生有着重要影响，缺陷密度随着光照强度的增加而增大。

到目前为止，还未完全弄清缺陷的结构性质，一般统称为硼氧复合体（或称硼氧对，B-O）。

为避免硼氧复合体的出现，提高太阳电池的转化效率。人们提出了如下的四种技术：

(1) 利用低氧单晶硅，如区熔单晶硅或磁控直拉单晶硅（MCZ）。

(2) 利用 N 型单晶硅，但需要改变现有的太阳电池制备工艺，而且 N 型单晶硅中少数载流子空穴的迁移率低于 P 型单晶硅中少数载流子电子的迁移率，也会影响太阳电池的效率。

(3) 利用镓代替硼掺杂剂制备 P 型单晶硅。

(4) 利用新的太阳电池制备工艺。

6.2.2.2 硅中的碳

碳也是单晶硅中一种重要杂质。碳杂质本身并不会形成施主或受主，但它却会引发一些缺陷，对器件的性能产生严重的影响，例如，直拉单晶硅中碳浓度较高会使 PN 结二极管的反向特性退化。因此，在晶体的生长过程中应尽力减少杂质碳的引入。目前，集成电路用直拉硅单晶中碳杂质浓度可以控制在 $5\times10^{15}\,cm^{-3}$ 以下，这对器件的影响很小。但对于太阳电池而言，其中的直拉单晶硅中的碳杂质浓度比较高，这对太阳电池的性能会有一定的影响。

A 碳的基本性质

晶体硅中的碳属于非电活性杂质，主要处于替位位置。由于碳原子半径比硅原子的半径要小，所以当碳原子处于晶格位置时，会引入晶格应变。在某些情况下，碳也可能会以间隙态的形式存在。

直拉单晶硅中的碳主要来源于原始的多晶硅材料，或在单晶生长过程中从石墨加热器、隔热屏等部件挥发出来的碳，经过气相运输到熔融硅中，造成碳的沾污。通常条件下，直拉单晶硅碳浓度高低主要取决于石英坩埚与石墨加热件的反应。反应生成 SiO 和 CO，生成的 CO 为熔硅吸收，生成的杂质最终硅晶体中。其反应式为：

$$C + SiO_2 = SiO + CO$$
$$CO + Si = SiO + C$$

由于生成的碳不挥发，因此被吸收的 CO 中的碳原子全部留在硅晶体中。研究表明，碳在熔体和晶体中的平衡固溶度分别为 $4\times10^{18}cm^{-3}$ 和 $4\times10^{17}cm^{-3}$。在不同温度下，碳的固溶度为：

$$[C_s] = 3.9 \times 10^{24}\exp(-2.3eV/kT)(cm^{-3})$$

式中，k 为玻耳兹曼常数；T 为热力学温度。

碳在硅中的平衡分凝系数一般认为是 0.07±0.01。在实际晶体生长过程中，碳的分凝受到拉制速度、籽晶转动速度、周围气氛等因素的影响，使得碳分凝并未达到平衡值。由于碳的分凝系数小，碳在晶体中的宏观轴向分布是籽晶端浓度低而尾端浓度高；就径向分布而言，直拉单晶硅的边缘浓度高于中心浓度，区熔单晶硅的中心浓度高于其边缘浓度。与氧的测量方法一样，硅中替位碳的测量也是采用红外吸收技术。

B 硅中的碳和氧

如前所述，当直拉单晶硅中的氧浓度达到过饱和，在热处理过程中便可能会有氧沉淀产生，同时还可能会形成氧施主。单晶硅中的氧和碳往往会同时存在，一般认为，单晶硅中的碳能够促进氧沉淀，尤其当硅中的氧浓度较低时，碳对氧沉淀的促进作用更为强烈。碳不仅可以成为氧沉淀的非均匀形核中心，而且还能影响氧沉淀的形貌和性质，以及起到稳定氧沉淀的核心的作用。

硅中的碳和氧相互作用可能会形成各种非电活性的 C—O 复合体，这些复合体能够造成氧的进一步聚集，从而对热施主的形成起到抑制作用，有研究证明，碳氧复合体大约由一个碳原子和两个氧原子组成。硅单晶在热处理过程中会形成新施主，单晶硅中的杂质碳会促进新施主的形成。

6.2.2.3 硅中的氮

与氧、碳杂质相比，硅中杂质氮的浓度通常较低。氮的存在能够抑制硅材料中的微缺陷，增强它们的力学性能，氮杂质不会引入电学中心。近年来，硅中的杂质氮引起了人们更多的关注。

A　氮的基本性质

一般认为，氮在硅晶体中以两种状态存在。其中氮对（N—N）是一种主要的存在形态，其中至少有一个氮原子是处在硅晶格的间隙位置上，氮对通常被认为是一个替位氮原子和一个间隙氮原子沿〈100〉方向的结合。氮对在 $963.5cm^{-1}$ 和 $766.5cm^{-1}$ 处引起振动模，一般利用 IR 吸收法从这两个振动模的强度确定硅中氮的浓度。另一种是以替位氮的状态存在，当晶体硅中的氮处于替位位置或该位置上的氮与其他缺陷结合时，具有一定的电活性，但替位氮在硅中的浓度一般不超过 $10^{12} \sim 10^{13} cm^{-3}$，仅占硅中总氮浓度的 1%左右。替位氮对硅材料和器件性能的影响非常小，因此实际研究中往往会将它忽略。

由于氮的分凝系数很小，所以晶体硅生长过程中的分凝现象很明显。通常硅晶体尾部氮的浓度要远高于头部的氮浓度。硅中各种形态氮的总浓度可以采用带电粒子活化分析法和二次离子质谱法，这两种方法虽然精度高，但费用昂贵。实际研究中多采用红外光谱法测量硅中的氮浓度，但需要说明的是，此法测到的并非所有氮的总浓度，而只是硅中氮对的浓度。

将 Si_3N_4 添加到熔融硅中，或者采用在氮气氛下生长硅，能将氮引入到直拉单晶硅中。在实际应用中，一般采用注氮的方法提高其在硅晶体中的含量。氮杂质被引入晶体硅后，其中的某些微缺陷会受到明显的抑制，这可能是由于杂质氮改变了自间隙硅原子和空位的浓度。氮杂质对硅材料的一个有利之处在于它能够增强硅材料的机械强度。一般认为，氮杂质对硅材料中的位错具有很强的钉扎作用，可以阻止位错的滑移。在实际生产当中，为防止硅片的翘曲变形和位错的产生，往往需要增加硅片的厚度，而氮对硅材料机械强度的提高则可以将硅片的厚度相应减小。

B　硅中的氮和氧

对含氮直拉单晶硅而言，通过红外测试技术能够观察到具有浅施主性质的 N—O 中心存在。研究者们发现，在中红外光谱段，有 $1026cm^{-1}$、$1018cm^{-1}$、$996cm^{-1}$、$810cm^{-1}$ 和 $801cm^{-1}$ 吸收峰分别对应于不同的氮-氧复合体；而在远红外区，则有多个吸收峰与氮-氧复合体相关。

当硅中的杂质氮达到一定浓度，在适合的温度下（450～750℃）便可能有氮-氧复合体生成。生成的氮-氧复合体在较高温度（>750℃）下进行热处理时又会逐渐消失，温度越高，氮-氧复合体去除的时间越短。

6.2.3　单晶硅中杂质和缺陷的控制与利用

硅中金属杂质特别是过渡金属杂质的存在对硅材料的性能有着重要的影响，金属杂质引入的深能级复合中心会大大降低少子寿命，金属原子沉淀会造成漏电流，从而造成对太阳电池的不利影响。随着集成电路集成度的提高，原来对成品率无明显影响的缺陷也将变为致命的缺陷，同时，太阳电池用直拉单晶硅中的金属杂质也是不可避免的，它们对太阳电池的性能有着重要影响。

当金属杂质仅对硅材料表面造成损伤时，一般可以采用化学清洗剂（尽量使用高纯度的清洗剂）对材料表面进行清洗将杂质除去，但要清除硅材料内部的金属杂质则要采用吸杂的方法。吸杂可分为内吸杂和外吸杂两种。内吸杂工艺是建立在氧沉淀及其引入的二次缺陷的基础上的，此技术是在器件有源区之外的硅片体内产生高密度的氧沉淀及诱生缺陷，使其在器件工艺过程中沾污的金属杂质吸附到缺陷区，而在硅片表面形成晶格近完美的洁净区。早期人们为了制得完整晶体而提出了“消除缺陷”的目标，后来研究发现存在于硅片近表面和体内的缺陷（不在器件的有源区），不但无害，而且有利于提高器件成品率与电参数。因为缺陷所产生的应力场，能够吸除器件有源区沾污的重金属杂质与原生缺陷，以保证有源区（结区）的洁净。这样便发展了内吸除（氧的本征吸除）技术，以提高 IC 的成品率与电参数。外吸杂有磷吸杂、背面损伤、多晶硅沉积等方法，其原理是在硅片的背面造成损伤，引入位错等晶体缺陷，或是利用提高掺杂原子浓度增加金属固溶度的原理在背面造成重掺层，从而在硅片背面形成捕获场吸引缺陷和各种杂质使其在应力区发生沉淀。对于硅太阳电池而言，一般是结合太阳电池的 PN 结制备的磷扩散，在背面形成磷重掺层，达到吸除金属杂质的目的。

近年来，人们采用中子辐照或掺杂技术等新方法引入杂质缺陷，来实现对硅中杂质和缺陷的控制与利用。快中子辐照由于其能量较高且是一种中性粒子，所以快中子有很强的贯穿能力，在辐照硅中能够引入分布均匀的缺陷态。中子辐照后短时退火硅片体内间隙氧含量急剧下降；中子辐照可以增强硅片的内吸除效果，通过一步短时退火可以在硅片表面形成比较完好的清洁区；中子辐照可以抑制硅片表面缺陷，特别是 N 型硅片表面的氧化诱生层错和 P 型硅片表面的“雾”缺陷；同时，人们发现运用中子嬗变掺杂方法来吸除直拉硅单晶中重金属杂质具有很好的效果，它是利用慢中子与硅原子核发生核反应，从而把一部分硅原子嬗变成磷原子，进而达到掺杂的目的。

前已叙及，硅中氮杂质能够对位错起钉扎作用。在低温热处理时，氮能很好地抑制与氧相关的热施主和新施主的生成；硅中的氮-氧复合体可以吸引间隙氧原子组成氮-氧核心，这些核心可作为氧沉淀非均匀成核的核心，在低温下促进氧的沉淀。

7 多晶硅的制备及其缺陷和杂质

近年来围绕太阳能级硅制备的新工艺、新技术及设备等方面的研究非常活跃，并出现了许多研究上的新成果和技术上的突破，本章主要介绍到现在为止研究得比较多且已经产业化或者今后很有可能产业化的廉价太阳能级硅制备新工艺。

7.1 冶金级硅的制备

硅是自然界分布最广泛的元素之一，是介于金属和非金属之间的半金属。在自然界中，硅主要是以氧化硅和硅酸盐的形态存在。以硅石和碳质还原剂等为原料经碳热还原法生产的含硅97%以上的产品，在我国通称为工业硅或冶金级硅。

在工业硅生产中，是以硅石为原料，在电弧炉中采用碳热还原的方式生产冶金级硅。冶金级硅的杂质含量一般都比较高。冶金级硅一般用于如下3个方面：

(1) 杂质比较高一点的冶金级硅一般用来生产合金，如硅铁合金、硅铝合金等，这部分约消耗了硅总量的55%以上；

(2) 杂质比较低一点的冶金级硅一般用在有机硅生产方面，这一部分将近消耗了硅总量的40%；

(3) 剩下的5%经过进一步提纯后用来生产光纤、多晶硅、单晶硅等通信、半导体器件和太阳电池。

以上三个方面中，其产品附加值各有不同，其中最后的一部分所产生的附加值最大。

7.1.1 冶金级硅生产工艺

目前国内外的工业硅生产，大多是以硅石为原料，碳质原料为还原剂，用电炉进行熔炼。不同规模的工业硅企业生产的机械化、自动化程度相差很大。大型企业大都采用大容量电炉，原料准备、配料、向炉内加料、电机压放等的机械化、自动化程度高，还有都有独立的烟气净化系统。中小型企业的电炉容量较小，原料准备和配料等过程比较简单，除采用部分破碎筛分机械外，不少过程，如配料，运料和向炉内加料等都是靠手工作业完成。无论大型企业还是中小型企业，生产的工艺过程都可大体分为原料准备、配料、熔炼、出炉铸锭和产品包装等几个部分，如图7-1所示为工业硅的生产工艺流程图。

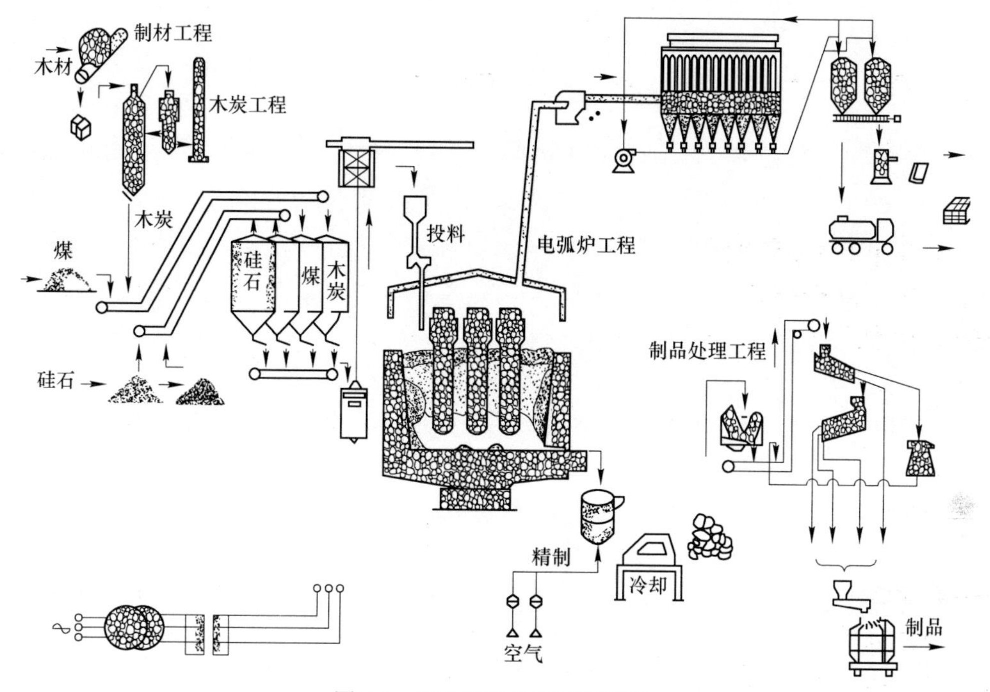

图 7-1 工业硅的生产工艺流程

工业硅生产过程中一般要做好以下几个方面：（1）经常观察炉况，及时调整配料比，保持适宜的 SiO_2 与碳的分子比、适宜的物料粒度和混匀程度，可防止过多的 SiC 生成。（2）通过选择合理的炉子结构参数和电气参数，可保证反应区有足够高的温度，分解生成的 SiC 使反应向有利于生成硅的方向进行。（3）及时捣炉，帮助沉料，可避免炉内过热造成硅的挥发或再氧化生成 SiO，减少炉料损失，提高硅的回收率。（4）保持料层有良好的透气性，可及时排除反应生成的气体，有利于反应向生成硅的方向进行，同时又可以防止坩埚内的气体在较大压力下从内部冲出，造成热量损失和 SiO 的大量逸出。

7.1.2 工业硅熔炼过程反应机理

工业硅在工业硅炉中熔炼而得，系无渣埋弧高温熔炼过程。原料为硅石、石油焦、木块、低灰煤等还原剂，经高温熔炼，硅逐渐从硅石中还原出来。工业硅熔炼过程分为以下几个阶段：

温度低于 1500℃时，硅石（SiO_2）和还原剂（C）的混合炉料处于预热阶段；温度高于 1500℃，SiO_2 和 C 开始发生反应，形成 SiC，反应如下：

$$SiO_2 + 3C = SiC + 2CO\uparrow \tag{7-1}$$

从理论上讲，反应（7-1）将一直进行下去，直到 C 全部消耗完。而随着温度的升高，SiC 与 SiO_2发生反应生成 SiO：

$$2SiO_2 + SiC = 3SiO\uparrow + CO\uparrow \tag{7-2}$$

当温度上升到 1820℃以上时，SiC 与 SiO_2发生反应：

$$SiO_2 + 2SiC = 3Si + 2CO\uparrow \tag{7-3}$$

反应（7-2）和反应（7-3）可合并成反应：

$$3SiO_2 + 2SiC = Si + 4SiO\uparrow + 2CO\uparrow \tag{7-4}$$

生成的工业硅定期放出，送下一步工序再处理；不稳定的 SiO 和 CO 一起向炉口逸出。当 SiO 和 CO 混合气体上升到 1500℃的区域时，SiO 和 C 发生反应：

$$SiO + 2C = SiC + CO\uparrow \tag{7-5}$$

随着还原剂表面形成 SiC 包覆层，反应（7-5）的速度逐渐减慢，这时 SiO 和 CO 混合气体继续上升，到达混合料预热区域时，大部分的 SiO 除了和 CO 发生反应（7-6）、（7-7）外，自身还发生冷凝分解反应（7-8）：

$$SiO + CO = SiO_2 + C \tag{7-6}$$

$$3SiO + CO = 2SiO_2 + SiC \tag{7-7}$$

$$2SiO = Si + SiO_2 \tag{7-8}$$

未反应完的 SiO 逸出炉口，与空气中的 O_2发生反应：

$$2SiO + O_2 = 2SiO_2 \tag{7-9}$$

以上反应进行的同时，硅石和还原剂中的杂质发生副反应：

$$Al_2O_3 + 3C = 2Al + 3CO\uparrow \tag{7-10}$$

$$Fe_2O_3 + 3C = 2Fe + 3CO\uparrow \tag{7-11}$$

$$CaO + C = Ca + CO\uparrow \tag{7-12}$$

工业硅熔炼过程中熔炼炉内温度比较高，温度分布与物料结构是否合理，直接关系着生产的正常运行和产品能耗的高低。工业硅熔炼炉物料结构示意图见图 7-2。

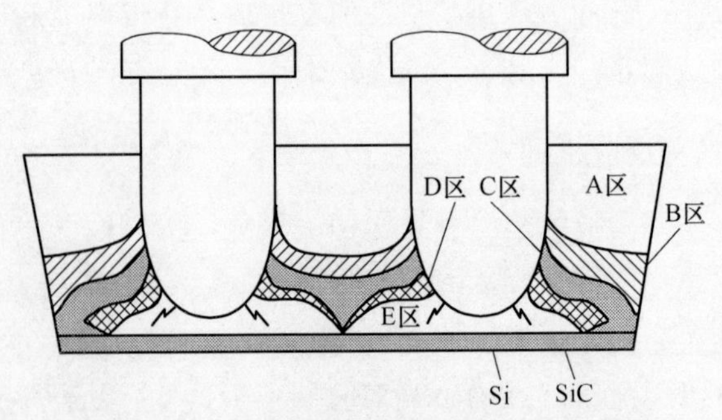

图 7-2　工业硅熔炼炉炉内物料结构示意图

（1）A 区是混合炉料区。

（2）B 区为炉料预热区，温度低于 1500℃，SiO_2和 C 在此区域内处于预热阶段，同时发生反应（7-6）~反应（7-8）。

（3）C区为工业硅熔炼过程中形成的坩埚壁，主要成分是SiC，温度1500~1820℃。坩埚壁的形成以反应（7-1）为主；坩埚上部温度较低，所形成的壳以反应（7-5）为主；坩埚下部温度较高，进行反应（7-2）。反应（7-1）和反应（7-5）都生成SiC，但反应（7-5）生成的SiC较松散。经实测反应（7-1）的产物密度为2.45g/cm^3，孔隙度为1%；反应（7-5）的产物密度为0.722g/cm^3，孔隙度为33.1%。

（4）D区为SiC分解区，温度1820~2000℃。当温度达到1820℃以上时，具备生成Si的热力学和动力学条件，开始发生反应（7-3）。

（5）在E区，电极下端的坩埚空腔，温度在2000℃以上，空腔内充满Si蒸气和SiO及CO等气体。炉底积存的是熔炼过程中生成的SiC，其上面是产品工业硅。

7.2 高纯多晶硅制备方法

7.2.1 三氯氢硅还原法（SIMENS法）

三氯氢硅还原法最早由西门子公司研究成功，因此又称为西门子法。一般作为多晶硅生产的原始材料是冶金级硅。冶金级硅是由石英石（SiO_2）加焦碳在高温下还原制成。三氯氢硅还原法以冶金级硅和氯化氢（HCl）为起点，将硅粉和氯化氢（HCl）在300℃和0.45MPa经催化合成反应后生成三氯氢硅还原法的中间原料——三氯氢硅，这个过程称为氯化粗硅。三氯氢硅又叫做三氯硅烷或硅氯仿。在化工工业上，它是制取一系列有机硅材料的中间体；在半导体工业上，它是生产多晶硅最重要的原材料之一。

三氯氢硅是无色透明，在空气中强烈发烟的液体，极易挥发和水解，易溶于有机溶剂，易燃易炸，有刺激性臭味，对人体有毒害。它的一些物理化学性质见表7-1。

表7-1 三氯氢硅的一些物理化学性质

名　称	数值
相对分子质量	135.4
沸点/℃	31.5
液体密度（31.5℃）/g·cm^{-3}	1.318
蒸汽密度（31.5℃）/g·cm^{-3}	0.0055
熔点/℃	-128
黏度（20℃）/mPa·s	约0.29

续表 7-1

名　称	数值
蒸发热（31.5℃）/kJ·mol^{-1}	26.63
生产热 $\Delta H^{\ominus}_{298}$/kJ·mol^{-1}	-442.54
分解温度/℃	约 900

为了保证三氯氢硅氢的纯度，需要控制原始材料粗硅的杂质浓度，尤其是硼的含量。本生产方法可以分为三个重要的过程：一是中间化合物三氯氢硅的合成，二是三氯氢硅的提纯，三是用氢还原三氯氢硅获得高纯多晶硅。具体流程如图 7-3 所示。

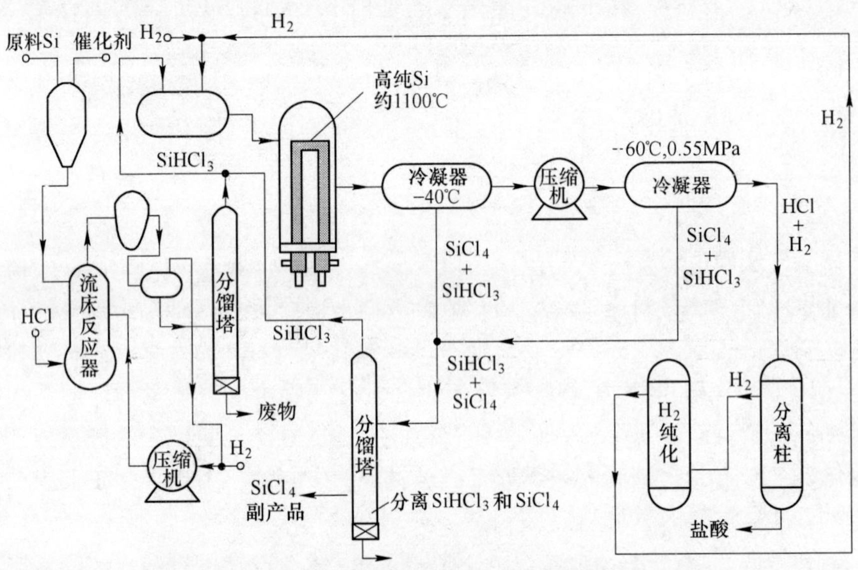

图 7-3　三氯氢硅氢还原法（西门子法）多晶硅流程

（1）三氯氢硅的合成。三氯氢硅（$SiHCl_3$）由硅粉与氯化氢（HCl）合成而得。化学反应为

$$Si + 3HCl \longrightarrow SiHCl_3 + H_2 \tag{7-13}$$

上述反应要加热到所需温度才能进行。又因为是放热反应，反应开始后能自动持续进行。但能量如不能及时导出，温度升高后反而将影响产品收率。影响产率的重要因素是反应温度与氯化氢的含水量。此外，硅粉粗细对反应也有影响。

（2）三氯氢硅的提纯。三氯氢硅的提纯是硅提纯技术的重要环节。在精馏技术成功地应用于三氯氢硅的提纯后，化学提纯所获得的高纯硅已经可以免除物理提纯（区域提纯）的步骤直接用于拉制硅单晶，符合器件制造的要求。精馏是近代化学工程有效的提纯方法，可获得很好的提纯效果。

（3）氢还原三氯氢硅。用氢作为还原剂提纯高纯度的三氯氢硅，化学反应式为

$$SiHCl_3 + H_2 \longrightarrow Si + 3HCl \tag{7-14}$$

用于还原的氢必须提到较高纯度以免污染产品。如氢与三氯氢硅的物质的量比值按理论配比则反应速度慢，硅的收率太低。氢与三氯氢硅的配比在生产上通常选在20~30之间。还原时氢通入 $SiHCl_3$ 液体中鼓泡，使其挥发并作为 $SiHCl_3$ 的携带气体。还原时 $SiHCl_3$ 反应仍不完全，因此必须回收尾气中的氢气以减少损失。

7.2.2 硅烷热分解法

硅烷实际上是甲硅烷的简称。甲硅烷作为提纯中间化合物有其突出的特点：一是甲硅烷易于热分解，在800~900℃下分解即可获得高纯多晶硅，还原能耗较低。二是甲硅烷易于提纯，在常温下为气体，可以采用吸附提纯方法有效地去除杂质。缺点是热分解时多晶的结晶状态不如其他方法好，而且易于生成无定型物。硅烷法工艺主要流程如图7-4所示。

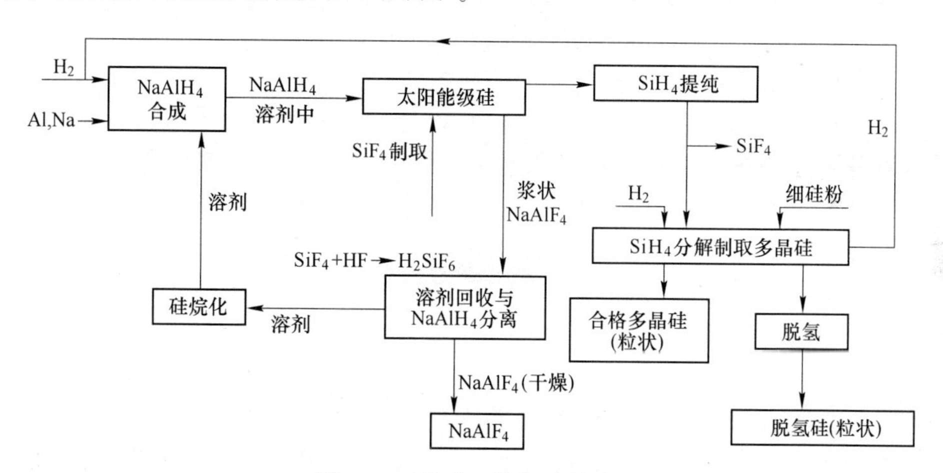

图7-4 硅烷法工艺主要流程图

7.2.2.1 硅烷的制备

曾被研究的甲硅烷的制备方法有多种，例如以下几种制备方法：

$$LiAlH_4 + SiCl_4 \longrightarrow LiCl + AlCl_3 + SiH_4 \tag{7-15}$$

$$Mg_2Si + 4NH_4Cl \longrightarrow 2MgCl_2 + 4NH_3 + SiH_4 \tag{7-16}$$

$$3SiCl_4 + Si + 2H_2 \longrightarrow 4SiHCl_3 \tag{7-17}$$

$$6SiHCl_3 \longrightarrow 3SiH_2Cl + 3SiCl_4 \tag{7-18}$$

$$SiH_2Cl \longrightarrow 2SiHCl_3 + SiH_4 \tag{7-19}$$

直至20世纪80年代，美国联合碳化物公司采用某种催化剂使氯硅烷发生歧化反应，最后生成硅烷。其工艺为：

$$SiH_4 \longrightarrow Si + 2H_2 \tag{7-20}$$

$$3SiCl_4 + Si + 2H_2 \longrightarrow 4SiHCl_3 \tag{7-21}$$

$$6SiHCl_3 \longrightarrow 3SiH_2Cl_2 + 3SiCl_4 \tag{7-22}$$

$$3SiH_2Cl_2 \longrightarrow 2SiHCl_3 + SiH_4 \tag{7-23}$$

该方法大大降低了硅烷的生产成本，目前已经实现了大规模的生产。

20世纪末，美国MEMC Pasadena公司采用了四氟化硅为原料，与其公司生产的四氢化铝钠反应，反应生产粗硅烷和四氟化铝钠两种物质。其主要工艺如下：

$$Na + Al + 2H_2 \longrightarrow NaAlH_4 \tag{7-24}$$

$$H_2SiF_6 \longrightarrow SiF_4 + 2HF \tag{7-25}$$

$$SiF_4 + NaAlH_4 \longrightarrow SiH_4 + NaAlF_4 \tag{7-26}$$

反应产生了粗硅烷和四氟化铝钠两种物质。副产物四氟化铝钠是一种合成焊剂，它在铝的回收和其他金属熔炼工业上有多种用途。

7.2.2.2 硅烷的提纯

硅烷法在提纯方面有很多优点，首先有特殊的去硼技术可以采用。由于各种金属杂质不能生成类似的氢化物或者其他挥发性化合物，使得在硅烷生成的过程中，粗硅中的杂质先被大量除去。硅烷在常温下为气体，精馏必须在低温或者低温非常压下进行。硅烷气体易于用吸附法提纯。目前很多厂家采用吸附法提纯。浙江大学提供的分子筛吸附使用在硅烷的提纯过程中，其效果比较好。

7.2.2.3 硅烷的热分解

不需用氢还原，甲硅烷可以热分解为多晶硅是硅烷法的一大优点。化学反应如下：

$$SiH_4 \longrightarrow Si + 2H_2 \tag{7-27}$$

甲硅烷的分解温度低，在850℃时即可获得好的多晶结晶，而且硅的收率达到90%以上。但在500℃以上甲硅烷就易于分解为非晶硅。非晶硅易于吸附杂质，已达到高纯度的非晶硅也难以保持其纯度，因此在硅烷热分解时不能允许无定型硅的产生。改进硅烷法多晶质量，可以使用加氢稀释热分解等技术，甲硅烷分解时多晶硅就沉积在加热到850℃的细硅棒（硅芯）上。但是到目前为止，西门子法依然是高纯多晶硅的主要生产技术，不仅因为硅烷法生产多晶硅的成本要比西门子法高，而且更重要的是硅烷易爆炸，限制了该工艺的应用发展。

7.2.3 太阳能级多晶硅制备新工艺及技术简介

7.2.3.1 改良西门子法

改良西门子法即闭环式三氯氢硅氢还原法。在西门子法工艺的基础上，通过增加还原尾气干法回收系统、$SiCl_4$氢化工艺，实现了闭路循环。改良西门子法包括五个主要环节，即 $SiHCl_3$合成、$SiHCl_3$精馏提纯、$SiHCl_3$的氢还原、尾气的回收和 $SiCl_4$的氢化分离。工艺主要流程如图 7-5 所示。

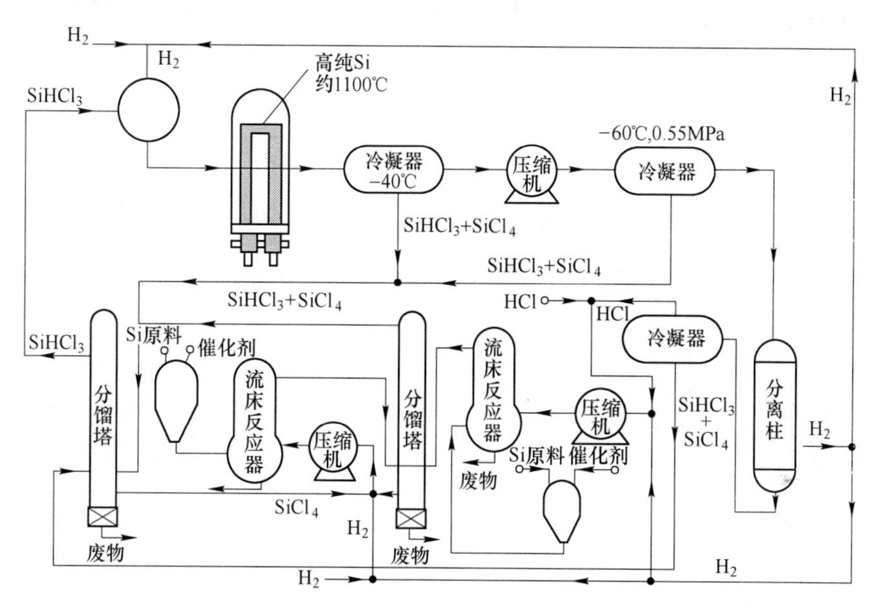

图 7-5 改良西门子法工艺流程图

该方法的显著特点是：能耗低、成本低、产量高、质量稳定，采用综合利用技术，对环境不产生污染，具有明显的竞争优势。全世界生产多晶硅的工厂共有 10 家，使用西门子技术的有 7 家，西门子法硅产量占生产总量的 80%以上。目前世界各国大型硅料生产企业都在使用该技术生产高质量硅料。

7.2.3.2 冶金法

1996 年，日本川崎制铁公司最先开发了冶金法制备太阳能级硅的方法。该方法采用了电子束和等离子冶金技术并结合了定向凝固方法，是世界上最早宣布成功生产出太阳能级硅的冶金法（metallurgical method）。本方法以冶金级硅为原料，分两个阶段进行处理：第一阶段采用真空蒸馏及定向凝固法去除磷，同时初步除去金属杂质。在第二个阶段中，在等离子体熔炼炉中，采用氧化气氛去除硼和碳，并结合定向凝固法对原料中的金属杂质进一步去除。通过两个阶段的处理，得到的产品基本达到了太阳能级硅的要求。挪威 Elkem 公司、美国道康宁公司（Dow Corning）先后对冶金法进行了改进和进一步深入的研究，道康宁公司于 2006 年建成了利用冶金级硅制备太阳能级硅 1000t 的生产线，其生产成本降低到了改良的西门子法的 2/3，并且在同一年制备出了具有商业价值的 PV1101 太阳能级多晶硅材料。

冶金法是专门针对太阳能级多晶硅而产生的一种金属硅提纯方法，该方法生产多晶硅的电耗只有改良西门子法的 1/3，水耗只有 1/10，投资也只有改良西门子法的 1/3 左右，多晶硅的生产成本有望低于 70 美元/kg。很多专家都认为冶金法是最有可能取得大的技术突破并产业化生产出低成本的太阳能级硅材料的技术。

7.2.3.3 以 $SiCl_4$ 为原料，用金属还原制备硅

如用 Na 蒸气和 $SiCl_4$ 气体在 H+Ar 的等离子体中还原，选择合适的温度，使 NaCl 气化与液态硅分离，副产品 NaCl 再经电解得到 Na 和 Cl，后者用来重复产生 $SiCl_4$。

类似地，用 Zn 蒸气还原 $SiCl_4$ 生成 Si 和 $ZnCl_2$，既可以用西门子式反应器也可以用流床反应器。

7.2.3.4 利用高纯试剂还原二氧化硅

西门子公司先进的碳热还原工艺为：将高纯石英砂制团后用压块的炭黑在电弧炉中进行还原。炭黑首先用热 HCl 浸出过，使其纯度和氧化硅相当，因而其杂质含量得到了大幅度的降低。目前存在的主要问题还是碳的纯度得不到保障，炭黑的来源比较困难。碳热还原方法如果能采用较高纯度的木炭、焦煤和 SiO_2 作为原材料，那将非常有发展前景。碳热还原方法的重点研究方向包括：优化碳热过程、多晶硅提纯技术和中间复合物的研究。

荷兰能源研究中心（ERCN）正在开发硅石碳热还原工艺的研究，使用高纯炭黑和高纯天然石英粉末作原材料，使原材料的 B、P 杂质含量降到了 1×10^{-6} 级以下，目前该工艺还处于实验阶段。

7.3 铸造多晶硅的制备及其杂质和缺陷

7.3.1 铸造多晶硅的制备

有资料称，直到 20 世纪 90 年代，世界光伏工业是建立在单晶硅的基础上。但是单晶硅电池成本高，制约了光伏工业的发展，电池成本高的问题仍然没有解

决。如何将光伏发电的成本降至可与市电价格竞争是光伏界追求的目标。铸造多晶硅与单晶硅相比，效率要低一些，但差距较小，而成本小很多，所以相对来说性价比更高。太阳电池用单晶硅生产与多晶硅生产的比较见表 7-2。

表 7-2 太阳电池用单晶硅生产与多晶硅生产的比较

性能	FZ（区熔单晶硅）	CZ（直拉单晶硅）	MC（铸造多晶硅）
单炉产量/kg	50~100	50~100	240~450
生长速率/kg · h^{-1}	4	>1.5	>12
能耗/kW · h · kg^{-1}	30	18~40	8~15
批量生产转换效率/%	18~24	15~20	14~18
硅片形状		圆形	方形
生产成本	最高	高	低（较单晶低 30%）
提纯效果		好	最好
对硅料的要求	特殊	一般	几乎所有均可
产出		高	最高
自动化		高	最高
劳动力需求		低	最低
硅片尺寸/mm^2		目前 125×125 将来 156×156	目前 156×156 将来 210×210

从 20 世纪 80 年代铸造多晶硅发明以来，铸造多晶硅的产量增长迅速，到 21 世纪初已经占据了太阳电池材料一半以上的份额，如表 7-3 所示。

表 7-3 太阳电池用各种材料所占比例

材料类别	多晶硅	单晶硅	非晶硅	非晶硅/单晶硅	带硅	化合物半导体（如 CdTe 和 CIGs 等）
材料所占市场份额/%	56	29	5	5	3	1

本节将介绍铸造多晶硅的制备方法、设备与工艺，并分析晶体生长过程中的影响因素。

7.3.1.1 铸造多晶硅方法

铸造多晶硅（cast multicrystalline silicon）过去也称为 cast polycrystalline silicon，现在通称为 mc-Si。铸造多晶硅是利用铸造技术制备多晶硅的方法。与单晶硅制备方法相比，没有高成本的晶体拉制过程，所以成本相对较低；但是铸造多晶硅中存在大量的形态各异的晶粒、晶界、位错、杂质，都会对最终的转换效率产生影响。

铸造多晶硅的制备方法分类在各论文中略有不同，有的按照制备时采用的坩埚数量将其分为浇铸法与直接熔融定向凝固法（此处包括所有采用单坩埚的方法），也有的将其细化分为布里奇曼法、热交换法、电磁铸锭法、浇铸法。本节采用后者加以说明。

从铸造多晶硅的发展历史上看，1975 年德国的瓦克（Wacker）公司首先利用浇铸法制备太阳电池用多晶硅材料（SILSO），同时其他的研究者采用了不同的制备方法，如美国晶体系统公司（Crystal Systems Inc.）的热交换法、美国 Solarex 公司的结晶法等。

A　布里奇曼法（Bridgeman method）

这是应用较早的一种定向凝固方法，如图 7-6 所示。该方法特点是坩埚和热源在凝固开始时作相对位移，分液相区和凝固区，液相区和凝固区用隔热板隔开。液固界面交界处的温度梯度大小必须大于 0，即 $dT/dx>0$（K/m），温度梯度接近于常数。长晶速度受工作台下移速度及冷却水流量控制，长晶速度接近于常数，长晶速度可以调节。硅锭高度主要受设备及坩埚高度限制。生长速度约 0.8～1.0mm/min。

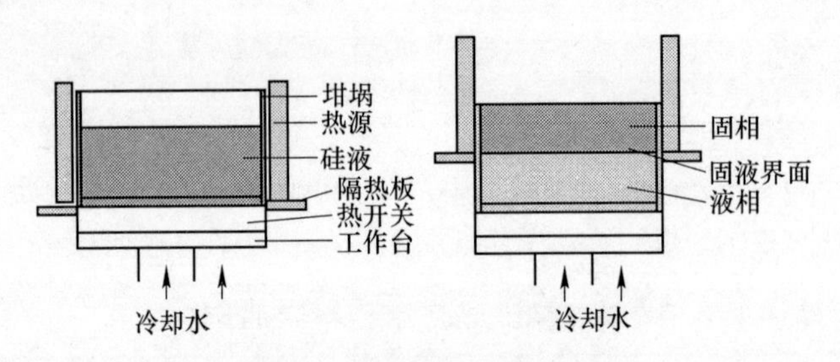

图 7-6　布里奇曼法示意图

该方法的缺点在于炉子结构比热交换法复杂，坩埚需升降且下降速度必须平稳，其次坩埚底部需水冷。

B　热交换法（HEM）

热交换法是目前国内铸锭生产厂家主要使用的一种方法，也是目前国内多晶硅铸锭炉生产厂家的主要方法。所以对铸造多晶硅的研究，大部分都是通过热交换法及其设备制备铸造多晶硅进行的。此方法与布里奇曼法主要区别在于坩埚和热源没有相对移动。

该方法特点是坩埚和热源在熔化及凝固整个过程中均无相对位移。一般在坩埚底部置一热开关，熔化时热开关关闭，起隔热作用；凝固开始时热开关打开，以增强坩埚底部散热强度。长晶速度受坩埚底部散热强度控制，如用水冷，则受冷却水流量（及进出水温差）所控制。由于定向凝固只能是单方向热流（散热)，径向（即坩埚侧向）不能散热，也即径向温度梯度大小趋于 0，而坩埚和热源又静止不动，因此随着凝固的进行，热源也即热场温度（大于熔点温度）会逐步向上推移，同时又必须保证无径向热流，所以温场的控制与调节难度要大。

如图 7-7 所示，液固界面逐步向上推移，液固界面处温度梯度必须是正值，即大于 0。但随着界面逐步向上推移，温度梯度大小逐步降低直至趋于 0。从以上分析可知热交换法的长晶速度及温度梯度为变数。而且锭子高度受限制，要扩大容量只能是增加硅锭截面积。

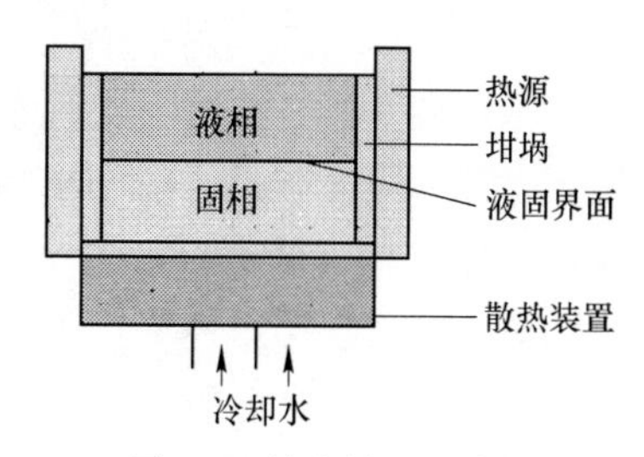

图 7-7 热交换法示意图

在各方法所用的铸锭炉中，该方法所用的铸锭炉结构较简单，易采用自动化控制的工业化生产，所需人工少；且该方法可以通过控制垂直方向的温度梯度使固液界面尽量平直，从而有利于得到生长取向性好的柱状多晶硅硅锭；该方法中晶体生长完成后一直保持在高温，相当于对多晶硅进行“原位”热处理，可降低体内热应力，从而降低位错密度。

C 电磁铸锭法

采用坩埚作为硅锭容器的铸造多晶硅方法，生长速度慢，通常每生产一炉多晶硅需要消耗一支坩埚，不能循环利用，且硅锭与坩埚接触部分会引入杂质降低硅锭质量。电磁感应冷坩埚连续拉晶法（electromagnetic continuous pulling)，简称 EMC 或 EMCP 法，能较好地解决以上问题。其原理是利用电磁感应的冷坩埚来加热熔化硅原料，熔化与凝固可在不同部位同时进行，节约时间，进行连续浇铸可使速度达到 5mm/min；熔体与坩埚不直接接触，没有坩埚的消耗，降低了成本，同时又可减少杂质污染长度，特别是有可能大幅降低氧浓度和金属杂质浓度；而且由于电磁力对硅熔体的作用，可能使硅熔体中掺杂剂的分布更为均匀。

该技术最早由 Ciszek 于 1985 年提出，日本 Sumitomo 公司从 2002 年开始用 EMC 法规模化生产铸造多晶硅。但是该技术也存在一些不足，硅锭中晶粒较细小，约 3~5mm，晶粒大小也不均匀；同时如图 7-8 所示，熔体与固体硅的固液界面是严重的凹形，再加上其凝固速度较快，将引入较多晶体缺陷。这些因素将使制备的铸造多晶硅的少子寿命较低，从而进一步制备的太阳电池效率也较低。目前该技术制备的硅锭可达 35mm×35mm×300mm，太阳电池效率达 15%~17%。相对而言，硅锭横截面比 HEM 法小，但高度方面有较大潜力，可达 1m 以上。

D 浇铸法

浇铸法将熔炼及凝固分开，熔炼在一个石英砂炉衬的感应炉中进行，熔化的硅液浇入一石墨模型中，石墨模型置于一升降台上，周围用电阻加热，然后以1mm/min的速度下降（其凝固过程实质也是采用的布里奇曼法）。浇铸法的特点是熔化和结晶在两个不同的坩埚中进行，这种生产方法可以实现半连续化生产，其熔化、结晶、冷却分别位于不同的地方，可以有效提高生产效率，降低能源消耗。缺点是因为熔融和结晶使用不同的坩埚，会导致二次污染，此外因为有坩埚翻转机构及引锭机构，使得其结构相对较复杂。

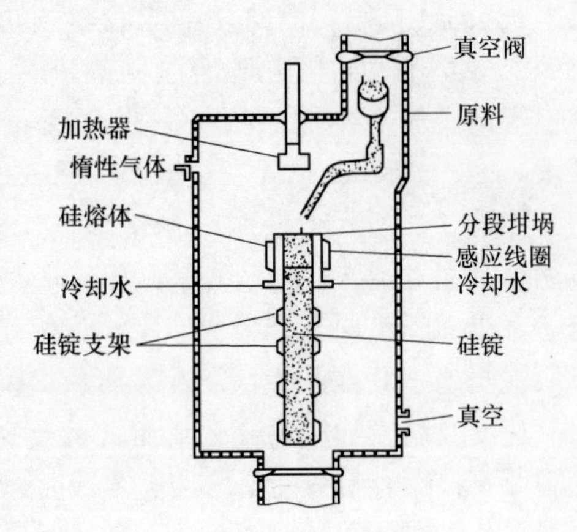

图7-8　电磁铸锭法示意图

7.3.1.2　热交换法设备

将铸造多晶硅方法分为四种，对应于四种类型的多晶硅铸锭炉（按笔者理解，多晶硅铸锭炉应该等同于多晶硅结晶炉或多晶硅长晶炉等说法）。布里奇曼法和热交换法最为通用；热交换法炉子结构简单，结晶过程易于控制，国内厂家制造的结晶炉，基本属于这一类型；布里奇曼法由于坩埚和热源要相对位移，一般均设置热开关，底部往往设置水冷装置，结构相对复杂，法国ECM的炉子属于这一类型；电磁铸锭炉日本在20世纪80年代末就有报道；浇铸法20世纪80年代中期在欧洲出现，由于工艺结构相对复杂，国内还未见制造这一炉型的企业。

目前国内主要用热交换法来进行铸锭生长，主要从国外进口，如美国的GT Solar，德国ALD、德国普发拓普等公司的铸造多晶硅炉，国内如北京京运通、绍兴精功机电、常州华盛天龙、秦皇岛亿贝科技、北京机电设计院等已能制造合格的热交换法铸锭炉。目前多晶硅铸锭炉主要有270kg和450kg两种设计容量。生产的单个铸锭从约270kg调高到约450kg，可以降低单位能耗，提高生产效率。有消息称以往270kg多晶长晶炉以美国GT Solar市场占用率最高，全球市场占用率高达80%以上；但450kg长晶炉则出现多家设备商角逐市场的局面，而且所提供的铸锭炉各具特性各含不同优势，从生产速率、设备价格、产出良率等方面来看，各有千秋。其中不乏原来生产直拉单晶炉的厂家开始进入高容量的多晶硅铸锭炉，如国内的京运通以直拉单晶炉起家，亦已跨入多晶硅铸锭炉自制领域。

GT Solar多晶硅铸锭炉是国内同类型炉中占有率最高的，国内的保定英利、江西赛维LDK、浙江精功太阳能等公司都是引进该公司的多晶硅铸锭炉。以DSS450型（见图7-9）为例说明其特点：底装料，易于操作；准模块，易于安装；炉产量可超过6.2MW；锭尺寸84cm×84cm；锭质量400～450kg；全自动生产。

德国普发拓普公司结晶炉（见图7-10）的特点：通过热区六面加热实现高效率，缩短熔化周期；底部装料系统方便快捷，易于操作和维修；垂直梯度定向结晶工艺时对加热器的温度进行精确控制，从而保证出色的产品质量；全自动工艺控制，根据不同的原料质量预先选择加热菜单；提供为优化工艺而进行的可选配的升级。

图7-9 GT Solar公司的DSS450型的热交换炉

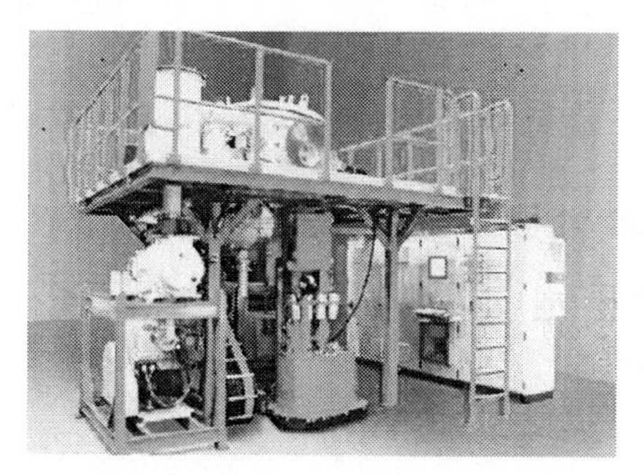

图7-10 德国普发拓普公司结晶炉

德国ALD公司结晶炉（国内如浙江昱辉太阳能有限公司引进了这种炉子，如图7-11所示）的特点：结构独立，可熔炼和结晶400kg太阳能级硅锭；工艺过程中无需移动坩埚；全自动熔炼、结晶和退火；底部和顶部均配备加热器系统，可控制结晶；配备可用于工业生产的PLC控制系统；炉子的硬件和软件均设计有各种经认证的安全设施；炉子的设计概念使其可以适用于未来升级后的石英坩埚尺寸；炉子工艺周期不受坩埚尺寸影响。

北京京运通多晶硅铸锭炉（以JYT-460多晶硅铸锭炉为例，见图7-12）的技术参数：硅锭质量460kg；硅锭尺寸（宽×长×高）为830mm×830mm×275mm；石墨电阻加热，加热功率为240kV·A；最高加热温度1600℃；全过程自动化控制，循环时间60h。

图7-11 德国ALD公司结晶炉

图7-12 北京京运通JYT-460多晶硅铸锭炉

7.3.1.3　铸造多晶硅的工艺流程

A　铸造多晶硅的原材料

铸造多晶硅的原材料广泛，可以使用半导体级高纯多晶硅，当然也有化学法（如改良西门子法）和物理方法制备的太阳能级高纯多晶硅，也可以使用微电子工业用单晶硅生产中的剩余料（包括质量相对较差的高纯多晶硅、单晶硅棒的头尾料，以及直拉单晶硅生长完成后剩余在石英坩埚中的埚底料）等。各原材料相比而言，剩余料成本低，但质量较差，尤其是掺杂不同的 N 型与 P 型单晶硅混杂，容易造成铸造多晶硅电学性质等方面的问题，需精细控制。

与直拉、区熔单晶硅生长方法相比，铸造方法对硅原料的不纯有更大的容忍性，所以铸造多晶硅方法可以更多地使用微电子工业剩余料等较低成本的原料，这也是铸造多晶硅成本相对较低的原因。甚至多晶硅片制备过程中剩余的硅料（如硅片切割中的碎料等）还可以重复利用。有研究表明，只要原料中剩余料的比例不超过 40%，就可以生长出合格的铸造多晶硅。

B　铸造多晶硅的坩埚

铸造多晶硅制备过程中，可以采用高纯石墨或高纯石英（高纯石英砂的化学成分主要是 SiO_2）作为坩埚。两者相比较而言，高纯石墨坩埚的成本更低，但更可能引入碳污染和金属杂质污染；而高纯石英坩埚成本较高，造成的污染少。所以要制备优质的铸造多晶硅必须采用高纯石英坩埚。

制备铸造多晶硅中存在原材料熔化、晶体硅结晶的过程，此时硅熔体与石英坩埚长时间接触，产生黏滞作用。一方面硅锭与石英坩埚热膨胀系数不同，在冷却时易造成硅锭或石英坩埚的破裂；另外长时间接触会引入以氧为主的杂质，这点与同样采用坩埚的直拉单晶硅相同。针对这一问题，通常在石英坩埚内壁上喷涂一层 Si_3N_4 或 SiO/SiN 等材料，以隔离硅熔体与石英坩埚。这样能有效解决黏滞问题，同时能减少石英坩埚直接接触引入的氧、碳等杂质，而且石英坩埚加上涂层后能有效减少碎裂，将可能得到重复利用，从而降低成本。在浇铸法使用的两个坩埚中，通常预熔坩埚采用普通石英坩埚，而结晶坩埚采用具有 Si_3N_4 涂层的石英坩埚。

C　铸造多晶硅的具体工艺流程

多晶硅片生产流程有：清洗硅料、装料、化料、晶体生长、退火、冷却、硅锭出炉、破锭、多线切割、硅片清洗、包装等。相应地多晶硅片生产相关设备有：坩埚喷涂设备、坩埚烧结设备、铸锭炉（或称为结晶炉）、剖锭机、线切割机、清洗机等。在晶体生长之前一般都要进行坩埚喷涂、坩埚烧结的工艺过程。此处主要介绍铸造多晶硅的晶体生长过程。

以下以国内常用的热交换法制备多晶硅的一个实例为例说明铸造多晶硅的具体工艺。

（1）装料。将具有涂层的石英坩埚放置在热交换台（及冷却板）上，放入适量的硅原料，然后安装好加热设备、隔热设备和炉罩，将炉内抽真空，使炉内压力降至5~10Pa并保持真空。通入氩气作为保护气体，使炉内压力基本维持在4×10^4~6×10^4Pa左右。

（2）加热。利用石墨加热器给炉体加热，首先使石墨部分（包括加热器、坩埚板、热交换台等）、隔热层、硅原料等表面吸附的湿气蒸发，然后缓慢加温，使石英坩埚的温度达到1200~1300℃左右，该过程约需要4~5h。

（3）化料。通入氩气作为保护气，使炉内压力基本维持在4×10^4~6×10^4Pa左右。逐渐增加加热功率，使石英坩埚内的温度达到1500℃左右，硅原料开始熔化。熔化过程一直保持在1500℃左右，直到化料过程结束。该过程约需要9~11h。

（4）晶体生长。硅原料熔化结束后，降低加热功率，使石英坩埚的温度降至1420~1440℃硅熔点左右。然后石英坩埚逐渐向下移动，或者隔热装置逐渐上升，使得石英坩埚慢慢脱离加热区，与周围形成热交换；同时，冷却板通水，使熔体的温度自底部开始降低，晶体硅首先在底部形成，并呈柱状向上生长，生长过程中固液界面始终与水平面平行，直至晶体生长完成，该过程约需要20~22h。

（5）退火。晶体生长完成后，由于晶体底部和上部存在较大的温度梯度，因此，硅锭中可能存在热应力，在硅片加工和电池制备过程中容易造成硅片碎裂。所以，晶体生长完成后，硅锭保持在熔点附近2~4h，使硅锭温度均匀，以减少热应力。

（6）冷却。硅锭在炉内退火后，关闭加热功率，提升隔热装置或者完全下降硅锭，炉内通入大流量氩气，使晶体温度逐渐降低至室温附近；同时，炉内气压逐渐上升，直至达到大气压，最后去除硅锭，该过程约需要10h。

对于质量为250~300kg的铸造多晶硅而言，一般晶体生长的速度约为0.1~0.2mm/min，其晶体生长的时间约为35~45h。

图7-13所示为热交换法制备240kg铸造多晶硅时加热功率和熔体温度及时间的关系。该硅锭面积为69cm×69cm，晶体生长速度约为111g/min，与直拉单晶硅的晶体生长速度相仿。从图中可以看出，在晶体生长初期的10h内，是晶体熔化阶段，需要保持较高的功率和温度，在其后的晶体凝固过程中，功率和温度相对较低，基本保持一稳定值，35h后可以关闭动力，温度逐渐降低。

D 铸造多晶硅中晶体生长的影响因素

铸造多晶硅的晶体生长过程是典型的定向凝固过程，一般自坩埚底部开始降温，当硅熔体的温度低于熔点（1414℃）时，在接近坩埚底部处熔体首先凝固，

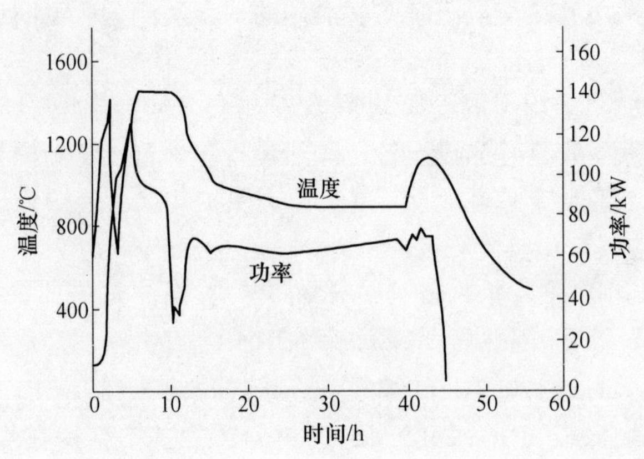

图 7-13　铸造多晶硅晶体生长时加热功率、熔体温度与时间的关系

形成许多细小的核心，然后横向生长。当核心互相接触时，再逐渐向上生长、长大，形成柱状晶，柱状的方向与晶体凝固的方向平行，直至所有硅熔体都结晶为止。这样制备出来的多晶硅的晶粒大小、晶界结构、缺陷类型都很相似，如图 7-14所示。

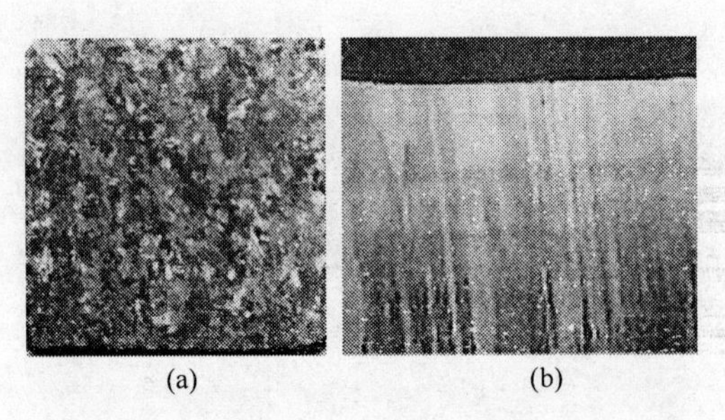

图 7-14　铸造多晶硅的正面俯视图和剖面图

(a) 正面；(b) 剖面

影响铸造多晶硅晶体生长的主要因素是晶粒尺寸、固液界面、热应力、来自坩埚的污染等。为了制备性能优良的太阳电池，在铸造多晶硅晶体生长时，需要解决以下问题：尽量大的晶粒；尽量均匀的固液界面温度；尽量小的热应力；尽可能少的来自坩埚的污染。

大量的晶界是多晶硅太阳电池效率较低的原因之一。在铸造多晶硅中，晶粒越大，晶界的面积和作用就越小，从而有利于太阳电池效率的提高。晶粒尺寸主要是由晶体生长过程所决定的。在实际工业中，铸造多晶硅的晶粒尺寸一般为1~10mm，高质量的多晶硅晶粒大小平均可以达到10~15mm。晶粒的大小也与晶体的冷却速率有关：晶体冷却得越快，温度梯度越大，过冷度越大，晶体形核的速率越快，使得晶粒多而细小，这也是铸造法制备多晶硅的晶粒尺寸小于直熔法的原因。另外，硅锭中晶粒尺寸并不是均匀的，还与晶粒处于的位置有关。一般而言，晶体硅在底部形核时，核心数目相对较多，使得晶粒的尺寸较小；随着晶体生长的进行，大的晶粒会变得更大，而小的晶粒会逐渐萎缩，因此，晶粒尺寸会逐渐变大，硅锭上部的晶粒平均尺寸几乎是底部晶粒的 2 倍。硅熔体也与坩埚壁接触，所以与坩埚壁接触的部分温度比中心部分更低，同时结晶时固液界面与石英坩埚壁接触处不断会有新的核心生成，导致在多晶硅硅锭的边缘有一些晶粒不是很规整，相对较小。所以从位置上看，硅锭与坩埚壁接触的底部与四周都是晶粒较小的区域，不利于最终太阳电池的制备。

在没有特别的热场控制时，硅熔体凝固过程中固液界面通常都不是平直的，固液界面的形状呈凹形或凸形，由于硅熔体和晶体硅的密度不同，此时地球的重力将会影响晶体的凝固过程，从而产生晶粒细小、不能垂直生长等问题，影响铸造多晶硅的质量。为了解决这个问题，需要特殊的热场设计，使得硅熔体在凝固时，自底部开始到上部结束，其固液界面始终保持与水平面平行，称为平面固液界面凝固技术。这样制备出来的铸造多晶硅硅片的表面和晶界垂直，可以使相关太阳电池有效地避免界面的负面影响。

图 7-15 所示为不同热场情况下生长的铸造多晶硅硅锭的纵向剖面图。图中随着晶体生长的热场不断调整，晶粒逐渐呈现在与固液界面垂直的方向上生长。如图 7-15（a）所示，晶体在底部成核并逐渐向上部生长，但是很快硅锭的四周也有新的核心生成并从边缘向中心逐渐生长，造成晶粒的细化，部分晶粒生长的方向与底部水平面不垂直，说明固液界面不是水平平直的。如图 7-15（d）所示，几乎所有的晶粒都是沿着晶体生长方向生长的，是与水平面呈垂直状态的柱状晶，说明此时的固液界面在晶体生长时一直是与水平面平行的；而且在硅锭的底部，晶粒比较细小，而从底部往上，晶粒逐渐变大。

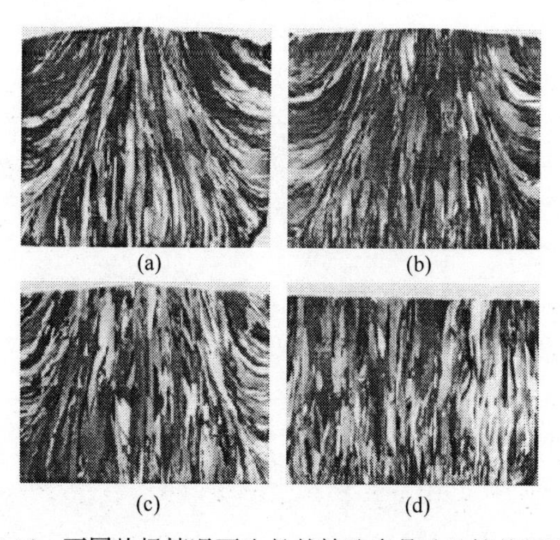

图 7-15 不同热场情况下生长的铸造多晶硅硅锭的剖面图

热应力主要由温度梯度决定。在晶体凝固过程中，晶体的中部和边缘部分存在温度梯度。温度梯度越大，多晶硅中热应力就越大，会导致更多体内位错生长，甚至导致硅锭的破裂。因此，铸造多晶硅在生长时，生长系统必须很好地隔热，以便保持熔区温度的均匀性，没有较多的温度梯度出现；同时，保持在晶体部分凝固、熔体体积减小后，温度没有变化。影响温度梯度的因素，除了热场本身的设计外，冷却速率起决定性作用。通常晶体的生长速率越快，生产效率越高，但其温度梯度也越大，最终导致热应力越大，而高的热应力会导致高密度的位错，严重影响材料的质量。因此，既要保持一定的晶体生长速率，提高劳动生产率；又要保持尽量小的温度梯度，降低热应力并减少晶体中的缺陷。通常，在晶体生长初期，晶体生长速率尽量小，使得温度梯度尽量小，以保证晶体以最小的缺陷密度生长；然后，在可以保持晶体固液界面平直和温度梯度尽量小的情况下，尽量地高速生长以提高劳动生产率。

一般而言，在铸造多晶硅硅锭的周边区域存在一层低质量的区域，其少子寿命较低，不能应用于太阳电池的制备，但是可以回收使用作为铸造多晶硅的原材料。存在一层低质量的区域的原因一方面是由于与坩埚接触部分引入了杂质，且晶粒尺寸较小；另一方面在于晶体凝固的分凝作用使杂质富集在多晶硅锭的顶部与底部。低质量区域的大小与多晶硅晶体生长后在高温的保留时间有关。通常认为，晶体生长速率越快，这层区域越小，可利用的材料越多。在多晶硅晶体生长时，也需要尽量减少低质量的区域。

E　铸造多晶硅中的晶体掺杂

制造硅基太阳电池过程中，有效的 PN 结是必需的，而目前 PN 结的制备都是在已掺杂的 P 型或 N 型硅片基础上进行扩散制结。所以铸造多晶硅需要进行有意掺杂，以使硅材料具有一定的电学性能。有多种元素都可用为掺杂剂，考虑到生产成本、分凝系数以及太阳电池制备工艺等因素，实际工业生产中主要制备掺硼的 P 型多晶硅。但是在掺硼的 P 型多晶硅中，硼氧复合体对高效硅太阳电池的效率有衰减作用，而硅熔体与石英坩埚的接触等过程将会不可避免引入氧杂质。所以最近掺镓的 P 型和掺磷的 N 型铸造多晶硅也引起了人们的注意。

P 型掺硼铸造多晶硅较为常见。根据最佳电阻率可以计算出其中最优的硼掺杂浓度约为 $2\times10^{16}\text{cm}^{-1}$。在晶体生长时，将按比例计算出掺杂量的 B_2O_3 与硅原料一起放入坩埚，熔化后 B_2O_3 分解，从而使硼溶入硅熔体，最终进入多晶硅乃至太阳电池体内，反应方程式如下：

$$2B_2O_3 \xlongequal{\quad} 4B + 3O_2\uparrow \tag{7-28}$$

硼在硅中的分凝系数为 0.8，根据分凝系数的概念，可知分凝对硼的分布作用不大，即在硅锭从底部开始往上部凝固这一分凝过程中，硅锭中硼的浓度相对均匀，从而整个铸造多晶硅硅锭中的电阻率也比较均匀，线切割得到的多晶硅片之间差异也较小。

掺镓的 P 型铸造多晶硅可以制备出性能优良的太阳电池，但是镓在硅中的分凝系数只有 0.008，使得镓在硅锭最终凝固的顶部富集，因此晶体的底部和上部的电阻率相差很大，不利于规模生产。

掺磷的 N 型多晶硅也类似，磷在硅中的分凝系数虽比镓要大，也仅为 0.35，同样会导致硅锭中电阻率不均匀。而掺磷的 N 型多晶硅中少数载流子（空穴）的迁移率也较低。进一步说，如果利用 N 型多晶硅太阳电池，现在较成熟、常用的太阳电池的工艺和设备都要进行改造。对于掺磷的 N 型晶体硅，一般通过硼扩散制备 PN 结，而硼在硅中的扩散系数较小，要达到扩散效果，就需要较高的扩散温度。

所以掺镓 P 型多（单）晶硅、掺磷 N 型多（单）晶硅目前仅处于研究阶段。

7.3.2 铸造多晶硅中的缺陷和杂质

铸造多晶硅存在较高的杂质浓度和高密度的晶界、位错及微缺陷，这是铸造多晶硅太阳电池效率较低的重要原因。大量的杂质与缺陷主要是由铸造多晶硅的制备工艺决定的，铸造多晶硅与直拉单晶硅相比，制备工艺相对简单，成本较低，控制杂质和缺陷的能力也较弱。

铸造多晶硅中主要轻元素杂质也是氧和碳，同样金属杂质也会对材料与电池的电性能产生重要影响，氢与氮等其他杂质也会产生影响。值得注意的是，各种杂质与缺陷并不是独立存在、单独起作用的，而是互相影响的，从而也给降低杂质、缺陷含量，减少杂质、缺陷对太阳电池电性能的影响提供了思路。

本章节主要介绍铸造多晶硅中的缺陷与杂质形成原因、存在方式，分析缺陷与杂质相互间影响以及吸杂与钝化。

7.3.2.1 概述

近年来的研究表明，制约铸造多晶硅材料少子寿命的因素主要有以下三方面：一是氧及其相关的缺陷；二是以间隙铁为主的过渡族金属杂质；三是材料中的缺陷密度及其分布，主要指位错和晶界。这些杂质原子以及杂质与位错或晶界相互作用，形成复合中心，从而可以显著地降低材料的少子寿命。在太阳电池工艺过程中，为了尽量降低材料中杂质及缺陷对少子寿命的影响，通常采取吸杂以及钝化等工艺来改善材料的性能，以提高其最终的太阳电池转换效率。

（1）吸杂工艺。金属杂质及其沉淀或复合体都是少数载流子主要的复合中心。如果将这些金属杂质从体内驱除掉。那么材料体内的电学性能将会大为改善。吸杂工艺就是基于这种思想而产生的。目前工业上所实用化的吸杂技术有：磷吸杂、铝吸杂、硼吸杂以及氧化物吸杂。另外，用氢或氦离子注入形成微缺陷吸杂仍处于实验室水平。对于 mc-Si 材料，磷吸杂被认为是最为有效的方法而在工艺上得到了广泛的应用，较长时间的磷吸杂过程（一般 3~4h），可使一些 mc-Si 的少子扩散长度提高两个数量级。

（2）钝化。对于 mc-Si，因存在较高的晶界、点缺陷（空位、间隙原子、金属杂质、氧、氮及它们的复合物），这些往往能成为少数载流子的复合中心，所以通过对材料表面和体内缺陷的钝化来中和这些复合中心就显得尤为重要。目前通常采用两种钝化方式：氢钝化和氧化钝化。实验表明，在有一定氢浓度的情况下，氢原子可以十分有效地提高材料的电学性能。引入氢原子的方式有离子注入、PECVD 等。

7.3.2.2　铸造多晶硅中的晶界

A　铸造多晶硅中晶界的情况

与直拉单晶硅中只有单个大晶粒存在不同，铸造多晶硅中存在大量的晶粒，在这些晶粒之间存在大量的晶界。这是由铸造多晶硅的晶体生长过程决定的。铸造多晶硅的晶体生长过程中，首先形成很多的形核中心，而后晶体在形核中心上形核并生长。这样在凝固后，晶体是由许多晶向不同、尺寸不一的晶粒组成的，晶粒的尺寸一般在 1~10mm 左右。在晶粒的相交处，硅原子有规则、周期性的重复排列被打断，存在着晶界，出现大量的悬挂键，形成界面态，严重影响太阳电池的光电转换效率。如果能通过有效控制铸造多晶硅的晶体生长过程，使晶粒沿着晶体生长的方向呈柱状生长，而且晶粒大小大致均匀，晶粒尺寸大于 10mm，就可能大幅降低晶界的负面作用。

根据晶界结构的不同，可以分为小角晶界（两相邻晶粒之间的旋转夹角小于 10°的晶界）和大角度晶界（两相邻晶粒之间的旋转夹角大于 10°的晶界）两种。在实际铸造多晶硅中，绝大部分的晶界（>80%）是大角晶界，只有少量的小角晶界。根据共位晶界模型，大角晶界又可分为特殊晶界（CSL，用 Σ 值表示）和普通晶界（random，用 R 表示）。

晶界的电学性能使其成为复合中心。由于晶界两侧存在空间电荷区，导致形成了一定的电场梯度，晶界附近的少数载流子将快速漂移到晶界，与晶界界面态上俘获的多数载流子复合。有研究测定，晶界的表面复合速率约为 $(1\sim4)\times10^5$cm/s。晶界的复合也与晶界的结构类型相关。如 $\Sigma3$ 型的晶界是浅能级复合中心，而其他晶界则是深能级复合中心。在所有的晶界中，小角度晶界的复合能力最强，对金属杂质的吸杂能力也最强。但一般没有金属缀饰的纯净的晶界是不具有电活性的，或者说电活性很弱，不是载流子的俘获中心，并不影响多晶硅的电学性能。图 7-16 所示为没有金属污染的铸造多晶硅晶界的室温扫描电镜（SEM）图像和电子束诱生电流（EBIC）图像。从扫描电镜照片中可以看到明显的晶界，但在 EBIC 图像中，晶界处显示出淡淡的痕迹，与晶界内相比衬度差不明显，说明此时晶界的电活性很弱。

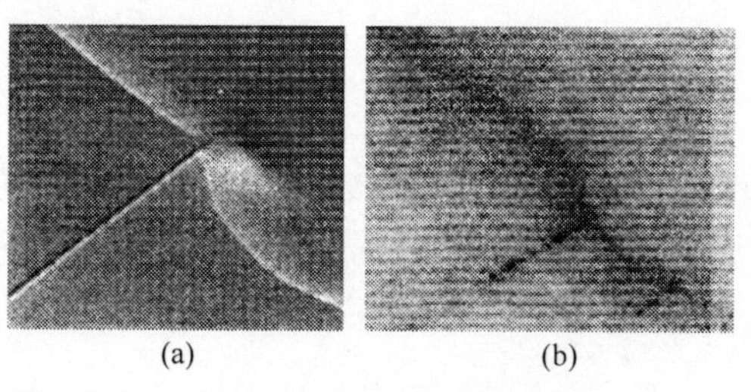

图 7-16 无金属污染的铸造多晶硅晶界的 SEM 图像（a）和 EBIC 图像（b）

B 铸造多晶硅中的位错

根据晶体生长方式和过程的不同，铸造多晶硅中的位错密度约在 $10^3 \sim 10^9 cm^{-2}$，典型的位错密度约为 $10^6 cm^{-2}$。图 7-17 所示为化学腐蚀后的铸造多晶硅的光学显微镜照片。由于多晶硅的晶向多样，因此腐蚀坑一般显示为圆形或椭圆形，有别于单晶硅中位错腐蚀后的规整腐蚀坑形状。

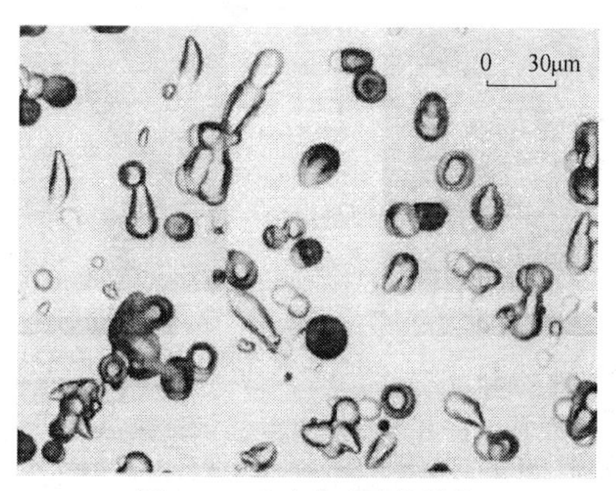

图 7-17 含有高密度位错的铸造多晶硅的光学显微镜照片

铸造多晶硅中的位错与热应力密切相关。由于铸造多晶硅在晶体凝固后散热的不均匀、晶体硅和石英坩埚的热膨胀系数不同，都会产生热应力。热应力的直接后果就是在晶粒中导致产生大量的位错，严重影响铸造多晶硅太阳电池的效率。

铸造多晶硅中热应力的产生和分布是很复杂的，受多种因素影响，如升温速度、降温速度、热场分布等。但是一般来说，从晶锭底部到晶锭上部，位错密度呈“W”，即硅锭底部、中部和上部的位错密度相对较高。

与直拉单晶硅中的位错一样，铸造多晶硅中的位错具有高密度的悬挂键，具有电活性，可以直接作为复合中心，导致少数载流子寿命或扩散长度降低。

上节我们讨论了铸造多晶硅中晶界对材料电学性能的影响，作为面缺陷的晶界与作为线缺陷的位错，有一些相似之处。类似晶界的电活性与杂质的影响：洁净、没有污染的位错的电活性是很弱的；但如果金属杂质和氧、碳等杂质在位错上偏聚、沉淀，就会造成新的电活性中心，导致电学性能的严重下降，最终影响材料的质量。

图 7-18（a）所示为铸造多晶硅中的位错密度分布图，图 7-18（b）所示为相

应位置的少数载流子有效寿命分布图。对比可以看出，位错密度高的区域，少数载流子的寿命低；反之亦然。这说明铸造多晶硅中的位错是降低材料质量的重要因素。

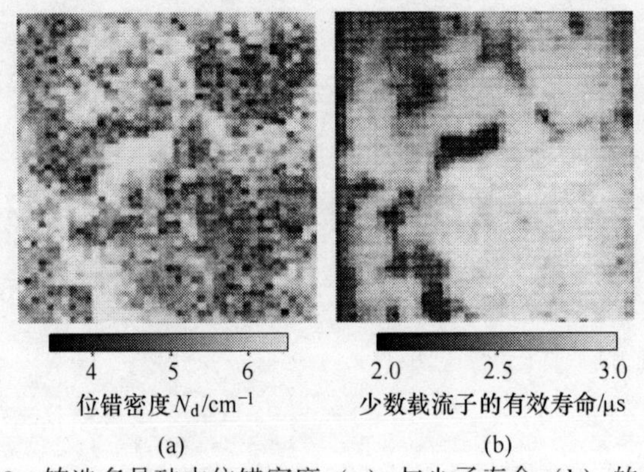

图 7-18　铸造多晶硅中位错密度（a）与少子寿命（b）的分布图

C　铸造多晶硅晶界上的金属沉淀

晶界对铸造多晶硅中的金属杂质有不同程度的作用。图 7-19 所示为间隙态 Fe 沿铸造多晶硅某晶界的浓度分布和相关少数载流子寿命的分布，图中横坐标为与晶界的距离，原点就是晶界。当距离晶界约 0.5mm 以上时，间隙态 Fe 的浓度基本均匀，说明 Fe 杂质均匀地分布在铸造多晶硅体内；在距离晶界约 0.5mm 以内区域，间隙态 Fe 有所增加，这是由于晶界造成的分凝效应所引起的；而在晶界上，间隙态 Fe 的浓度明显降低，说明晶界有吸引金属杂质沉淀的能力，导致间隙态 Fe 的浓度在晶界上降低。值得说明的是，如果在一定温度下进行热处理，晶界附近的高浓度金属会扩散到晶界上沉淀，使得在晶界附近反而存在低金属浓度的区域，这就是所谓的“晶界吸杂”导致的晶界附近的“洁净区”。

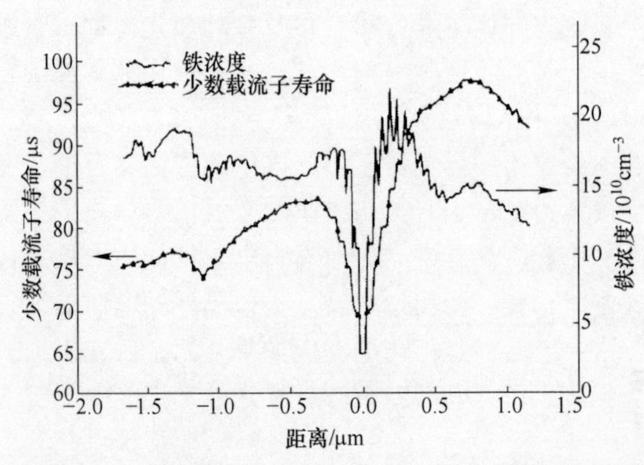

图 7-19　间隙态 Fe 沿铸造多晶硅某晶界的浓度分布和相关少子寿命的分布

晶界对金属杂质的影响可以表现在铸造多晶硅的少子寿命上。图 7-19 所示的相关的少数载流子寿命和间隙态 Fe 浓度的分布有对应关系。由图 7-19 可知，当距离晶界约 0.5mm 以上，少数载流子寿命大致均匀；在距离晶界约 0.5mm 以内区域，少数载流子寿命有所降低，这是由于间隙态 Fe 浓度增加的缘故；而在晶界上，少数载流子寿命大幅度降低，这是由于间隙态 Fe 在晶界上沉淀。这也说明了金属沉淀对晶体硅有更严重的影响。

如上所述，纯净的晶界电活性是很弱的，对材料的电学性能影响并不大。但如果有金属沉淀在晶界上，情况就大不相同。事实上，由于晶体生长技术和原材料的原因，绝大部分的原生铸造多晶硅本身就存在不同程度的污染，因此原生铸造多晶硅的晶界一般都具有一定的电活性。而且研究表明金属杂质浓度越高，对晶界的电活性影响就越大。

因此，当杂质（主要是金属杂质）偏聚在晶界上，晶界将具有电活性，会影响少数载流子的扩散长度，从而影响材料的光电转换效率。一般而言，金属杂质的浓度越高，对晶界的影响越大，导致材料的性能越差。不同的晶界吸引金属杂质沉积的能力也不同，最终形成的电活性也不同。实验证实，普通晶界吸引金属杂质沉积的能力要大于高 Σ 的晶界，而低 Σ 的晶界吸引金属杂质的能力最弱。

除晶界结构、金属杂质以外，晶界电活性的大小还受其他多种因素的影响。如晶体生长时的固液界面形状也会影响晶界的性能，平直的固液界面导致晶界的电学性能最弱。

晶界的量越大，对材料电学性能影响越大。一般而言，晶粒越细小，晶界的总面积就越大，影响越大。但是与化学气相沉积的多晶硅薄膜相比，铸造多晶硅的晶粒要大得多，具有很小的表面积与体积比，因此，铸造多晶硅中晶界的影响要稍弱。特别是晶锭的上部，随着高度的增加，通过兼并邻近的晶粒，晶粒逐渐增大，可达到 10mm 以上，晶界总量变小，晶界对材料光电转换效率的影响很小。此外当晶界垂直于器件表面时，对光生载流子的运动几乎没有阻碍作用，此时晶界对材料的电学性能几乎没有影响。现代铸造多晶硅晶柱的生长方向基本上都垂直于生长界面，硅锭切割成硅片后，晶界的方向便垂直于硅片表面。因此，在铸造多晶硅晶体生长时，晶粒尺寸和晶柱的生长方向是需要加以控制的。在现代优质铸造多晶硅中，通过控制晶体生长时晶粒尺寸、晶柱的生长方向、固液界面形状等，晶界已不是制约材料电学性能的主要因素。

D 铸造多晶硅中的氧杂质

铸造多晶硅中存在高密度的杂质，这些杂质对铸造多晶硅的性能产生了重要影响。在此，我们从其中主要杂质之一的氧开始讨论。

氧在铸造多晶硅中的浓度约为 $1\times10^{17}\sim1\times10^{18}\,cm^{-3}$，是其中的主要杂质之一。

铸造多晶硅中氧主要来自两方面：原材料中的氧以及晶体生长过程引入的氧。铸造多晶硅的原材料来源广泛，其中用到的微电子工业中的头尾料、埚底料等含有一定量的氧杂质；在晶体生长中，硅熔体与石英坩埚作用会引入氧杂质（反应方程式如式（7-29）所示），石墨加热器与石英坩埚反应生成的碳氧化合物也会进入硅熔体带来氧杂质，当然氧杂质的来源以前者为主。

$$Si + SiO_2 = 2SiO \tag{7-29}$$

生成的SiO一部分溶解在硅熔体中，结晶时进入铸造多晶硅内；而另一部分SiO将在硅熔体表面分解生成单质硅并产生氧气，此时硅熔体表面的蒸汽压起决定性作用。

$$2SiO = O_2 \uparrow + 2Si \tag{7-30}$$

与直拉单晶硅相比，铸造多晶硅制备中没有强烈的机械强制对流，采用的是热交换。这一工艺差异会带来两方面的影响：一方面，热对流方式下硅熔体对石英坩埚壁的冲蚀作用较小，即硅熔体与石英坩埚的作用更少，从而溶入的氧杂质更少；另一方面，热对流方式下，氧在硅熔体中的扩散更慢，输送到硅熔体表面进行挥发的SiO量也更少。简单地说，氧杂质进的少出的也少。

另外，前面提到实际工业中通常在石英坩埚内壁涂覆SiN涂层，这样可以减少硅熔体与石英坩埚的直接作用，从而降低氧浓度。目前优质铸造多晶硅中间隙氧浓度低于$5\times10^{17}cm^{-3}$。

表7-4列出了一个浇铸多晶硅与直熔法多晶硅中氧浓度的对比，可以看出在中部与上部，氧浓度有很大的差别。

表7-4　浇铸法与热交换法制备的多晶硅硅锭中氧浓度的比较

晶体位置	间隙氧浓度/$10^{17}cm^{-3}$	
	浇铸多晶硅	直熔多晶硅
底部	6.5	6
中部	0.9	3.5
上部	0.5	2

考虑晶体生长过程中氧杂质的引入方式，再考虑氧在硅中的分凝作用的效果，我们可以对氧的分布及硅锭各个部位的氧浓度作一个分析。首先，与石英坩埚接触的部分其氧浓度应该更高，同时热交换方式下氧的扩散较慢是不充分的，所以硅锭的底部与四周的氧浓度是更高的。从横向上说，越靠近坩埚壁附近，氧浓度越大。其次，与直拉单晶硅相同，氧在硅中的分凝系数为约1.25，因此是先凝固的部分氧浓度高，后凝固的部分氧浓度低。所以在铸造多晶硅的硅锭中，氧浓度从底部到上部逐渐降低。结合以上两点，可以较方便地解释铸造多晶硅硅锭

中氧浓度的横向分布（如图 7-20（a）所示）与纵向分布（如图 7-20（b）所示）。硅锭的外部，包括底部、上部以及与坩埚接触的四周，杂质含量如氧浓度过高，会导致质量较差，如前文所述，是必须予以切除的。

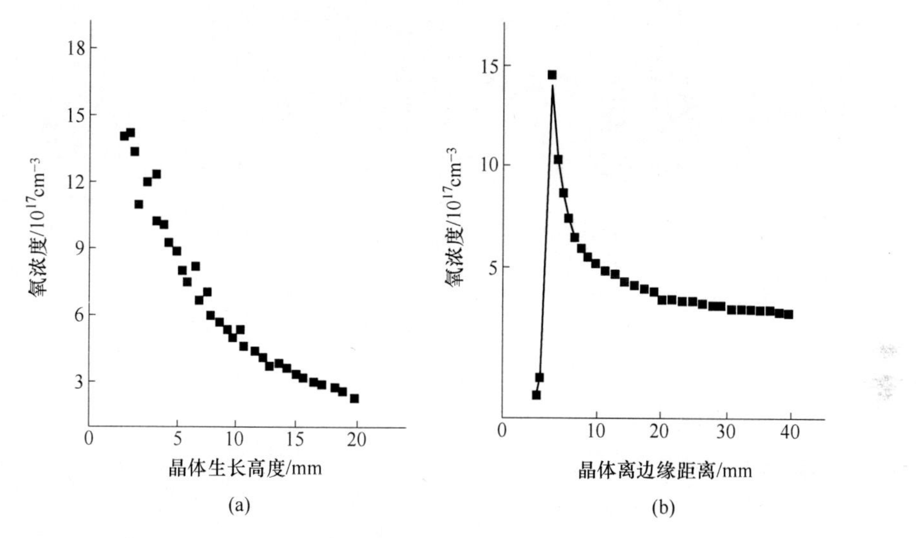

图 7-20　铸造多晶硅中氧浓度沿晶体生长方向（a）与从边缘到中心（b）的分布

与直拉单晶硅一样，铸造多晶硅中的氧也是以间隙态存在，呈过饱和状态。前面提到，过饱和的间隙氧容易在后续的热处理工艺中形成复合体与沉淀等。在铸造多晶硅制备中，从晶体生长到冷却过程接近 50h，相当于在进行了从高温到低温的不同温度的较长时间的热处理。其中硅锭底部最先开始凝固，经历的时间更长。所以原生铸造多晶硅中很容易生成氧施主与氧沉淀。而硅锭底部氧浓度最高，热处理时间最长，氧施主与氧沉淀的问题应该是硅锭各部分中最严重的。

铸造多晶硅中的间隙氧本身是电中性的，不会对铸造多晶硅材料或器件性能产生较大影响。但是从间隙氧形成的热施主或氧沉淀却容易成为复合中心或引入成为复合中心的二次缺陷，使硅材料少子寿命降低，最终影响太阳电池的光电转换效率。图 7-21 所示为铸造多晶硅硅锭的少子寿命分布图，其中硅锭的底部存在少子寿命明显更低的区域。这就验证了高氧区域可能含有高浓度的原生热施主和原生氧沉淀，从而影响材料的少子寿命。而实际生产证实，这部分材料制成的太阳电池效率相对较低。

氧杂质的危害除了原生热施主和原生氧沉淀进而影响太阳电池效率外，氧还可以与掺杂剂硼原子作用，形成 B-O 复合体，会在光照下进一步降低太阳电池效率。由于以上这些原因，铸造多晶硅生产过程中，降低氧浓度是非常重要的。

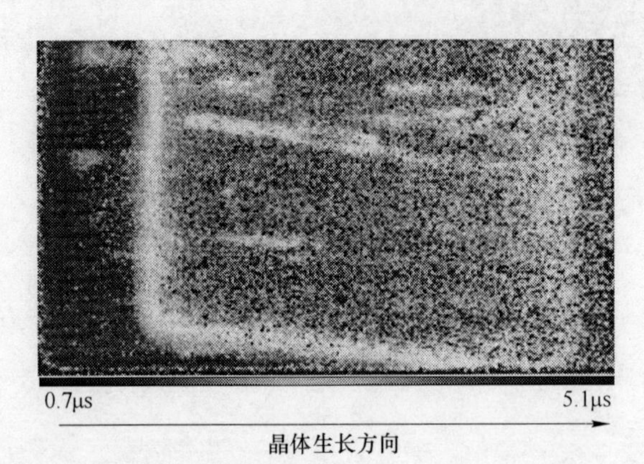

图 7-21　铸造多晶硅中的少子寿命分布图

实验证明，通过有效的热处理能够大大地减少铸造多晶硅中的氧浓度，较好地控制其形成氧施主、氧沉淀或 B–O 复合体，提高产品质量。

E　铸造多晶硅中的碳杂质

碳是铸造多晶硅中的一种重要杂质。铸造多晶硅中碳杂质的引入主要是两方面：首先，铸造多晶硅原材料来源广泛，原材料可能有较高的碳含量；其次，晶体制备过程中，高温的石英坩埚（SiO_2）与石墨加热器（C）反应生成 CO，CO 进入硅熔体并与硅熔体（Si）反应生成碳杂质。如果晶体制备时采用的是石墨坩埚，那么引入的碳含量将更多。

表 7-5 列出了氧和碳在硅中的一些参数，其中碳的分凝系数很小，仅为 0.07。因此从底部最先凝固的部分开始到上部最后凝固的部分，碳浓度是逐渐增加的。在多晶硅硅锭的上部接近表面处，碳含量可以接近甚至超过碳在硅中的固溶度（$3.2\times10^{17}\ cm^{-3}$），从而有可能在硅锭上部发现 SiC 颗粒的存在。图 7-22 中进一步证实了碳浓度沿晶体生长方向的分布。

表 7-5　硅中氧与碳的一些参数对比

元　素	O	C
固溶度/cm^{-3}	2.75×10^{18}	3.2×10^{17}
扩散系数/$cm^2\cdot s^{-1}$	$0.17\exp(-2.54qV/kT)$	$0.33\exp(-2.92qV/kT)$
平衡分凝系数	1.25	0.07

对于氧含量较低的多晶硅材料，由于低氧，没有氧沉淀生成，所以也没有碳原子参与到氧沉淀之中；进一步地，碳浓度虽然很高，在这些温度长时间热处理时，依然没有氧沉淀生成。也就是说，如果铸造多晶硅中的氧浓度低，那么高的碳浓度可能对太阳电池的影响基本可以忽略。但是对于高氧高碳的铸造多晶硅材

料，低温预处理（有研究表明大概750℃左右）会极大地促进氧沉淀的生成，这是由于在低温下热处理时，有大量的氧沉淀核心生成，可以在高温（1050℃以上）时长大，导致氧沉淀量多。碳杂质在铸造多晶硅的两步热处理中可以很好地促进氧沉淀的生成。

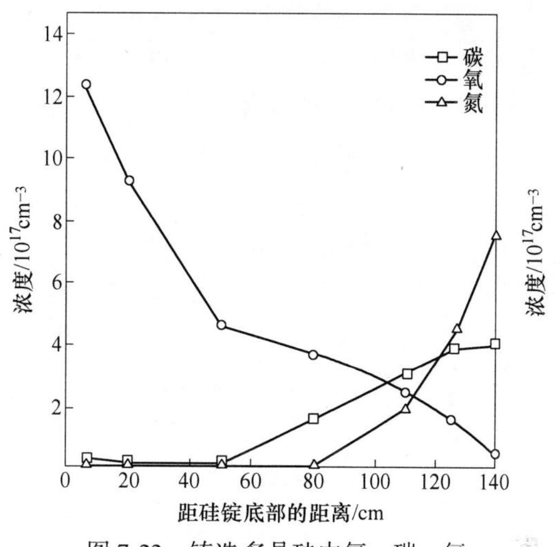

图 7-22　铸造多晶硅中氧、碳、氮杂质浓度沿晶体生长方向的分布

总的来说，单步热处理时，碳对氧沉淀的影响几乎可以忽略；但是，对于两步终处理，碳有明显促进氧沉淀的作用。也就是说，对于涉及两步热处理的太阳电池制备工艺，对碳的影响就不得不予以重视。

F　铸造多晶硅中的金属杂质

金属杂质特别是过渡金属杂质，在原生铸造多晶硅中的浓度一般都低于 1×10^{15} cm^{-3}，利用常规的物理技术（如二次离子质谱仪 SIMS）很难探测到，但是它们无论是以单个原子形式，或者以沉淀形式出现，都对太阳电池的效率有重要影响。金属杂质具有电活性，会影响载流子浓度；同时金属杂质也是深能级复合中心，能大幅度降低少子寿命，影响更为严重。

金属在铸造多晶硅中的基本性质如固溶度、扩散系数、分凝系数等，与直拉单晶硅中相同。但铸造多晶硅中含有晶界、位错等大量缺陷，使得金属杂质易于在这些缺陷处形成金属沉淀，这对太阳电池性能的破坏作用比在直拉单晶硅中更大。

Macdonald 等利用中子活化分析技术，研究了各种金属杂质在铸造多晶硅中沿晶体生长方向的浓度分布。图 7-23 所示为金属 Cu、Fe、Co 在铸造多晶硅中，自晶体上部到晶体底部的浓度分布。从图中可以看出，这三种金属杂质的浓度分别在上部和底部约 10%以内的区域内最高，在中部的浓度较低，显然金属杂质浓度高的部位材料的质量较差。在铸造多晶硅晶体的上部，是晶体最后凝固的区域。由于硅中金属的分凝系数一般都远小于 1，所以，最后凝固的这部分金属杂质浓度较高；而在铸造多晶硅的底部，虽然根据分凝，其金属杂质浓度应该较低。但是，由于这部分晶体紧靠石英坩埚，石英坩埚中的金属杂质会污染到这部分，所以晶体底部金属杂质浓度也较高。在这三种常见的金属中，Cu 的浓度最高，能达到 5×10^{15} cm^{-3}；Co 的浓度较低，低于 1×10^{13} cm^{-3}；Fe 的浓度居中，在

$1\times10^{13}\sim1\times10^{15}\mathrm{cm}^{-3}$之间。

图 7-24 所示为 Zn、Cr、Ag 和 Au 在铸造多晶硅中，自晶体上部（用横坐标 0 表示）到晶体底部（用横坐标 1 表示）的浓度分布，其杂质浓度都低于 $1\times10^{14}\mathrm{cm}^{-3}$，其中 Au 的浓度只有 $1\times10^{10}\mathrm{cm}^{-3}$左右。但与 Fe、Co、Cu 不同的是，其杂质浓度在晶体硅中自上部到底部基本相同。其原因可能在于：一是这类金属的扩散系数相对较小，在晶体硅中扩散相对较慢，因此从石英坩埚中得到的污染可能较少；二是硅片表面的金属污染，也就是说该类金属杂质在晶体硅中的浓度原本较小，在硅片制备过程中，有相对多的金属污染出现在硅片表面上，从而导致晶体上部、底部测得的相关金属浓度相似。

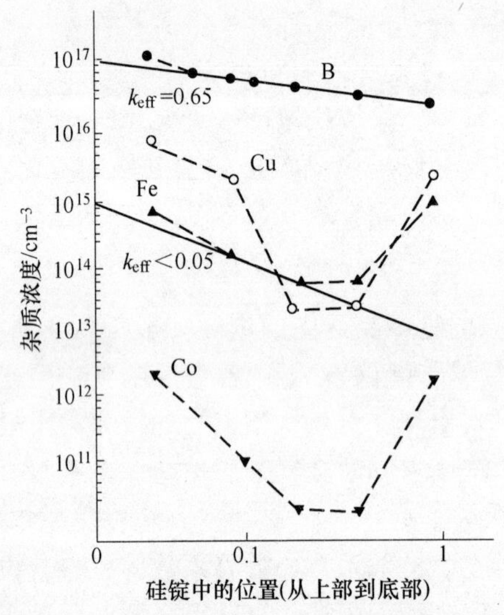

图 7-23　金属 Cu、Fe、Co 在铸造多晶硅中，自晶体上部（0）到晶体底部（1）的浓度分布（直线是根据分凝系数计算的浓度分布，B 的优先分凝系数采用 0.65，Fe 的有效分凝系数采用 0.05）

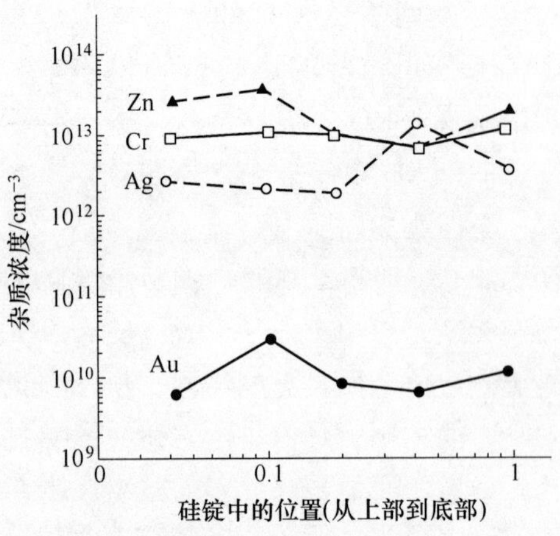

图 7-24　金属 Zn、Cr、Ag 和 Au 在铸造多晶硅中，自晶体上部（0）到晶体底部（1）的浓度分布

硅中的金属杂质浓度高于固溶度，金属就会在晶体中沉淀下来。由于硅中金属在室温下的固溶度一般都比较低，因此除了少量金属杂质，绝大多数金属都会以沉淀形式出现在铸造多晶硅中。例如，铸造多晶硅中 Fe 主要以间隙态 Fe 和沉淀 Fe 两种形式存在，研究表明间隙态 Fe 的浓度只有 Fe 总浓度的 1%左右，即绝大部分 Fe 杂质都以沉淀形式出现在铸造多晶硅中。

但是铸造多晶硅中金属沉淀的分布，又有与直拉单晶硅中不同的地方。一般对于直拉单晶硅，金属沉淀或者出现在硅片表面，或者以均质形核形式均匀地分布在晶体硅体内。如果有吸杂点存在，它们会沉淀在吸杂点附近。但是铸造多晶硅中含有大量的晶界和位错，这些缺陷成为金属沉淀的优先场所，因此铸造多晶硅中的金属常常沉淀在晶界和位错处。

一旦铸造多晶硅中的金属杂质形成沉淀，电活性下降，不会影响载流子浓度，但是金属沉淀可作为复合中心，严重影响少子寿命。

G 铸造多晶硅中的吸杂

由于在铸造多晶硅晶体生长、硅片加工和太阳电池制备过程中，都有可能引入金属杂质，而这些杂质无论是原子状态还是沉淀状态，最终都会对太阳电池的光电转换效率产生影响。因此很有必要对铸造多晶硅太阳电池进行金属吸杂，以减少这些杂质的负面作用。

吸杂技术在集成电路工艺中已经广泛使用于去除硅片表面器件有源区的金属杂质。“吸杂技术”是指在硅片的内部或背面有意造成各种晶体缺陷，以吸引金属杂质在这些缺陷处沉淀，从而在器件所在的近表面区域形成一个无杂质、无缺陷的洁净区。

应用于集成电路用单晶硅中的吸杂技术有多种，但是有些技术需要增加额外的设备和工艺，导致成本的增加，这对太阳电池的应用是不利的。因此太阳电池用晶体硅的吸杂工艺最好与原有的太阳电池制备工艺相兼容。目前对于铸造多晶硅而言，磷吸杂、铝吸杂以及磷-铝共吸杂是常用的吸杂技术。

硅太阳电池通常利用 P 型材料，然后进行磷扩散，硅片表面形成一层高磷浓度的 N 型半导体层，构成 PN 结。而磷吸杂则是利用同样的技术，在制备 PN 结之前，在 850~900℃左右热处理 1~2h，利用三氯氧磷（$POCl_3$）液态源，在硅片两面扩散高浓度的磷原子，产生磷硅玻璃（PSG），它含有大量的微缺陷，成为金属杂质的吸杂点；在磷扩散的同时，金属原子也扩散并沉积在磷硅玻璃层中；然后通过 HPO_3、HNO_3和 HF 等化学试剂，去除磷硅玻璃，将其中的金属杂质一并去除，然后再制备 PN 结，达到金属吸杂的目的。

图 7-25 所示为铸造多晶硅磷吸杂前后的杂质浓度，其磷吸杂温度为 900℃，时间为 90min，杂质的测试采用中子活化分析法。从图 7-25 中可以看出，杂质可以分为两类：一类是 As、Sb、Sn 和 Zn，属于替位态杂质；另一类是间隙态金属，为 Fe、Cu、Co、Cr、Ag。

对于替位态杂质，磷吸杂前后杂质浓度几乎没有变化，说明磷吸杂对它们没有影响，主要原因是替位态的杂质在扩散时，采用“踢出”机制，扩散速率较低，因此很难扩散到磷吸杂层而被去除。As、Sb 和 Sn 杂质，通常是晶体硅的掺杂剂，没有引入深能级中心，不会影响少数载流子寿命。虽然它们可以提供电子，但是由于浓度低于 $1\times10^{14}\,cm^{-3}$，与正常的太阳电池的掺杂浓度（$1\times10^{16}\,cm^{-3}$）相比很小，也不会影响载流子浓度。所以，这些杂质的存在以及不能被吸除对晶体硅的性能并没有影响。而 Zn 为金属杂质，会引入（$E_v+0.32eV$）和

(E_c-0.47eV) 深能级中心。有研究说明，当Zn浓度在$1\times10^{12}cm^{-3}$以上时，就会影响太阳电池的效率，这时就不能依靠磷吸杂来降低铝杂质浓度以减少其对性能的危害。

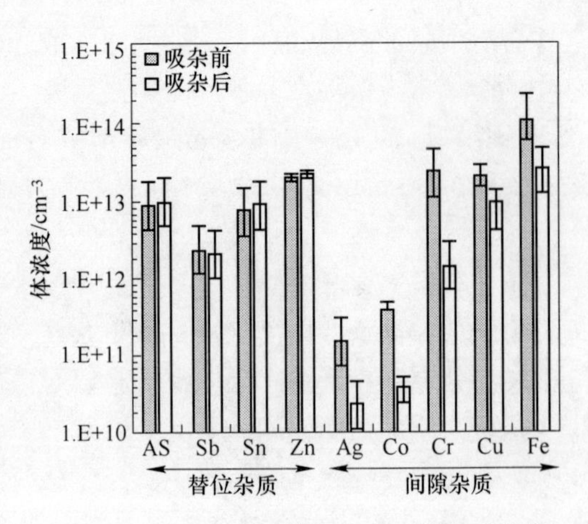

图7-25　铸造多晶硅磷吸杂前后的杂质浓度

另一类杂质是间隙态金属杂质，磷吸杂后其杂质浓度均有一定程度的下降，一般浓度降低幅度达到60%，表现出明显的金属吸杂效果。这是因为间隙态的金属以间隙方式扩散，扩散速率很高，所以易于被吸杂。另外，图7-25表明：即使经过磷吸杂，仍然有同数量级的金属杂质存在，磷吸杂效果不太明显，说明磷吸杂的效果还受到其他因素的制约，其中磷吸杂温度不高导致部分金属沉淀难以被溶解、被吸杂可能是原因之一。但是金属杂质浓度的降低还是大幅度改善了铸造多晶硅的材料性能，吸杂前后的少数载流子寿命测试表明，材料的少数载流子寿命由10μs变为60μs。

铸造多晶硅磷吸杂的效果与磷吸杂的温度和时间有关。研究表明高温和延长吸杂处理时间有利于提高金属吸杂效果。

一般认为金属杂质能够被吸除，需要经历三个主要步骤：一是原金属沉淀的溶解；二是金属原子的扩散，扩散到吸杂位置；三是金属杂质在吸杂点处的重新沉淀。

吸杂机理主要有两种：一种是松弛机理，它需要在器件有源区之外制备大量的缺陷作为吸杂点，同时金属杂质要有过饱和度，在高温处理后的冷却过程中进行吸杂；另一种是分凝机理，它是在器件有源区之外制备一层具有高固溶度的吸杂层，在热处理过程中，金属杂质会从低固溶度的晶体硅中扩散到吸杂层内沉淀，达到金属吸杂和去除的目的，其优点是不需要高的过饱和度。在不考虑动力学条件下，可以将晶体硅内的金属杂质浓度降到很低。

关于磷吸杂的机理，除了认为在磷硅玻璃中含有的大量缺陷能够吸引金属杂质沉淀外，也有研究者认为在磷硅玻璃中金属杂质的固溶度要远远大于金属杂质在晶体硅中的固溶度，因此磷硅玻璃中可以沉积更多的金属杂质。另外，磷在内扩散时在近表面形成高浓度磷层，由于磷原子处于替换位置，因此有大量的自间隙原子被“踢出”晶格位置，成为自间隙硅原子，它们聚集起来会形成高密度的位错等缺陷，同样可能成为金属杂质原子的沉积点，起到吸杂作用。

除了磷吸杂外，铝吸杂也是铸造多晶硅太阳电池工艺常用的吸杂技术，因为铝薄膜的沉积可以作为太阳电池的背电极，也可以起到铝背场的作用。铝吸杂一般是利用溅射、蒸发等技术在硅片表面制备一薄铝层，然后在 800~1000℃下热处理，使铝膜和硅合金化，形成 AlSi 合金，同时铝向晶体硅体内扩散，在靠近 AlSi 合金层处形成一高铝浓度掺杂的 P 型层。在铝合金化或后续热处理中，硅中的金属杂质会扩散到 AlSi 合金层或高铝浓度掺杂层沉淀，从而导致体内金属杂质浓度大幅度减小。然后将硅片在化学溶液中去除 AlSi 层、高铝浓度掺杂层，达到去除金属杂质的目的。

可以通过在多晶硅片上溅射了一定厚度 Al 膜后，进行二次离子质谱（SIMS）测量来分析多晶硅片中铝浓度的情况。一般高温热处理的 Al 浓度要比低温热处理的高。有研究指出，要形成有效的背场效应，只需要 0.6μm 厚的 Al 扩散层。

铝吸杂的机理和磷吸杂机理相似。AlSi 合金层中的高缺陷密度，或者 AlSi 层中高的金属杂质固溶度，或者高铝浓度掺杂层中的大量位错缺陷，是金属能被从体内吸除的主要原因。

另外，靠近 AlSi 合金层处形成的高铝浓度掺杂的 P 型层，当 AlSi 吸杂层被去除后，此 P 型层处于太阳电池的背面，形成一个背面场效应（back surface field，BSF），称为背场效应。背场效应可以减少背面表面复合，还可以提供一个额外的驱动力，促使电子向正面电极移动，增加了电流收集，改善了电池效率。

无论是磷吸杂还是铝吸杂，其吸杂效果和原始硅片的状态很有关系。实验表明，对于质量好、少数载流子寿命高的铸造多晶硅和直拉单晶硅，铝吸杂的效果并不明显。

间隙态的金属杂质容易被吸除，金属沉淀特别是在晶界、位错处的金属沉淀，很难被吸除。针对这一问题，可以首先利用高温（>1100℃）短时间热处理，使得金属沉淀重新溶解在晶体内，以间隙态或替位态存在，然后缓慢降温，使得这些金属离子扩散到近表面处的磷吸杂层或铝吸杂层，最后予以去除。

在实际铸造多晶硅太阳电池工艺中，常将铝吸杂和磷吸杂结合使用，以提高金属吸杂的能力。采用磷-铝共吸杂，通过测得吸杂后样品的少子寿命以及其后所制备的电池效率，发现采用磷-铝共吸杂的吸杂效果可能比普通的磷吸杂或铝吸杂还要好。在实验中分别采用两种吸杂技术后比较样品的吸杂效果，结果显示即使在硅锭的不同凝固位置处，采用磷-铝共吸杂后样品的少子寿命都比单纯采用磷吸杂的样品要高一些。图 7-26 显示了采用磷-铝共吸杂前后样品的少子寿命分布图，可以发现，对样品采用磷-铝共吸杂后，硅片的少子寿命最高可以比原先提高 7~8 倍。

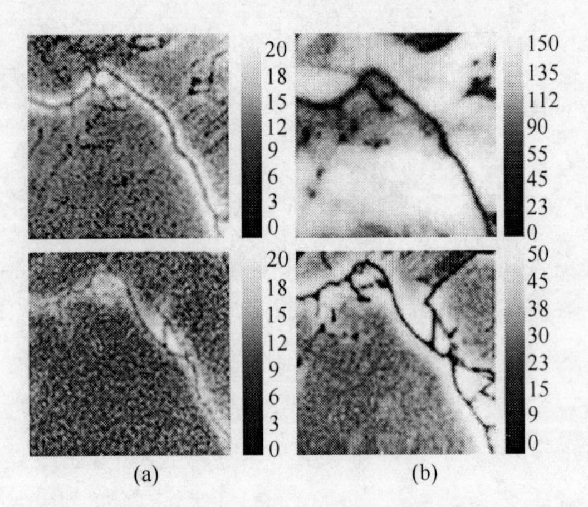

图 7-26　磷-铝共吸杂前后少子寿命分布图的对比

（a）共吸杂前；（b）共吸杂后

8 硅材料加工

20 世纪 90 年代，太阳能光伏工业还是主要建立在单晶硅的基础上。虽然单晶硅太阳电池的成本在不断下降，但是与常规电力相比还是缺乏竞争力，因此，不断降低成本是光伏界追求的目标。自 20 世纪 80 年代铸造多晶硅被开发出以来，其应用增长迅速，80 年代末期它仅占太阳电池材料的 10%左右，而在 1996 年底它已占整个太阳电池材料的 36%左右，1998 年后，多晶硅电池占据第一位，首次超过了单晶硅电池，它以相对低成本、高效率的优势不断挤占单晶硅市场，成为最有竞争力的太阳电池材料之一。21 世纪初已占 50%以上，成为最主要的太阳电池材料之一。表 8-1 列出了单晶硅与多晶硅相关方面的比较。

表 8-1　单晶硅与多晶硅相关方面的比较

	单晶硅	多晶硅
制备方法	直拉单晶法（CZ）	铸造多晶法（mc）
硅片大小	100mm×100mm，125mm×125mm，150mm×150mm	100mm×100mm，150mm×150mm，210mm×210mm
硅片电阻率/Ω · cm	1~3	0.5~2
硅片厚度/μm	200~300	220~300
电池效率	15%~17%	14%~16%
主要优点	转换效率高、杂质浓度低、质量高	材料利用率高、能耗小、成本低、尺寸较大
主要缺点	材料浪费大、能耗高、成本高、尺寸较小	有晶界、晶粒、位错、微缺陷、较高杂质

太阳电池产品需要高纯的原料，对于太阳电池要求硅材料的纯度至少是 99.99998%，即我们所说的至少 6 个 9。从二氧化硅到适用于制作太阳电池用的硅片，需要经过漫长的生产工艺和过程。一般可大致分为：二氧化硅→冶金级硅→高纯三氯氢硅→高纯多晶硅原料→单晶硅棒或多晶硅锭→硅片→太阳电池→电池组件。而单晶硅棒或多晶硅锭制成硅片是一个重要的过程，它对太阳电池性能和效率有重要的影响。

太阳电池用单晶硅片，一般有两种形状：一种是圆形，另一种是方形。区别是：圆形硅片是割断滚圆后，利用金刚石砂轮磨削晶体硅的表面，可以使得整根单晶硅的直径统一，并且能达到所需直径，如直径 78.2mm（3 英寸）或 101.6mm（4 英寸）的单晶硅，后直接切片，切片是圆形；而方形硅片则需要在切断晶体硅后，进行切片方块处理，沿着晶体棒的纵向方向，也就是晶体的生长方向，利用外圆切割机将晶体硅锭切成一定尺寸的长方形硅片，其截面为正方形，通常尺寸为 100mm×100mm、125mm ×125mm 或 150mm×150mm。在太阳能效率和成本方面，其主要区别为：圆形硅片的材料成本相对于方形硅片较低，组成组件时，圆形硅片的空间利用率比方形硅片低，要达到同样的太阳电池输出功率，正方形硅片的太阳电池组件板的面积小，既利于空间的有效利用，也降低了太阳电池的总成本。因此，对于大直径单晶硅或需要高输出功率的太阳电池，其硅片的形状一般为方形。

本章主要介绍单晶硅的加工和多晶硅的加工及清洗、抛光等，重点介绍单晶硅的加工。

8.1　单晶硅的加工

传统的圆形硅片加工的具体工艺流程一般为：

单晶炉取出单晶→检查称重量，量直径和其他表观特征→切割分段→测试→清洗→外圆研磨→检测分档→切片→倒角→清洗→磨片→清洗→检验→测厚分类→化学腐蚀→测厚检验→抛光→清洗→再次抛光→清洗→电性能测量→检验→包装→贮存。其中，检测项目包括直径、划痕、破损、裂纹、方向指示线（标明头尾）、定位面、长度、重量，导电类型、电阻率、电阻率均匀性、少数载流子寿命，位错、漩涡缺陷和其他微缺陷等。圆形硅片其主要工序步骤如图 8-1 所示，方形硅片其主要工序步骤如图 8-2 所示。

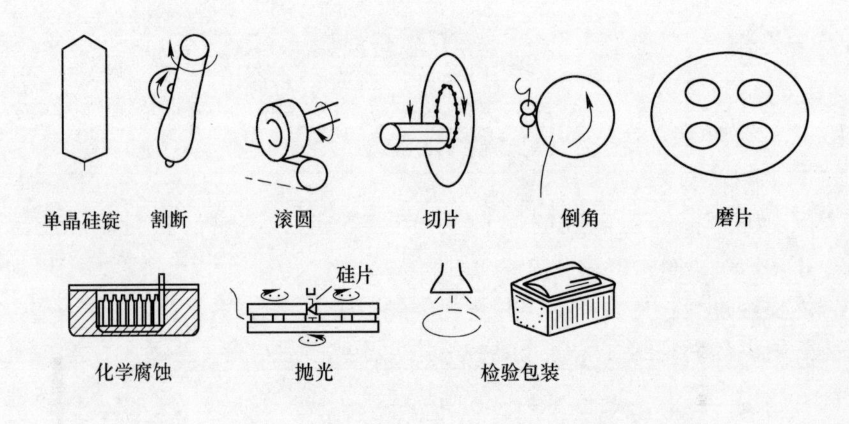

图 8-1　圆形硅片加工的主要步骤

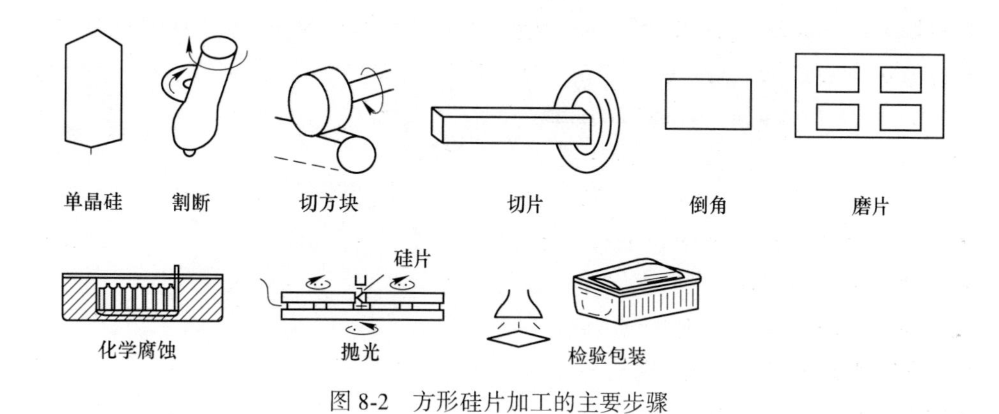

图 8-2　方形硅片加工的主要步骤

直拉单晶硅生长完成后呈圆棒状，而太阳电池需要利用硅片，因此，单晶硅生长完成后需要进行机械加工。对于不同的器件，单晶硅需要不同的机械加工程序。对于大规模集成电路所用单晶硅而言，一般需要对单晶硅棒进行切断、滚圆、切片、倒角、磨片、化学腐蚀和抛光等一系列工艺，在不同的工艺间还需进行不同程度的化学清洗。而对于太阳电池用单晶硅而言，硅片的要求比较低，通常应用前几道加工工艺，即切断、滚圆、切片、倒角、磨片和化学腐蚀等。为了便于理解，我们将一一介绍大规模集成电路的硅片加工工艺，并与太阳电池硅片进行对比。

8.1.1　硅抛光片的几何参数及一些参数定义

集成电路硅片的规格要求比较严格，必须有一系列参数来表示和限制。主要包括：硅片的直径或边长，硅片的厚度、平整度、翘曲度及晶向的测定，下面分别一一介绍。

（1）硅片的直径（边长）、厚度是硅片的重要参数。如果硅片的直径（边长）太大，基于硅片的脆性，要求厚度增厚，这样就浪费昂贵的硅材料，而且平整度难以保证，对后续加工及电池的稳定性影响较大；直径或边长太小，厚度减小，用材少，平整度相对较好，电池的稳定性较好，但是硅片的后续加工会增加电极等方面的成本。一般情况下，太阳电池的硅片是根据硅锭的大小设置直径或边长的大小，一般的圆形单晶、多晶硅硅片的直径为 78. 2mm 或 101. 6mm，而单晶正方形硅片的边长为 100mm、125mm、150mm，多晶正方形硅片的边长为 100mm、150mm、210mm。

（2）硅片的平整度是硅片最重要的参数，它直接影响到硅片可以达到的特征线宽和器件的成品率，对于太阳能硅片则影响转换效率和寿命。不同级别集成电路的制造需要不同的平整度参数。平整度目前分为直接投影和间接投影，直接投影的系统需要考虑的是整个硅片的平整度，而分步进行投影的系统需要考虑的是投影区域的局部的平整度。太阳能硅片要求较低，硅片的平整度一般用 TIR 和 FPD 这两个参数来表示。

1）TIR（total indication reading）表示法。对于在真空吸盘上的硅片的上表面，最常用的参数是用 TIR 来表示。如图 8-3 所示，假定一个通过对于硅片的上表面进行最小二次方拟合得到的参考平面，TIR 定义则为相对于这一参考平面的最大正偏差与最大负偏差之和。

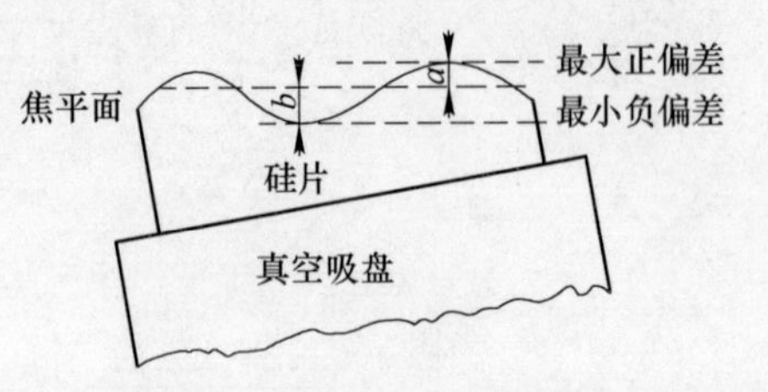

图 8-3　TIR 和 FPD 的定义

$$\mathrm{TIR} = a + b \tag{8-1}$$

2）FPD（focal plane deviation）表示法。如果选择的参考面与掩膜的焦平面一致，FPD 定义则是相对于该参考面的正或负的最大偏差中数值较大的一个，如图 8-3 所示。

$$\mathrm{FPD}=\begin{cases}a\ (a > b)\\ b\ (a < b)\end{cases} \tag{8-2}$$

（3）硅片的翘曲度是衡量硅片的参数之一，它也影响到可以达到的光刻的效果和器件的成品率。不同级别集成电路的制造需要不同的翘曲度参数，硅片的翘曲度一般用 BOW、TTV 和 WARP 这三个参数来表示。

1）BOW 表示法。BOW 表示法的定义是处于没有受到夹持或置于真空吸盘上的状态下，整个硅片的凹或凸的程度，相比较而言，该方法与硅片厚度变化无关。如图 8-4 所示，读取 a 和 b，BOW 的数值为：

$$\mathrm{BOW} = (a - b)/2 \tag{8-3}$$

假定表面很平坦，在真空吸盘的吸力下，一定范围内的 BOW 可能并不影响光刻的效果。在某些情形下，受到真空吸盘的吸力作用，BOW 的影响可能并不能去除。

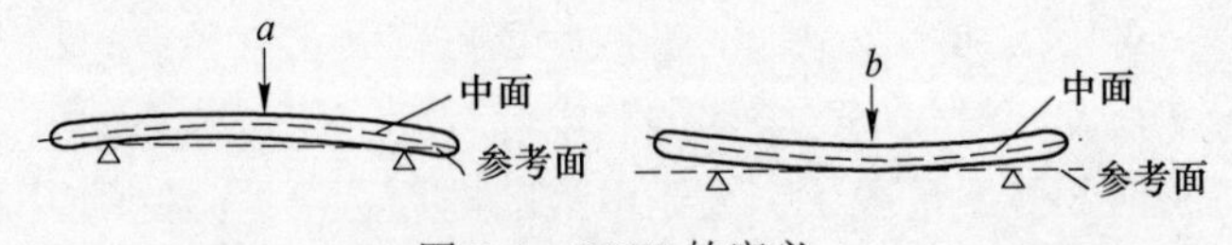

图 8-4　BOW 的定义

2）TTV、WARP 表示法。总厚度偏差 TTV（total thickness variation）定义为：硅片厚度的最大值与最小值之差。翘曲度（WARP）的定义为：硅片的中面与参考面之间的最大距离与最小距离之差。图 8-5 表示了几种典型的畸变硅片的开关与相应的 TTV 和 WARP 参数。

下面对于一些不规则形状的硅片进行分析，放大以后的硅片形状如图 8-6 所示。

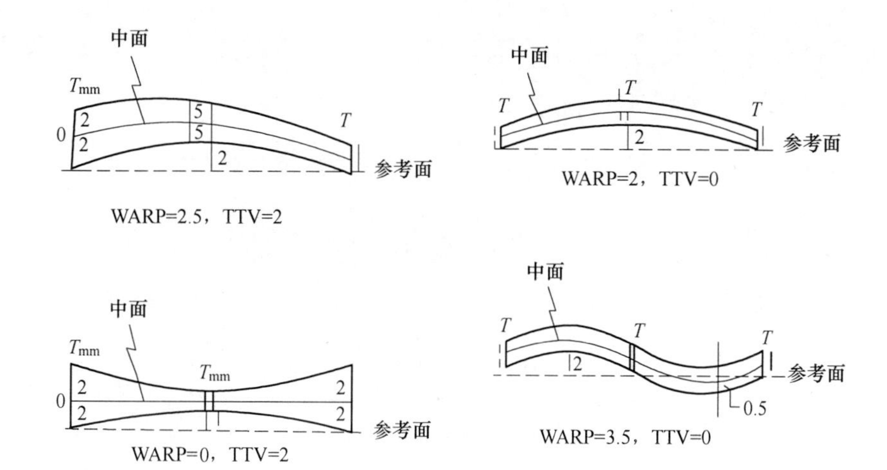

图 8-5 WARP 和 TTV 的定义

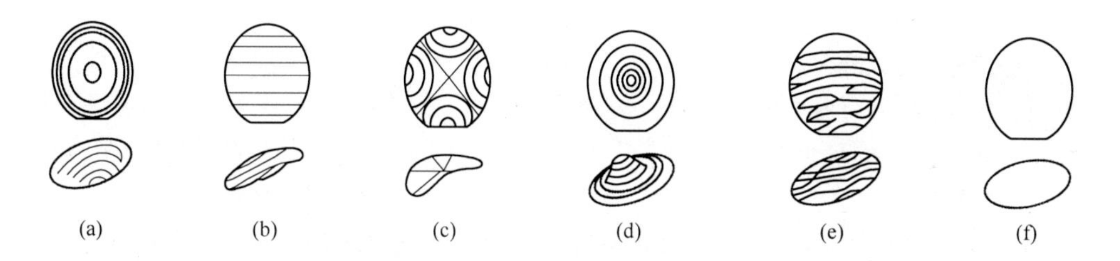

图 8-6 几种不规则形状硅片的示意图

（a）球形面；（b）柱形面；（c）鞍形面；（d）帽形面；（e）波形面；（f）平面

为了更好地研究硅片的形状不规则性情况，我们要了解不规则形状的硅片的内在特性（即弹性形变和塑性形变）。图 8-7 列出了几种常见类型的硅片的翘曲程度。表 8-2 中列出了图 8-7 所示的几种类型的硅片翘曲的内在特性。

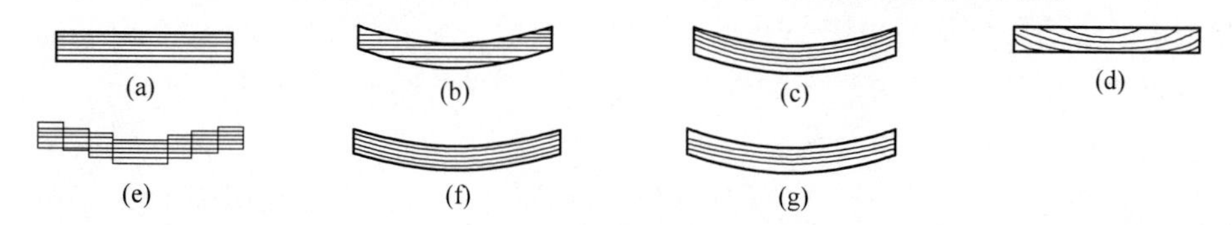

图 8-7 硅片翘曲的类型示意图

表 8-2 硅片翘曲的内在特性

翘曲的类型	表面特征	晶格弯曲度	弹性畸变	塑性畸变
（a）	平坦	平坦	无	无
（b）	弯曲	平坦	无	无
（c）	弯曲	弯曲	有	无

续表 8-2

翘曲的类型	表面特征	晶格弯曲度	弹性畸变	塑性畸变
(d)	平坦	弯曲	有	无
(e)	弯曲	平坦	有	有
(f)	弯曲	弯曲	有	有
(g)	弯曲	弯曲	有	有

从表 8-2 和图 8-7 可以看出：理想的硅片（a）既没有弹性形变也没有塑性形变；形状不规则的硅片（b）从晶格完整性的角度看是完美的，因此也像硅片（a）一样既没有弹性形变也没有塑性形变；硅片（c）背面沉积有薄膜，后续的热循环处理中会在接近背面的区域产生晶格缺陷；硅片（d）从外形来看与硅片（a）完全相同，但是却存在归因于弯曲的晶格的弹性形变；硅片（e）具有单一的塑性形变，这种情形是硅中的滑移位错在 {111} 面上向硅片表面运动的结果，并伴随有滑移位错所引起的比其他情形小得多的弹性应变；硅片（f）、(g) 为经过非特征吸杂处理的硅片，硅片（f）上存在背面损伤层，硅片（g）背面沉积有薄膜，例如多晶硅或氮化硅薄膜，这些薄膜在其形成初期时可能并不引起塑性变形，但是在后续的热循环中会在接近背面的区域产生晶格缺陷，这些晶格缺陷会引起塑性形变。硅片（b）和（e）的畸变可以在磨片过程中加以去除，但是在大多数情形下，已经存在的硅片畸变难以通过磨片工序加以除去，因此在切片时必须仔细操作以避免产生切割出的硅片的畸变。

但是，太阳电池所用硅片对这些参数的要求不是很高，通常平行度和翘曲度的检查只是对硅片的厚度进行控制。但是，平行度和翘曲度过大，在太阳电池加工和组件加工过程中，会造成硅片碎裂，导致生产成本增加。

(4) 晶向的测定也是一个重要的参数。晶向是指晶列组的方向，它用晶向指数表示。半导体集成电路是在低指数面的半导体衬底上制作的。硅 MOS 集成电路硅片通常为（100）晶面的硅片，硅双极集成电路硅片通常为（111）晶面或（100）晶面的硅片。

硅片表面的晶体取向对于器件制造较为重要，在单晶切割、定位面研磨和切片操作之前都要进行晶向定向，使晶向及其偏差范围符合工艺规范的要求。晶向测定的方法主要是 X 射线法。X 射线法的精度较高，已经得到了广泛应用。

但是，对太阳电池所用硅片通常不进行晶向的检查，只是对硅片的厚度进行控制。

8.1.2　割断

割断是指在晶体生长完成取出后，沿垂直于晶体生长的方向切去晶体硅头和硅尾无用的部分，即头部的籽晶和放肩部分以及尾部的收尾部分。一般利用外圆切割机进行切断，而大直径的单晶硅，一般使用带式切割机来割断。切断后所形成的是圆柱体，其截面是圆形。

8.1.3 滚圆和切方块

无论是直拉单晶硅还是区熔单晶硅，由于晶体生长时的热振动、热冲击等一些原因，晶体表面都不是非常平滑的，整根单晶硅的直径有一定偏差起伏；而且晶体生长完成后的单晶硅棒表面存在扁平棱线，所以需要进一步加工，使得整根单晶硅棒的直径达到一个统一，以便今后的材料和器件加工工艺中操作。一般是利用金刚石砂轮磨削晶体硅的表面，可以使得整根单晶硅的直径统一，并且能达到所需直径。而切方块也就不需要进行滚圆这个工序，只需先进行切方块处理，沿着晶体棒的纵向方向，也就是晶体的生长方向，利用外圆切割机将晶体硅锭切成一定尺寸的长方体硅片，其截面为正方形。

滚圆或切方块会在晶体硅的表面造成严重的机械损伤，因此磨削加工所达到的尺寸与所要求的硅片尺寸相比要留出一定的余量。对于轻微裂纹，会在其后的切片过程中引起硅片的微裂纹和崩边，所以在滚圆或切方块后一般要进行化学腐蚀等工序，去除滚圆或切方块的机械损伤。

8.1.4 切片

在单晶硅滚圆或切方块工序完成后，接着需要对单晶硅棒切片。切片是硅片制备中的一道重要工序之一，微电子工业用的单晶硅在切片时，硅片的厚度、晶向、翘曲度和平行度是关键参数，需要严格控制。经过这道工序晶锭重量损耗了大约三分之一。

太阳电池用单晶硅片的厚度约为 200～300μm，也有报道硅片厚度可为 150μm 左右。单晶硅锭切成硅片，通常采用内圆切割机或线切割机。内圆切割机是高强度轧制圆环状钢板刀片，外环固定在转轮上，将刀片拉紧，环内边缘有坚硬的颗粒状金刚石，如图 8-8 所示。切片时，刀片高速旋转，速度达到 1000～2000r/min。在冷却液的作用下，固定在石墨条上的单晶硅向刀片会做相对移动。这种切割方法，技术成熟，刀片稳定性好，硅片表面平整度较好，设备价格相对较便宜，维修方便。但是由于刀片有一定的厚度，在 250～300μm 左右，约有 1/2 的晶体硅在切片过程中会变成锯末，所以这种切片方式的晶体硅材料的损耗很大；而且，内圆切割机切片的速度较慢，效率低，切片后硅片的表

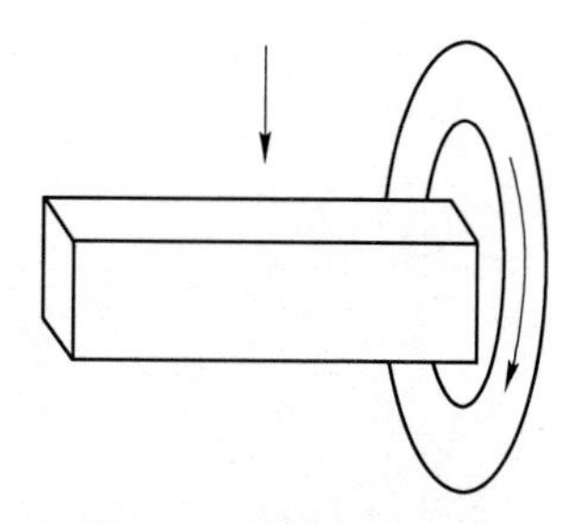

图 8-8 单晶硅正方形硅片的内圆切割示意图

面损伤大。

另一种切片方法是线切割，通过粘有金刚石颗粒的金属丝的运动来达到切片的目的，如图 8-9 所示。线切割机的使用始于 1995 年，一台线切割机的产量相当于 35 台内圆切割机。通常线切割的金属直径仅只有 180μm，对于同样的晶体硅，用线切割机可以使材料损耗降低在 25%左右，所以切割损耗小，而且线切割的应力小，切割后硅片的表面损伤较小；但是，硅片的平整度稍差，设备相对昂贵，维修困难。太阳电池用单晶硅片对硅片平整度的要求并不高，因此线切割机比较适用于太阳电池用单晶硅的切片。切片结束后，将硅片清洗，检测厚度、翘曲度、平整度、电阻率和导电类型。

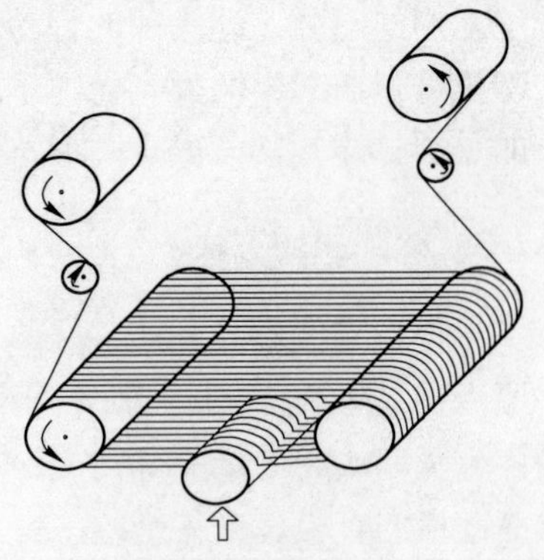

图 8-9　单晶硅圆形硅片的线切割示意图

8.1.5　倒角

倒角工艺是用具有特定形状的砂轮磨去硅片边缘锋利的崩边、棱角、裂缝等。硅片边缘锋利的崩边、棱角、裂缝等会给以后的表面加工和集成电路工艺带来以下一些危害：

（1）使硅片在加工和维持过程中容易产生碎屑，这些碎屑会对硅片表面造成损伤，损坏光刻掩膜，使图形产生针孔等问题；

（2）在硅片后续热加工（如高温氧化，扩散等）过程中，棱角、崩边、裂缝处的损伤会在硅片中产生位错，并且这些位错会通过滑移或增殖过程向晶体内部传播；

（3）在硅片外延工艺中，硅片边缘的棱角、崩边、裂缝的存在还会导致外延的产生。

8.1.6　磨片

切片完成以后，对于硅片表面要进行研磨机械加工。磨片工艺要达到如下的目的：

（1）去除硅片表面的刀疤，使硅片表面加工损伤均匀一致；

（2）调节硅片厚度，使片与片之间厚度差逐渐缩小，并提高表面平整度和平行度。

磨片机通常为行星式结构。存在上磨盘公转，上磨盘自转，下磨盘自转和硅片自转四种运动，可以对硅片正反两面同时实现均匀的研磨。在实际研磨的过程中，由于硅片的硬度，应使上盘压力逐渐增大，最终使硅片承受压力达到一定数值。

磨片工艺的质量和研磨速率主要取决于磨料的粒度、浓度、性质，硅片所受的压强，研磨时间等因素有关。磨片工艺中较常出现的问题主要有如下三种：

（1）硅片表面会出现浅而粗短的划伤。这种损伤是磨料颗粒不均匀所引起的，这就要求磨料颗粒均匀，注意设备的清洁。

（2）硅片表面会出现深而细长的划伤。这种损伤很可能是磨料中混入了尖硬的其他颗粒。

（3）硅片表面有裂纹。这种损伤一般是由于上磨盘压力太大所引起的。

在实际研磨过程中要不断加入研磨剂。硅是一种硬度很高的材料，所以能够用于研磨硅晶体的磨料必须具有比硅更高的硬度。目前可以作为硅片研磨的磨料材料主要 Al_2O_3、SiC、ZrO_2、SiO_2、B_4C 等高硬度材料，其中以 Al_2O_3 和 SiC 应用较为普遍。磨料的粒径应该尽可能地均匀，对最大粒径应有明确的规定，混入磨料中的少量大颗粒可能会在硅片表面产生严重的划伤。

实际应用的研磨剂是用粉末状磨料与矿物油配制而成的悬浮液，在使用前研磨剂应进行充分的搅拌，经过研磨的硅片从上向下看可以大致地划分为多晶层、镶嵌层、高缺陷层和完整晶体等层。

8.1.7 化学腐蚀

切片后，硅片表面有机械损伤层，目前利用 X 射线双晶衍射的方法来测量硅片的机械损伤层厚度。因此，一般切片后，在制备太阳电池前，需要对硅片进行化学腐蚀，去除损伤层。每化学腐蚀一次，进行一次 X 射线双晶衍射，目的是考虑是否进一步进行化学腐蚀。

腐蚀液的类型、温度、配比、搅拌与否以及硅片放置的方式都是硅片化学腐蚀效果的主要影响因素，这些因素既影响硅片的腐蚀速度，又影响腐蚀后硅片的表面质量。目前使用较多的是氢氟酸、硝酸和乙酸混合的酸性腐蚀液，以及氢氧化钾或氢氧化钠等碱性腐蚀液。对于太阳电池用晶体硅的化学腐蚀，一般利用氢氧化钠腐蚀液，腐蚀深度要超过硅片机械损伤层的厚度，约为 20~30μm。

8.1.8 抛光

在氢氧化钠化学腐蚀时，采用 10%~30% 的氢氧化钠水溶液，温度 80~90℃，将硅片浸入腐蚀液中，腐蚀液不需搅拌，腐蚀后硅片的平行度较好；碱腐蚀后硅片表面相对比较粗糙。如果碱腐蚀的时间较长，硅片表面还会出现像金字塔结构的形状，称为“绒面”，这种“绒面”结构有利于减少硅片表面的太阳光反射，增加光线的入射和吸收。所以在单晶硅太阳电池实际工艺中，一般将化学腐蚀和绒面制备工艺合二为一，以节约生产成本。而酸腐蚀，主要是浓硝酸等，

会产生一些如 NO_x 等有毒气体。

抛光是硅片表面的最后一次重要加工工序，也是最精细的表面加工。抛光工艺的目的是获得洁净无损伤、平整的硅片表面。我国国家标准关于抛光片的几何尺寸参数的规定如表 8-3 所示。

表 8-3 硅抛光片的几何尺寸参数

硅片直径/mm	50.8	78.2	100	125	150
直径误差/mm	±0.4	±0.5	±0.5	±0.3	±0.3
硅片厚度/mm	280	381	525	625	675
厚度误差/mm	±20	±20	±20	±15	±15
总厚度误差（≤）/mm	8	10	10	10	10
翘曲度（≤）/mm	25	30	43	40	50
平整度（≤）/mm	3	6	6	5	5
主参考面长度/mm	16±2	22.5±2.5	32.5±2.5	32.5±2.5	57.8±2.5
副参考面长度/mm	8±2	1.5±1.5	13±2	27.5±2.5	37.6±2.5
崩边（≤）/mm	0.3	0.3	0.3	0.8	0.2

8.1.8.1 抛光原理

抛光工艺依据抛光液和硅片表面之间的作用在原理上可以分为三类：

(1) 机械抛光法。机械抛光原理与磨片工艺相同，但所采用的磨料颗料更细些。机械抛光的硅片一般表面平整度较高，但损伤层较深，若采用极细的磨料则抛光速度很慢。目前工业上机械抛光法一般已不采用。

(2) 化学抛光法。化学抛光常用硝酸与氢氟酸混合腐蚀液进行。经化学抛光的硅片表面可以做到没有损伤，抛光速度也较高，但平整度相对较差，因此在工业生产中化学抛光一般作为抛光前的预处理，而不单独作为抛光工艺使用。

(3) 化学-机械抛光法。化学-机械抛光法利用抛光液对硅片表面的化学腐蚀和机械研磨同时作用，兼有化学抛光和机械抛光两种抛光法的优点，是现代半导体工业中普遍应用的抛光方法。

化学-机械抛光法所采用的抛光液较多是由抛光粉和氢氧化钠溶液酿成的胶体溶液。抛光粉通常为 SiO_2 或 ZrO_2，不宜用硬度太高的材料。

8.1.8.2 抛光设备

抛光机的典型结构如图 8-10 所示。贴有硅片的平板安装在抛光机上盘的下面，上盘可以升降和调整压力。下盘是一个直径很大的圆盘，内部需要通水冷却，表面覆盖韧性多孔的聚酯或聚氨酯质的抛光布。抛光时下盘在电机带动下转动。粘有硅片的平板可绕自己的轴转动，以保证抛光的均匀，抛光液从下盘中央注入，在离心力作用下向周围散开。抛光过程中则由测温仪控制盘温。在摩擦产生的热的促进下，抛光液中的 OH^-要使硅片表面氧化，同时抛光液中的抛光粉颗粒将氧化层磨去，这样就起到将硅片表面逐渐抛光的作用。

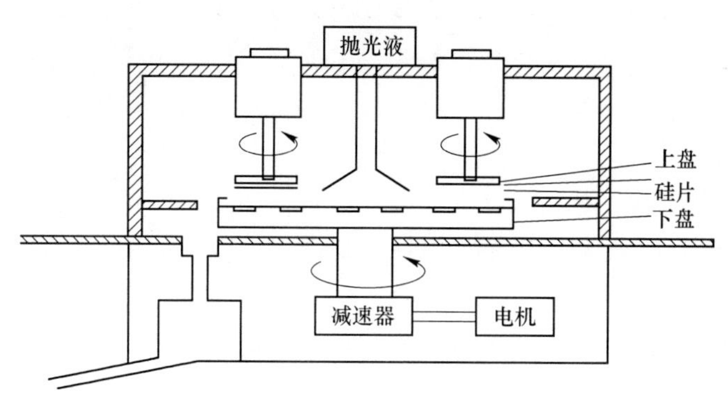

图 8-10 抛光机的结构示意图

8.1.8.3 硅片抛光工艺

一般来说，硅片需要经过两次抛光，表面才能达到集成电路工艺的要求。第一次抛光的目的是去除硅片表面残留的机械损伤，一般要求从表面除去 30μm 厚度。第二次抛光的目的是去除第一次抛光在硅片表面留下的轻微损伤和云雾状缺陷，要求从表面除去 2~3μm。太阳电池一般用第一次抛光即可。

一般采用碱性二氧化硅胶体化学机械抛光工艺，依次对硅片进行粗抛和精抛加工。为确保抛光片的加工精度，抛光加工时应注意如下几方面的主要一些问题：

（1）抛光前对硅片进行腐蚀后按厚度分档上机抛光。抛光前的工艺过程中须留有足够的可加工余量，以彻底去除硅片表面的机械损伤。

（2）选用合适的硅片贴片工艺，包括有蜡贴片或无蜡贴片。有蜡贴片与无蜡贴片相比较，前一种方法容易获得高精度的 TTV、TIR；经无蜡贴片抛光的硅片 TTV、TIR 等参数虽然可能比有蜡贴片较差，但是无蜡抛光避免了有蜡抛光所需要的贴片及去蜡的复杂工艺以及蜡和其他有机物的沾污，可以简化抛光片的后续清洗工艺。只要正确控制抛光工艺，无蜡抛光也能抛出高质量的硅片。

（3）根据所加工的硅片的规格、品种要求选用合理的抛光工艺条件。

即使在抛光状态好时加工成的抛光片的几何参数比较好，随着抛光布使用时间的增加，抛光速率会下降，几何参数也会变坏；随着压力的增加，抛光速率会增大。但压力过高会造成机械-化学作用的不平衡，引入应力，使抛光表面产生层错。在执掌过程由于 OH^- 的不断消耗，抛光液的 pH 值将会逐渐下降。需要用氢氧化钾溶液调整其 pH 值，使其始终控制在 10.5 ~ 11.0，这样可以使抛光液对抛光速率及抛光片参数影响较小。为了减少加工过程中的颗粒沾污，应在清净区进行抛光。

抛光以后应对硅片进行检验。除了全部硅片要按表 8-2 的要求测试厚度和平行度，抽样测试翘曲度以外，还应用聚光灯和肉眼检查硅片表面。用聚光灯检查抛光片表面缺陷效果很好。在聚光灯强光照射下，表面凹坑或凸起能使硅片表面反射光产生明显的照度抬头，观察者可以一看便知。表面有凹坑时，反射光的照度分布如图 8-11 所示。

划痕和其他表面缺陷也可用聚光镜检查出来。如发现有划痕和桔皮状缺陷的硅片，则表面还需再次抛光；如发现塌边或凹坑，则硅片应报废。以肉眼检查的项目还有破碎、腐蚀孔及背面划伤和沾污。通过以上检测的硅片经过清洗以后还应进行一次表面检查方可装入片架作为合格产品。在最终检验中，在聚光灯下检查，要求无划道、蚀坑、沾污、崩边、裂纹、凹坑、沟、小丘、桔皮、雾、波纹、刀痕、微粒等表面。若表面存在以上问题，则就重新抛光。太阳电池一般不需要进行抛光。图 8-12 为加工后单晶硅片正面示意图之一。

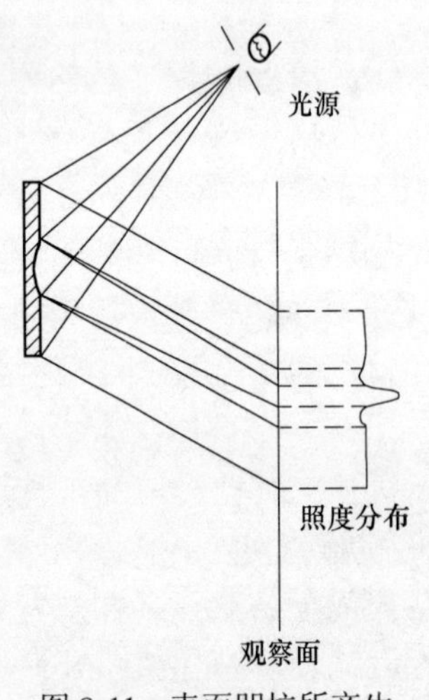

图 8-11　表面凹坑所产生的反射光照度分布

图 8-12　单晶硅片正面示意图之一

8.1.9　包装和储存

合格的抛光片对其包装、储存、运输等环节也有要求，如果处理不当会造成抛光片的二次沾污面影响产品质量。例如，要降低硅片的有机物含量，包装、储存环境则是关键所在。

8.1.9.1 抛光片的超净防静电包装

对于硅抛光片的包装要注意以下一些问题：

(1) 包装时应保证一定的温度、湿度、洁净度和良好的气氛环境；

(2) 包装材料应能保证硅抛光片包装后不会受挤压、擦伤和沾污，一般采用符合较高洁净度要求的内包装袋，并用可靠的真空或充氮方式进行热压焊封口。

8.1.9.2 抛光片的储存

由于硅抛光片表面的化学性质活泼，虽然硅抛光片在包装时一般都采用了真空或充氮密封包装等措施，硅抛光片的储存期仍不宜过长。

8.2 多晶硅的加工

通常高质量的铸造多晶硅应该没有裂纹、孔洞等宏观缺陷，晶锭表面平整。铸造多晶硅呈多晶状态，晶界和晶粒清晰可见，一般晶粒的大小可以达到 10mm 左右。

铸造完多晶硅后，一般是一个方形的铸锭，不需要进行割断、滚圆等工序，只是在晶锭制备完成后，切成面积为 100mm×100mm、150mm×150mm、210mm×210mm 的方柱体，最后利用如图 8-13 所示线切割机切成硅片。相比单晶硅的硅片加工少两步主要工序，减少了生产成本，对于单晶来说，单晶还需要用多晶硅拉成单晶硅，而多晶硅的制备就不需要拉成单晶硅这一步，减少了成本。

切割硅片后，还需要进行倒角、磨片、化学腐蚀、抛光等工艺，与单晶硅的加工相似，这里就不重复了。图 8-14 为铸造多晶硅经过倒角、磨片、化学腐蚀、抛光等工艺后的硅片方形正面图。

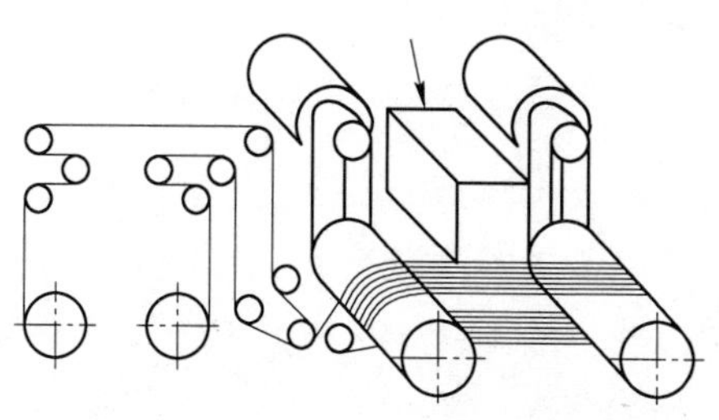

图 8-13 铸造多晶硅晶锭的线切割示意图

图 8-14 铸造多晶硅的方形正面图

不管是单晶硅还是多晶硅的硅片，再经过一些后续加工和工艺处理，就能做成如图 8-15 所示的单晶硅方形太阳电池和如图 8-16 所示的多晶硅方形太阳电池。

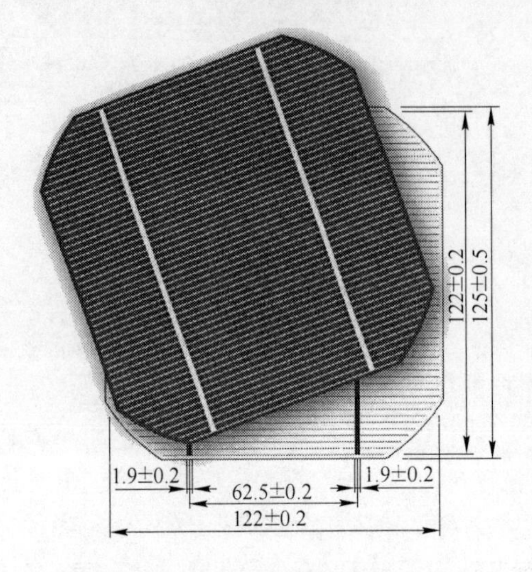

图 8-15　单晶硅方形太阳电池示意图

图 8-16　多晶硅方形太阳电池示意图

8.3　硅片腐蚀和抛光工艺的化学原理

在半导体材料硅的表面清洁处理，硅片机械加工后表面损伤层的去除、直接键合硅片的减薄、硅中缺陷的化学腐蚀等方面要用到硅的化学腐蚀工艺。下面讨论硅片腐蚀工艺的化学原理和抛光工艺的化学原理。

8.3.1　硅片腐蚀工艺的化学原理

硅表面的化学腐蚀一般采用湿法腐蚀，硅表面腐蚀形成随机分布的微小原电池，腐蚀电流较大，一般超过 $100A/cm^2$，但是出于对腐蚀液高纯度和减少可能金属离子污染的要求，目前主要使用氢氟酸（HF）、硝酸（HNO_3）混合的酸性腐蚀液，以及氢氧化钾（KOH）或氢氧化钠（NaOH）等碱性腐蚀液。现在主要用的是 HNO_3-HF 腐蚀液和 NaOH 腐蚀液。下面分别介绍这两种腐蚀液的腐蚀化学原理和基本规律。

8.3.1.1　HNO_3-HF 腐蚀液及腐蚀原理

通常情况下，硅的腐蚀液包括氧化剂（如 HNO_3）和络合剂（如 HF）两部分。其配置为：浓度为 70%的 HNO_3和浓度为 50%的 HF 以体积比 10～2∶1，有关的化学反应如下：

$$3Si + 4HNO_3 \xlongequal{\quad} 3SiO_2\downarrow + 2H_2O + 4NO\uparrow \tag{8-4}$$

硅被氧化后形成一层致密的二氧化硅薄膜，不溶于水和硝酸，但能溶于氢氟酸，这样腐蚀过程连续不断地进行。有关的化学反应如下：

$$SiO_2 + 6HF = H_2[SiF_6] + 2H_2O \quad (8\text{-}5)$$

8.3.1.2　NaOH 腐蚀液

在氢氧化钠化学腐蚀时，采用 10%～30% 的氢氧化钠水溶液，温度为 80～90℃，将硅片浸入腐蚀液中，腐蚀的化学方程式为

$$Si + H_2O + 2\,NaOH = Na_2SiO_3 + 2H_2\uparrow \quad (8\text{-}6)$$

对于太阳电池所用的硅片化学腐蚀，从成本控制、环境保护和操作方便等因素出发，一般用氢氧化钠腐蚀液，腐蚀深度要超过硅片机械损伤层的厚度，约为 20～30μm。

8.3.2　抛光工艺的化学原理

抛光分为两种：机械抛光和化学抛光。机械抛光速度慢，成本高，而且容易产生有晶体缺陷的表面。现在一般采用化学—机械抛光工艺，例如铜离子抛光、铬离子抛光和二氧化硅—氢氧化钠抛光等。

8.3.2.1　铜离子抛光

铜离子抛光液由氯化铜、氟化铵和水，一般以质量比 60∶26∶1000 组成，调节 pH=5.8 左右，或者质量比为 80∶102.8∶1000，其反应原理如下：

$$Si + 2CuCl_2 + 6NH_4F = (NH_4)_2[SiF_6] + 4NH_4Cl + 2Cu \quad (8\text{-}7)$$

铜离子抛光一般在酸性（pH 为 5～6）条件下进行，当 pH ＞ 7 时，反应终止，这是因为 pH=7 时铜离子与氨分子生成了稳定的配合物——铜氨配离子，这时铜离子大大减少，抛光作用停止。抛光反应速度很快，为防止发生腐蚀，取片时不能在表面残留抛光液，应立即进行水抛，也可以在取片前进行稀硝酸漂洗，可以再洗一次，防止铜离子污染。

8.3.2.2　铬离子抛光

铬离子抛光液由三氧化二铬、重铬酸铵和水一般以质量比 1∶3∶100 组成，其反应原理如下：

$$3Si + 2Cr_2O_7^{2-} + 28H^+ = 3Si^{4+} + 4Cr^{3+} + 14H_2O \quad (8\text{-}8)$$

三氧化二铬不溶于水，对硅表面进行研磨，重铬酸铵能不断地对硅表面进行氧化腐蚀，与三氧化二铬的机械研磨作用相结合，进行抛光。

8.3.2.3　二氧化硅—氢氧化钠抛光法

二氧化硅—氢氧化钠抛光配置方法有三种：

(1) 将三氯氢硅或四氯化硅液体用氮气携带通入氢氧化钠溶液中，产生的沉淀在母液中静置，然后把上面的悬浮液轻轻倒出，并调节 pH 值为 9.5~11。其反应如下：

$$SiCl_4 + 4NaOH = SiO_2\downarrow + 4NaCl + 2H_2O \tag{8-9}$$

$$SiHCl_3 + 3NaOH = SiO_2\downarrow + 3NaCl + H_2O + H_2\uparrow \tag{8-10}$$

(2) 利用制备多晶硅的尾气或硅外延生长时的废气生产二氧化硅微粒。反应如下：

$$SiCl_4 + 4H_2O = H_2SiO_3\downarrow + 4HCl \tag{8-11}$$

$$H_2SiO_3 = SiO_2 + H_2O \tag{8-12}$$

(3) 用工业二氧化硅粉和水以质量比 150∶1000 配置，并用氢氧化钠调节 pH 值为 9.5~11。抛光液的 pH 值为 9.5~11 范围内，pH 值过低，抛光很慢，pH 值过高产生较强的腐蚀作用，硅片表面出现腐蚀坑。

8.4　硅片清洗及原理

硅片的清洗很重要，它影响电池的转换效率，如器件的性能中反向电流迅速加大及器件失效等。下面主要介绍清洗的作用和清洗的原理。

8.4.1　清洗的作用

(1) 在太阳能材料制备过程中，在硅表面涂有一层具有良好性能的减反射薄膜，有害的杂质离子进入二氧化硅层，会降低绝缘性能，清洗后绝缘性能会更好。

(2) 在等离子边缘腐蚀中，如果有油污、水气、灰尘和其他杂质存在，会影响器件的质量，清洗后质量大大提高。

(3) 硅片中杂质离子会影响 PN 结的性能，引起 PN 结的击穿电压降低和表面漏电，影响 PN 结的性能。

(4) 在硅片外延工艺中，杂质的存在会影响硅片的电阻率不稳定。

8.4.2　清洗的原理

要了解清洗的原理，首先必须了解杂质的类型，杂质分为三类：一类是分子型杂质，包括加工中的一些有机物；二是离子型杂质，包括腐蚀过程中的钠离子、氯离子、氟离子等；三是原子型杂质，如金、铁、铜和铬等一些重金属杂质。

目前最常用的清洗方法有：化学清洗法、超声清洗法和真空高温处理法。

8.4.2.1　化学清洗法

目前的化学清洗步骤有两种：

(1) 有机溶剂（甲苯、丙酮、酒精等）→去离子水→无机酸（盐酸、硫酸、硝酸、王水）→氢氟酸→去离子水

(2) 碱性过氧化氢溶液→去离子水→酸性过氧化氢溶液→去离子水

下面讨论各种步骤中试剂的作用。

A 有机溶剂在清洗中的作用

用于硅片清洗常用的有机溶剂有甲苯、丙酮、酒精等。在清洗过程中，甲苯、丙酮、酒精等有机溶剂的作用是除去硅片表面的油脂、松香、蜡等有机物杂质。所利用的原理是“相似相溶”。

B 无机酸在清洗中的作用

硅片中的杂质如镁、铝、铜、银、金、氧化铝、氧化镁、二氧化硅等杂质，只能用无机酸除去。有关的反应如下：

$$2Al + 6HCl = 2AlCl_3 + 3H_2\uparrow \quad (8\text{-}13)$$

$$Al_2O_3 + 6HCl = 2AlCl_3 + 3H_2O \quad (8\text{-}14)$$

$$Cu + 2H_2SO_4 = CuSO_4 + SO_2\uparrow + 2H_2O \quad (8\text{-}15)$$

$$2Ag + 2H_2SO_4 = 2Ag_2SO_4 + SO_2\uparrow + 2H_2O \quad (8\text{-}16)$$

$$Cu + 4HNO_3 = Cu(NO_3)_2 + 2NO_2\uparrow + 2H_2O \quad (8\text{-}17)$$

$$Ag + 4HNO_3 = AgNO_3 + 2NO_2\uparrow + 2H_2O \quad (8\text{-}18)$$

$$Au + 4HCl + HNO_3 = H[AuCl_4] + NO\uparrow + 2H_2O \quad (8\text{-}19)$$

$$SiO_2 + 4HF = SiF_4\uparrow + 2H_2O \quad (8\text{-}20)$$

如果 HF 过量则反应为：

$$SiO_2 + 6HF = H_2[SiF_6] + 2H_2O \quad (8\text{-}21)$$

H_2O_2在酸性环境中作还原剂，在碱性环境中作氧化剂。在硅片清洗中将一些难溶物质转化为易溶物质，如：

$$As_2S_5 + 20H_2O_2 + 16NH_4OH = 2(NH_4)_3AsO_4 + 5(NH_4)_2SO_4 + 28H_2O \quad (8\text{-}22)$$

$$MnO_2 + H_2SO_4 + H_2O_2 = MnSO_4 + 2H_2O + O_2\uparrow \quad (8\text{-}23)$$

C RCA 清洗方法及原理

在生产中，对于硅片表面的清洗中常用 RCA 方法及基于 RCA 清洗方法的改进，RCA 清洗方法分为Ⅰ号清洗剂（APM）和Ⅱ号清洗剂（HPM）。Ⅰ号清洗剂（APM）的配置是用去离子水、30%过氧化氢、25%的氨水按体积比为 5∶1∶1~5∶2∶1；Ⅱ号清洗剂（HPM）的配置是用去离子水、30%过氧化氢、25%的盐酸按体积比为 6∶1∶1~8∶2∶1。其清洗原理是：氨分子、氯离子等与重金属离子，如铜离子、铁离子等形成稳定的配合物，如 $[AuCl_4]^-$、$[Cu(NH_3)_4]^{2+}$、$[SiF_6]^{2-}$。

清洗时，一般应在 75~85℃条件下清洗、清洗 15min 左右，然后用去离子水

冲洗干净。Ⅰ号清洗剂（APM）和Ⅱ号清洗剂（HPM）有如下优点：

(1) 这两种清洗剂能很好地清洗硅片上残存的蜡、松香等有机物及一些重金属如金、铜等杂质；

(2) 相比其他清洗剂，可以减少钠离子的污染；

(3) 相比浓硝酸、浓硫酸、王水及铬酸洗液，这两种清洗液对环境的污染很小，操作相对方便。

8.4.2.2 超声波在清洗中的作用

目前在半导体生产清洗过程中已经广泛采用超声波清洗技术。超声波清洗有以下优点：

(1) 清洗效果好，清洗手续简单，减少了由于复杂的化学清洗过程带来杂质的可能性；

(2) 对一些形状复杂的容器或器件也能清洗。

超声波清洗的缺点是当超声波的作用较大时，由于震动摩擦，可能使硅片表面产生划道等损伤。

超声波产生的原理：高频振荡器产生超声频电流，传给换能器，当换能器产生超声震动时，超声震动就通过与换能器连接的液体容器底部而传播到液体内，在液体中产生超声波。

8.4.2.3 真空高温处理的清洗作用

硅片经过化学清洗和超声波清洗后，还需要将硅片真空高温处理，再进行外延生长。

真空高温处理的优点：

(1) 由于硅片处于真空状态，因而减少了空气中灰尘的沾污；

(2) 硅片表面可能吸附的一些气体和溶剂分子的挥发性增加，因而真空高温易除去；

(3) 硅片可能沾污的一些固体杂质在真空高温条件下，易发生分解而除去。

9 硅薄膜材料

硅材料最重要的形式是硅单晶，它们在微电子工业和太阳能光伏工业已经广泛应用。但是，受单晶硅材料价格和单晶硅电池制备过程的影响，若要再大幅度地降低单晶硅太阳电池的成本非常困难。现在发展了薄膜太阳电池，作为单晶硅电池的替代产品，其中包括非晶硅薄膜太阳电池、铜铟锡和碲化镉薄膜电池、多晶硅薄膜太阳电池。在这几种薄膜电池中，最成熟的产品当数非晶硅薄膜太阳电池，在世界上已经有多家公司在生产该种电池的产品，其主要优点是成本低，制备方便，但也存在严重的缺点，即非晶硅电池的不稳定性，其光电转换效率会随着光照时间的延续而衰减。另外，非晶硅薄膜太阳电池的效率也较低，一般在8%~10%，铜铟硒和碲化镉多晶薄膜电池的效率较非晶硅薄膜电池高，成本较单晶硅电池低，并且易于大规模生产，还没有效率衰减问题，似乎是非晶硅薄膜电池的一种较好的替代品，在美国已有一些公司开始建设这种电池的生产线。但是这种电池的原材料之一镉对环境有较强的污染，与发展太阳电池的初衷相背离，而且硒、铟、碲等都是较稀有的金属，对这种电池的大规模生产会产生很大的制约。多晶硅薄膜电池由于所使用的硅量远较单晶硅少，又无效率衰减问题，并且有可能在廉价底材上制备，其成本预期要远低于体单晶硅电池，实验室效率已达18%，远高于非晶硅薄膜电池的效率。因此，多晶硅薄膜电池被认为是最有可能替代单晶硅电池和非晶硅薄膜电池的下一代太阳电池，现在已经成为国际太阳能领域的研究热点。

本章介绍非晶硅薄膜和多晶硅薄膜材料的特点、性质、制备方法等。

9.1 非晶硅薄膜材料

非晶硅（amorphous silicon，简称 a-Si）是重要的薄膜半导体材料，它具有独特的物理性能，可以大面积加工，因此，作为太阳能光电材料已经在工业界广泛应用，同时，它还在大屏幕液晶显示、传感器、摄像管等领域有着重要的应用。非晶硅薄膜电池材料是硅和氢的一种合金，是一种资源丰富和环境安全的材料。它一般利用化学气相沉积技术，通过硅烷等气体的热分解，在廉价的衬底上沉积而成。它具有制备方法简单、工艺成本低、制备温度低、可以大面积的制备等优点，已经在太阳电池上大规模应用。

非晶硅薄膜电池是目前公认的环保性能最好的太阳电池。早在 20 世纪 60 年代，人们就开始非晶硅的基础研究，开始致力于制备 a-Si 薄膜材料。70 年代发生的有名的能源危机，催促科学家把对 a-Si 材料的一般性研究转向廉价太阳电池应用技术创新，研究发现，太阳电池可用廉价的非晶硅薄膜材料和工艺制作。1976 年，卡尔松（D. E. Carlson）等人首先报道了利用非晶硅薄膜制备太阳电池，其光电转换效率为 2.4%。在 20 世纪 80 年代中期，世界上太阳电池的总销售量中非晶硅已占有 40%，出现了非晶硅、多晶硅和单晶硅的三足鼎立之势。时至今日，非晶硅薄膜太阳电池已发展成为实用廉价的太阳电池品种之一，具有相当的工业规模。其应用范围小到手表、计算器电源，大到 10 MW 级的独立电站，对太阳能光伏产业的发展起了重要的推动作用。

9.1.1　非晶硅薄膜的特征及基本性质

非晶硅没有块体材料，只有薄膜材料，所以，非晶硅即是指薄膜非晶硅或非晶硅薄膜。和晶体硅相比，非晶硅薄膜具有制备工艺简单、成本低和可大面积连续生产的优点。在太阳电池领域，其优点具体表现为：（1）材料和制造工艺成本低。这是因为非晶硅薄膜太阳电池在制备廉价的衬底材料上，如玻璃、不锈钢、塑料等，其价格低廉；而且，非晶硅薄膜仅有数百纳米厚度，不足晶体硅电池厚度的百分之一，这也大大降低了硅原材料的成本；进一步而言，非晶硅制备是在低温下进行，其沉积温度为 100~300℃，显然，规模生产的能耗小，可以大幅度降低成本。（2）易于形成大规模生产能力。这是因为非晶硅适合制作大面积无结构缺陷的薄膜，生产可全流程自动化，显著提高劳动生产率。（3）多品种和多用途。不同于晶体硅，在制备非晶硅薄膜时，只要改变原材料的气相成分或者气体流量，便可使非晶硅薄膜改性，制备出新型的太阳电池结构（如 PIN 结或其他叠层结构）；并且，根据器件功率、输出电压和输出电流的要求，可以自由设计制造，方便制作出适合不同需求的多品种产品。（4）易实现柔性电池。非晶硅可以制备在柔性的衬底上，而且它的硅网结构力学性能特殊，因此，它可以制备成轻型、柔性太阳电池，易于和建筑集成。

但是，和晶体硅相比，非晶硅太阳电池的效率相对较低，在实验室电池的稳定最高转换效率只有 13%左右；在实际生产线上，非晶硅太阳电池的效率也不超过 10%；而且，非晶硅太阳电池的光电转化效率在太阳光的长期照射下会有严重的衰减，到目前为止仍然没有根本解决。

与晶体硅相比，薄膜非晶硅具有如下的基本特征和性质：

(1) 晶体的原子是在三维空间上周期性的有规则的重复排列，具有原子长程有序的特点，而非晶硅的原子在数纳米甚至更小的范围内呈有限的短程周期性的重复排列，但从长程结构来看，原子排列是无序的。如图 9-1 所示。

(2) 晶体硅是由连续的共价键组成，而非晶硅虽然也是由共价键组成，价

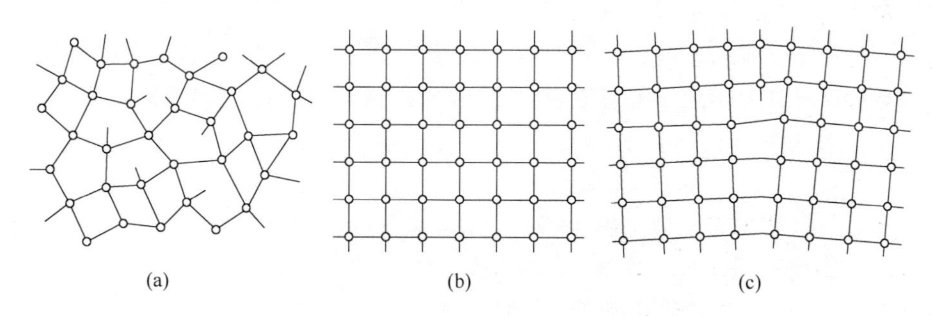

图 9-1　单晶、多晶与非晶的区别
(a) 非晶；(b) 单晶；(c) 多晶

电子被束缚在共价键中，满足外层 8 个电子稳定结构的要求，而且每一个原子具有 4 个共价键，呈四面体结构，但共价键显示连续的无规则的网络结构。

(3) 单晶硅的物理特性是各向异性，即在各个晶向方向其物理特性有微小的差异，而多晶硅、微晶硅、纳米硅的晶向呈多向性，所以，其物理特性是各向同性，非晶硅的结构决定了它的物理性质也是具有各向同性的。

(4) 从能带结构上看，非晶硅不仅具有导带、价带和禁带，而且具有导带尾带、价带尾带，其缺陷在能带中引入的缺陷能级比晶体硅中显著，有大量的悬挂键，会在禁带中引入深能级，取决于非晶硅结构的无序程度。其电子输运性质出现了跃迁导电机制，电子和空穴的迁移率很小，对电子而言，只有 $1cm^2/(V·s)$，对空穴而言，约 $0.1cm^2/(V·s)$。室温下，非晶硅薄膜的电阻率很高。

(5) 晶体硅是间接带隙结构，而非晶硅是直接带隙结构，所以光吸收率大。而且，禁带宽度也不是晶体硅的 1.12eV，而是 1.5eV，并且在一定程度上可调。

(6) 在一定范围内，取决于制备技术，通过改变掺杂剂和掺杂浓度，非晶硅的密度、电导率、禁带等性质可以连续变化和调整，易于实现新性能的开发和优化。

(7) 非晶硅比晶体硅具有更高的晶格势能，因此在热力学上是处于亚稳状态，在合适的热处理条件下，非晶硅可以转化为多晶硅、微晶硅和纳米硅。实际上，后者的制备常常通过非晶硅的晶化而来。

9.1.2　非晶硅薄膜的制备

制备非晶硅所要求的条件原则上比制备多晶硅低。非晶硅材料与晶体材料不同之处在于它的原子结构排列不是长程有序。例如，非晶硅的硅原子通常与四个其他硅原子连接，连接键的角度和长度通常与晶体硅的相类似，但小的偏离迅速导致长程有序的排列完全丧失。

单体的非晶硅本身并不具有任何重要的光伏性质。如果没有周期性的束缚力，则硅原子很难与其他四个原子键合。这使材料结构中由于不饱和或悬挂键而出现微孔。再加上由于原子的非周期性排列，增加了禁带中的允许态密度，结果就不能有效地掺杂半导体或得到适宜的载流子寿命。

然而，1975 年报道了由辉光放电分解硅烷（SiH_4）产生的非晶硅膜可以掺杂形成 PN 结。此膜中含有氢（SiH_4分解时所产生的），在材料总原子数中占有相当的比例（5%～10%）。一般认为氢的作用是如图 9-2 所示那样填补了膜内部微孔中的悬挂键及其他结构缺陷。这就减少了禁带内的态密度，并允许材料进行掺杂。

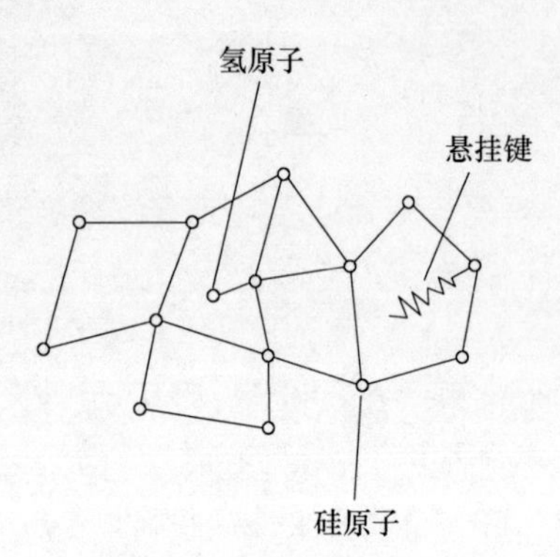

图 9-2　非晶硅结构示意图
（图中表明悬挂键是怎样产生以及怎样被氢钝化）

非晶硅的制备需要很快的冷却速度，一般要大于 10^5℃/s，所以，其制备通常用气相沉积技术，例如，等离子增强化学气相沉积（PE-CVD）、溅射气相沉积（SP-CVD）、光化学气相沉积（photo-CVD）和热丝化学气相沉积（HW-CVD）等。而最常用的技术是等离子增强化学气相沉积技术，即辉光放电分解气相沉积技术。

9.1.2.1　辉光放电的基本原理

在真空系统中通入稀薄气体，两电极之间将形成放电电流从而产生辉光放电现象。图 9-3 是辉光放电系统中的 I - V 特性曲线，其曲线可以分为汤森放电、前期放电、正常放电、异常放电、过渡区和电弧放电等几个阶段。其中能实现辉光放电功能的是具有恒定电压的正常辉光放电和具有饱和电流的异常辉光放电。在实际工艺中，人们选择异常辉光放电阶段。

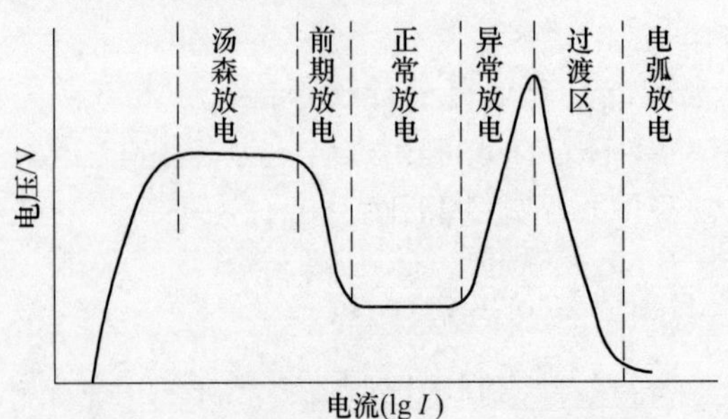

图 9-3　辉光放电系统的 I - V 特性曲线

辉光放电时，在两电极间形成辉光区，从阴极到阳极，又可细分为阿斯顿暗区、阴极辉光、克鲁克斯暗区、负辉光、法拉第暗区、正离子柱、阳极暗区和阳极辉光等区域，如图 9-4 所示。当电子从阴极发射时，能量很小，只有 1eV 左右，不能和气体分子作用，在靠近阴极处形成阿斯顿暗区；随着电场的作用，电子具有更高的能量，可以和气体分子作用，使气体分子激发发光，形成阴极辉光区。其中没有和气体分子作用的电子被进一步加速，再与气体分子作用时，产生大量的离子和低速电子，并没有发光，造成克鲁克斯暗区。而克鲁克斯暗区形成的大量低速电子被加速后，又和气体分子作用，促使它激发发光，形成负辉光区。对于阳极附近区域，情况亦然。

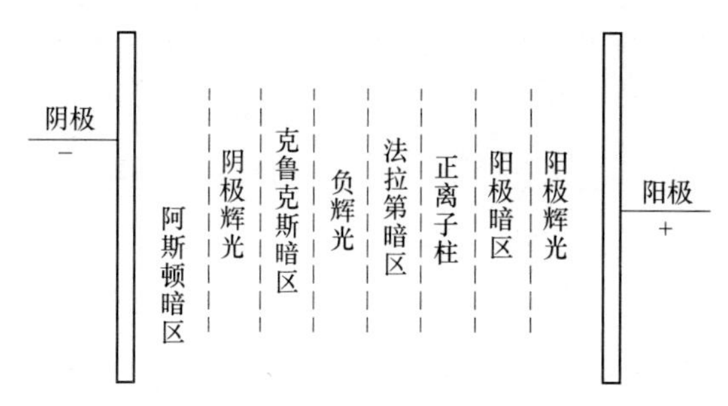

图 9-4 辉光放电系统的辉光区示意图

在两电极的中间存在一个明显的发光区域，称为正离子柱区（或阳极光柱区），在这个区域中，电子和正离子基本满足电中性条件，处于等离子状态。如果适当调整电极间距，可以使得等离子区域（即正离子柱区）在电极间占主要部分，所以辉光放电分解沉积又可称等离子增强化学气相沉积。

在辉光放电过程中，等离子体的温度、电子的温度和电子的浓度是关键因素。一般而言，辉光放电是低温过程，等离子体的温度在 100~500℃，而电子的能量在 1~10eV 左右，电子的浓度达到 $10^9 \sim 10^{12}/cm^3$，电子的温度达到 $10^4 \sim 10^5 K$。

9.1.2.2 等离子增强化学气相沉积制备非晶硅

图 9-5 是等离子增强化学气相沉积系统的结构示意图。反应室中有阴极、阳极电极，反应气体和载气从反应室一端进入，在两电极中间遇等离子体，产生化学反应，生成的硅原子沉积在衬底表面，形成非晶硅薄膜，而生成的副产品气体则随载气流出反应室。

利用等离子增强化学气相沉积制备非晶硅，主要是采用硅烷（SiH_4）气体的热分解，其反应方程式为：

$$SiH_4 \longrightarrow Si + 2H_2 \tag{9-1}$$

由式（9-1）可知，硅烷分解成硅原子，沉积在衬底材料上形成非晶硅薄膜。如果在原料气体 SiH_4 中加入硼烷（B_2H_6），在硅烷分解的同时，硼烷也分解，硼

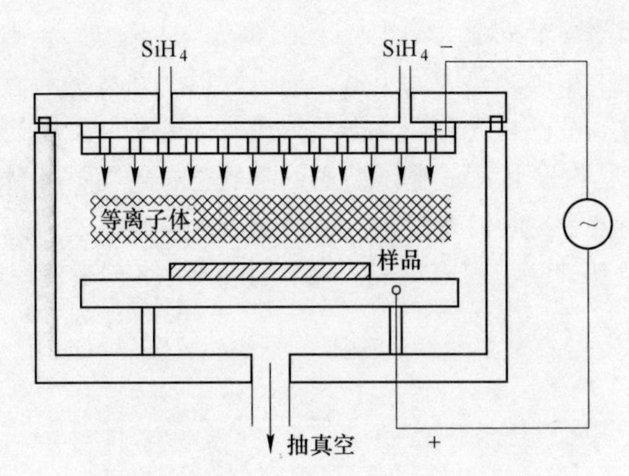

图 9-5　等离子增强化学气相沉积系统的结构示意图

原子掺入到非晶硅中，形成 P 型的非晶硅。同样，如果在原料气体 SiH_4 中加入磷烷（PH_3），就可以形成 N 型非晶硅。如果在非晶硅生长过程中，交替通入硼烷和磷烷，这样就可以制备出具有 P-I-N（或称 PIN）结构的非晶硅薄膜太阳电池。

实际上，在等离子增强化学气相沉积系统中的化学反应远比式（9-1）复杂。通常，硅烷是用氢气稀释的，在辉光放电产生的等离子体中，包括了 Si、SiH、H、H_2 等原子团、分子团或离子，还可能存在 SiH_2、SiH_3 等中性原子团，在非晶硅的沉积过程中，很可能有多种化学反应产生。而其中，SiH 和 H 原子团被认为最重要，有研究认为，在等离子增强化学气相沉积系统中实际发生的化学反应是：

$$SiH + H \longrightarrow Si + H_2 \tag{9-2}$$

正是由于可能多种化学反应的存在，使得非晶硅的性能对制备的条件十分敏感，不同的设备都需要独特的优化工艺，才能制备出高质量的非晶硅。一般而言，衬度温度在 200～300℃，功率在 300～500W/m^2 时，比较适宜制备非晶硅。

9.1.3　非晶硅薄膜的缺陷及钝化

通过硅烷分解而得到的非晶硅具有大量的结构缺陷，主要是硅的悬挂键，其次比较重要的缺陷是 Si—Si 弱键。硅的悬挂键具有电学活性，影响材料的性能；同时，这些悬挂键又非常不稳定，其密度和结构都会在后续处理中改变，使得非晶硅的电学性能不易控制。

在硅烷分解反应时，会产生一定量的氢原子，如式（9-1）和式（9-2）所示，这些氢原子在沉积时会进入非晶硅；同时，在制备非晶硅时，人们总是利用氢气来作为硅烷的稀释气体，这样在反应系统中直接引入了氢气，也会在非晶硅中产生一定的氢，从而得到含氢的非晶硅（简称 a-Si：H）。

研究发现，在含氢的非晶硅中，氢能够很好地和悬挂键结合，呈饱和悬挂键，降低其缺陷密度，去除其电学影响，达到了钝化非晶硅结构缺陷的目的。研究还发现，氢的加入不仅可以改变非晶硅缺陷态的密度，而且可以改变非晶硅的带隙宽度。随着非晶硅中氢含量的增加，其能隙宽度从 1.5eV 可以增加到 1.8eV。如在硅烷中掺入 5%~15%的氢气，用等离子增强化学气相沉积的方法制备非晶硅，光学带隙为 1.7eV，悬挂键缺陷态密度为 10^{15}~$10^{16}/cm^3$。

氢的加入虽然可以钝化非晶硅中的悬挂键，改善材料的光电性能，但是，氢在非晶硅中也会引起负面作用。研究指出，非晶硅中能够产生光致衰减的缺陷。非晶硅制备的太阳电池，在长期辐照下，其光电导和暗电导同时下降，导致光电转换效率降低，而在 150~200℃热处理又可以恢复原来的状态，这种效应被称为 Staebler-Wronski 效应（S-W 效应）。暗电导的测量表明，光照时电导激活能增加，这意味着费米能级从带边向带隙中央移动，说明了光照在带隙中部产生了亚稳的能态或者说产生了亚稳缺陷中心，而这种亚稳缺陷可以退火消除。根据半导体载流子产生复合理论，禁带中央的亚稳中心的复合概率最大，具有减少太阳电池光生载流子寿命的作用；同时它又作为载流子的陷阱，引起太阳电池空间电荷量的增加，使光生载流子的自由漂移距离缩短，减少载流子收集效率。这些因素综合，就导致了使太阳电池的性能下降。

关于 S-W 效应的起因，人们先后提出了多种理论模型，如 Si—Si 弱键模型、电荷转移模型、再杂化双位模型、Si—H 弱键模型以及桥键模型等。尽管目前对 S-W 效应起因的解释还不一致，但其根本原因，被认为是和非晶硅中的氢的移动有关。人们相信，氢在非晶硅中不仅饱和了悬挂键，形成无电活性的 Si—H 键，而且存在硅氢键（SiHHSi）、分子氢（H_2）等其他形式，这些氢键在非晶硅中具有不同的结合能，在受到光照后，它们会产生不同的反应或分解，导致氢原子在体内的扩散和移动，从而产生新的亚稳缺陷中心，最终促使非晶硅性能的衰减。而这些中心的设立和性质，又和非晶硅中的氢含量、分布和键合形式紧密相关。为了克服 S-W 效应，需要减少非晶硅中的 H 含量。在材料制备方面，研究者开发了电子回旋共振化学气相沉积（ECR-CVD）、氢化学气相沉积（HR-CVD）和热丝法沉积（HW-CVD）等；在制备工艺方面，采用了用 H 等离子体化学退火法、He 稀释法或掺入氟等气体等；都可以有效地降低 S-W 效应。

非晶硅薄膜由于其制备方法简单、工艺成本低、制备温度低、可以大面积的制备等优点，已经在太阳电池上大规模应用，而非晶硅薄膜电池是目前公认的环保性能最好的太阳电池。但非晶硅的原子结构是短程有序和长程无序，存在大量的结构缺陷，主要是具有电学活性的硅悬挂键，严重影响了材料的性能和稳定性，特别是利用非晶硅制备的太阳电池具有光致衰减缺陷，导致非晶硅太阳电池效率的相对较低和不稳定。

9.2　多晶硅薄膜材料

作为单晶硅电池的替代产品，最成熟的当数非晶硅薄膜太阳电池，但非晶硅薄膜存在严重的缺点，如性能不稳定，效率较低。多晶硅薄膜电池由于所使用的硅量远较单晶硅少，又无效率衰减问题，并且有可能在廉价底材上制备，其成本预期要远低于单晶硅电池，实验室效率已达 18%，远高于非晶硅薄膜电池的效率。因而，多晶硅薄膜电池既具有晶硅电池的高效、稳定、无毒（毒性小）和材料资源丰富的优势，又具有薄膜电池的材料省、成本低的优点，所以，多晶硅薄膜电池被认为是最有可能替代单晶硅电池和非晶硅薄膜电池的下一代太阳电池，近几年已成为薄膜电池开发的热点之一，并已成为国际太阳能领域的研究热点。

对多晶硅薄膜的研究重点目前主要有两个方面：其一是如何在廉价的衬底上，能够高速、高质量地生长多晶硅薄膜；其二是制备电池的工艺和方法，以便选用低价优质的衬底材料。比较合适的衬底材料为一些硅或铝的化合物，如 SiC、Si_3N_4、SiO_2、Si、Al_2O_3、SiAlON、Al 等，从目前的文献看有这些衬底：单晶硅、多晶硅、石墨包 SiC、SiSiC、玻璃碳、SiO_2膜。

9.2.1　多晶硅薄膜的特征和基本性质

多晶硅（polycrystalline silicon，poly-Si）薄膜是指在玻璃、陶瓷、廉价硅等低成本衬底上，通过化学气相沉积等技术，制备成一定厚度的晶体硅薄膜，它是由众多大小不一和晶向不同的细小硅晶粒组成，直径一般在几百纳米到几十微米。它具有晶体硅的基本性质，同时，它又具有非晶硅薄膜的低成本、制备简单和可以大面积制备等优点，因此，多晶硅薄膜在大规模集成电路、液晶显示和太阳能光伏领域有着广泛的应用。

由于多晶硅薄膜具有和单晶硅相同的电学性能，在 20 世纪 70 年代，人们利用它代替金属铝作为 MOS 场效应晶体管的栅极材料，后来又作为绝缘隔离、发射极材料，在集成电路工艺中大量应用。人们还发现，大晶粒的多晶硅薄膜具有和单晶硅相似的高迁移率，可以做成大面积、具有快速响应的场效应薄膜晶体管、传感器等光电器件，于是，多晶硅薄膜在大阵列液晶显示领域也广泛应用。20 世纪 80 年代以来，在非晶硅的基础上，研究者希望开发既有晶体硅的性能，又有非晶硅的大面积低成本的新型太阳能光电材料。多晶硅薄膜不仅对长波长光线具有高敏性，而且对可见光又具有很高的吸收系数；同时也具有晶体硅一样的光稳定性，不会产生非晶硅中的光致衰减缺陷；进一步地，多晶硅薄膜和非晶硅薄膜材料一样，具有低成本、大面积和制备简单的优势；因此，它被认为是理想的新一代太阳能光电材料。

但是，多晶硅薄膜有其自身的弱点。它的晶粒细小，因此晶界的面积比较大，晶界引入的结构缺陷会导致电学性能的大幅度降低；同时，在制备过程中，由于冷却速度快，晶粒体内含有大量的位错等微缺陷，这些微缺陷也影响着多晶硅薄膜性能的提高。就多晶硅薄膜在太阳电池上的应用而言，正是这些缺陷，制约着多晶硅薄膜在产业上的大规模应用。到目前为止，尽管有几十年的努力，多晶硅薄膜叠层太阳电池在实验室的最高光电转换效率也仅在13%左右，和晶体硅材料相比，还有相当的距离。

因此，在制备多晶硅薄膜时，要调整工艺参数，使得多晶硅的晶粒尽量大，晶界尽量少，而且晶粒尽量垂直于衬底表面，以降低晶界对多晶硅性能的影响；同时，要尽量减少晶界内的位错、层错等微缺陷。

9.2.2 多晶硅薄膜的制备

多晶硅薄膜可以通过化学气相沉积直接制备，也可以通过固相晶化、激光晶化和快速热处理晶化等技术，将非晶硅薄膜晶化而制备；无论哪种技术，制备的多晶硅薄膜应该具有晶粒大、晶界内缺陷少等性质。

原则上，制备多晶硅薄膜的技术多种多样，凡是制备固态薄膜的技术，如真空蒸发、溅射、电化学沉积、化学气相沉积和分子束外延等，都可以用来制备多晶硅薄膜。但是，由于化学气相沉积（CVD）技术具有设备简单、工业成本低、生长过程容易控制、重复性好、便于大规模工业生产的优点，被工业界广泛应用。所以，目前研究和制备多晶硅薄膜，大都采用化学气相沉积技术。图9-6表示的是在玻璃衬底上化学气相沉积制备的多晶硅薄膜。

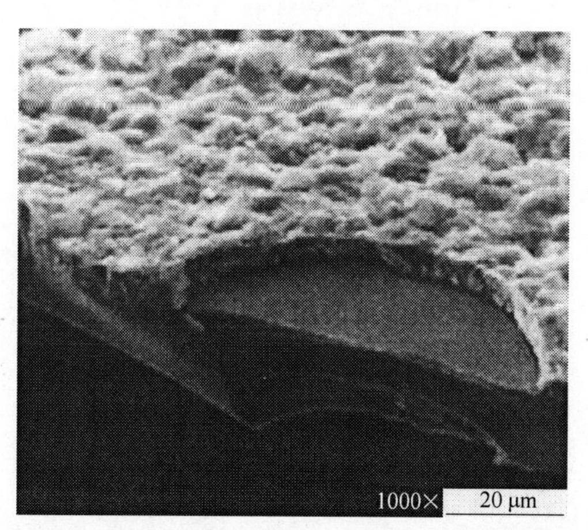

图9-6 在玻璃衬底上的多晶硅薄膜的扫描电镜照片

常用的多晶硅薄膜的制备方法主要有两个：一个是利用化学气相沉积直接制备多晶硅薄膜，这和制备非晶硅薄膜一样，利用加热、等离子体、光辐照等能源，通过硅烷或其他气体的分解，在不同的衬底上采用一步工艺直接制备多晶硅薄膜；另一个方法是非晶硅晶化制备多晶硅薄膜，这是利用化学气相沉积技术，首先制备非晶硅薄膜，然后利用其亚稳的特性，通过不同的热处理技术，将非晶硅晶化成多晶硅薄膜，又称为两步工艺法。

9.2.2.1　化学气相沉积直接制备多晶硅薄膜

A　等离子增强化学气相沉积制备多晶硅

非晶硅薄膜的制备通常利用等离子增强化学气相沉积技术（辉光放电技术）(PECVD)，它具有温度低（100~300℃）、能耗小的特点，但是在如此的低温条件下，制备多晶硅薄膜非常困难。在化学气相沉积的过程中，硅烷分解后，要使硅原子在衬底上顺利结晶，衬底的工作温度必须提高。一般而言，要利用硅烷分解制备高质量的多晶硅薄膜，衬底的温度需要在500~600℃，其具体化学反应和非晶硅的制备相似。但是，由于辉光放电本身技术的原因，衬底的温度很难达到550℃以上。因此，人们试图利用其他气源来代替硅烷，最常用的是卤硅化合物（如 SiF_4）或者是硅烷和卤硅化合物的混合气体（如 SiF_4、SiH_4 和 H_2）。因为 F—H 和 Si—F 的化学键能比 Si—Si 和 Si—H 的大得多，所以化学反应中会产生大量的能量，从而诱导多晶硅低温形核。与硅烷气体作为源气体的反应相比，多晶硅的沉积温度可以下降到200℃左右，生成的多晶硅晶粒较大（可达到4~6μm），而且有明显的择优取向。

B　低压化学气相沉积制备多晶硅

除了等离子增强化学气相沉积技术外，低压化学气相沉积（LPCVD）是制备多晶硅薄膜的另一种常用技术。图9-7是低压化学气相沉积系统的示意图。由图可知，反应气体和载气从反应室一端进入，从受热的衬底表面流过并发生化学发应，生成的硅原子沉积在衬底表面，形成多晶硅薄膜，而生成的副产品气体则随载气流出反应室。和普通化学气相沉积不同的是，LPCVD 利用机械泵和减压泵，将反应室的压力降到6.67~666.61Pa，此时的反应温度相对较低（550~800℃），可以生长均匀性好的多晶硅薄膜。

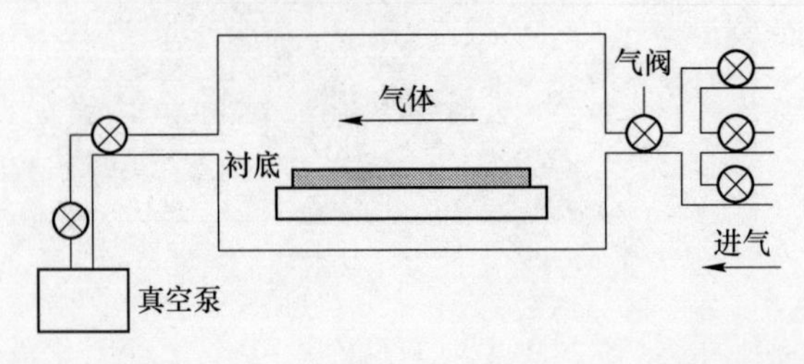

图9-7　低压化学气相沉积（LPCVD）系统的示意图

LPCVD 直接制备多晶硅时，通常也是利用硅烷作为源气体，在低压条件下热分解源气体，从而直接在衬底上沉积多晶硅。比较典型的工艺参数为：反应室压力为 10～30Pa，沉积温度为 580～630℃，此时多晶硅薄膜的生长速率为 5～10nm/min。由 LPCVD 法生长的多晶硅薄膜，一般晶粒具有（110）择优取向，同时内部含有高密度的微孪晶缺陷，且晶粒尺寸小，载流子迁移率不够大。通过降低反应室压力，多晶硅的晶粒尺寸可以增大，但薄膜的表面粗糙度也会增加，从而对多晶硅的载流子迁移率以及电学稳定性产生影响。

C 热丝化学气相沉积制备多晶硅

热丝化学气相沉积（HWCVD）是另一种重要的直接制备多晶硅薄膜的技术，它是在反应室的衬底附近约 3～5cm 处，放置一个直径为 0.3～0.7mm 的金属钨丝，呈盘状或平行状，然后通入大电流，使钨丝加热升温至 1500～2000℃，此时 SiH_4 等源气体在流向衬底的途中，受到钨丝的高温催化作用而发生热解，从而使硅原子直接沉积在衬底上形成多晶硅薄膜。其典型的工艺是：加热功率为 300～1000W，反应室压力为 0.67Pa，此时衬底的温度可以低于 400℃。利用 HWCVD 技术制备的多晶硅薄膜的晶粒尺寸可以达到 1μm 以上，具有柱状结构，并表现出强烈的（110）择优取向。

和其他直接制备多晶硅薄膜的技术相比，热丝化学气相沉积技术具有较多的优点：（1）该技术的衬底温度低，因此可以利用廉价的材料作为衬底；（2）高温钨丝可使硅烷充分分解，达到充分利用源气体的目的；（3）薄膜生长速率高。以上这些优点可以降低多晶硅薄膜的制备成本。同时，HWCVD 制备的多晶硅薄膜结构均匀，一致性高，载流子迁移率高，因此，HWCVD 制备多晶硅薄膜是一种相当有前景的技术。除了上述的技术外，光子化学气相沉积法（PCVD）等技术也可以应用来直接制备多晶硅薄膜。

9.2.2.2 非晶硅晶化制备多晶硅薄膜

利用化学气相沉积直接制备多晶硅薄膜，工艺简单，操作方便。但是，由于硅薄膜沉积温度相对较高，要达 500～600℃左右，而普通玻璃的软化温度在 500～600℃，因此，利用化学气相沉积直接制备多晶硅薄膜，其衬底材料的选择受到很多限制。另一种制备多晶硅薄膜的技术，是利用成熟的等离子增强化学气相沉积制备非晶硅技术，首先在低温下制备非晶硅，由于非晶硅是亚稳状态，在后续合适的热处理条件下，会晶化形成多晶硅薄膜。

将非晶硅晶化制备多晶硅薄膜的途径有多种，其主要技术包括固相晶化、金属诱导固相晶化、激光热处理晶化以及快速热处理晶化等。

A 固相晶化制备多晶硅

固相晶化（SPC）是指非晶硅薄膜在一定的保护气中，在 600℃以上温度进行常规热处理，其时间大约为 10~100h。此时，非晶硅可以在远低于熔硅晶化温度的条件下结晶，形成多晶硅。研究发现，利用该方法制得的多晶硅的晶粒尺寸与非晶硅薄膜的原子结构无序程度和热处理温度是密切相关的。初始的非晶硅薄膜的结构越无序，固相晶化过程中多晶成核速率越低，晶粒尺寸就越大。这主要是因为非晶硅虽然具有短程有序的特点，但是在某些区域会产生局部长程有序，这些局部长程有序就相当于小的晶粒，在非晶硅晶化过程中起到一个晶核的作用。所以非晶硅结构越有序，局部的长程有序区域产生的几率也就越大，固相晶化过程中成核率也就越高，从而使晶粒尺寸变小。同时，热处理温度是影响晶化效果的另一个重要因素。当非晶硅在 700℃以下热处理时，温度越低，成核速率越低，所能得到的晶粒尺寸就越大；而在 700~800℃温度热处理时，由于此时晶界移动引起了晶粒的互相吞并，小的晶粒逐渐消失，而大的晶粒逐渐长大，使得在此温度范围之内，晶粒尺寸随温度的升高而增大。

为了改善多晶硅薄膜的质量，增加晶粒的尺寸。研究者提出分层掺杂技术，即是在非晶硅薄膜制备时，在第一层薄膜实施掺杂，称为成核层，具有少量的核心数目；在第二层薄膜不掺杂，称为生长层；在固相晶化时，成核层的核心数目得到控制，可以生长出尺寸在 2~3μm 的多晶硅薄膜。研究者提出的另一项技术是利用具有织构的衬底材料，在这种衬底上制备的多晶硅的晶粒尺寸要比通常的大 1 倍以上；如果利用等离子体对衬底进行预处理，使得衬底表面粗糙，那么可以取得同样的效果。

在改良的固相晶化技术中，金属诱导固相晶化（MISPC）技术最具有发展前途。所谓的金属诱导固相晶化技术就是在制备非晶硅薄膜之前、之后或同时，沉积一层金属薄膜（如 Al、Ni、Pd），然后在低温下进行热处理，在金属的诱导作用下，使非晶硅低温晶化而获得多晶硅。以目前最常用的金属膜铝（Al）为例，其金属诱导晶化的主要原因是在低温晶化时，金属铝和非晶硅发生互相扩散，当金属 Al 原子扩散到非晶硅中时，形成间隙原子，这样在 Si 原子周围的原子数将多于 4 个，Si—Si 共价键所共用的电子将同时被 Al 间隙原子所共有，从而 Si—Si 键所拥有的共用电子数少于 2，使得 Si—Si 键从饱和价键向非饱和价键转变，因此，Si—Si 键将由共价键向金属键转变，减弱了 Si—Si 键，使其转化成 Si—Al 键，导致 Si—Al 混合层的形成。由于金属 Al 与非晶态硅具有较低的共晶温度，Si 在 Al 中的固溶度很低，过饱和的硅便以第二相核的形式析出，形成硅晶体的核心，最终长大成为多晶硅薄膜。通常，在 580℃左右晶化时，只需 10min，多晶硅晶粒就可以达到 1.5μm，甚至在低温 350℃热处理后即可得到多晶硅。比起传统的固相晶化技术，其晶化温度降低了约 200~400℃。

金属诱导固相晶化制备的多晶硅薄膜主要取决于金属种类和晶化温度，而和非晶硅的结构、金属层厚度等因素无关，因此对非晶硅的原始条件要求不高，可以简化非晶硅薄膜的制备工艺，降低生产成本。但是，该技术会引进金属杂质，这些金属对半导体硅的电学性能也将产生致命影响。

除了金属诱导固相晶化，一般固相晶化技术的晶化温度都在600℃以上，因此对于衬底材料还是有一定的要求，另外，晶化时间长也是一个重要的弱点。

B 激光晶化制备多晶硅

激光晶化是指通过脉冲激光的作用，非晶硅薄膜局部迅速升温至一定温度而使其晶化，这也是非晶硅晶化制备多晶硅的一种方法，相对于固相晶化制备多晶硅而言更为理想。在激光晶化时，主要使用的激光器是 ArF、KrF 和 XeCl，其波长分别为 193nm、248nm 和 308nm，脉冲宽度一般为 15~50nm，光吸收深度仅有数十纳米。由于激光具有短光波长和高能量的特点，可以使得非晶硅在数十到数百纳秒内升高到晶化温度，迅速晶化成多晶硅。而利用这种技术，衬底的温度很低，所以对衬底材料的要求并不严格。

激光晶化多晶硅薄膜的晶化效果和激光的能量密度和波长紧密相关。一般而言，激光的能量密度越大，多晶硅晶粒的尺寸也越大，当然，相应薄膜的载流子迁移率也就越大。但激光能量密度并不能无限增大，要受到激光器的限制。通常晶化非晶硅使用的激光能量密度范围在 100~700mJ/cm^2。也有研究指出，太大的能量密度反而使迁移率下降。另一方面，激光波长也对晶化效果有影响，波长越长，激光能量注入非晶硅薄膜就越深，晶化效果相对就越好。目前，激光晶化大都使用 XeCl 和 KrF 激光器，它们的光吸收深度分别是 7nm 和 4nm，非晶硅薄膜的晶化深度可达 15nm 和 8nm。

但是激光晶化技术也有明显弱点，主要是设备复杂、生产成本高，难以实现大规模工业应用。

C 快速热处理晶化制备多晶硅薄膜

所谓的快速热处理（RTP）是指采用光加热的方式，在数十秒内能将材料升高到1000℃以上的高温，并能快速降温的热处理工艺。和传统的用电阻丝加热的热处理炉相比，快速热处理具有更短的热处理时间，更快的升、降温速率；而且，由于升降温速度很快，被热处理的材料和周围环境处于非热平衡状态。

在 RTP 系统里，一般采用碘钨灯加热，其光谱从红外到紫外。灯光一方面可以加热材料，另一方面灯光中波长小于 0.8μm 的高能量的光子对材料会起到增强扩散作用。除此之外，在快速热处理时，还会出现氧化增强效应、瞬态增强效应和场助效应作用等。因此，在快速热处理系统里，温度可以上升得很快。

早在 1989 年，R. Kakkad 等人首先提出利用快速热处理晶化非晶硅来制备多晶硅薄膜的技术，他们利用等离子体增强化学气相沉积（PECVD）法，在 250℃左右制备了非晶硅薄膜，然后利用快速热处理在 700℃温度下，几分钟之内顺利地将非晶硅薄膜晶化。此时，无掺杂多晶硅薄膜的电导率与更高温度下常规热处理所得的无掺杂的多晶硅薄膜的电导率具有可比性，可以达到160s/cm左右，而掺杂的多晶硅薄膜的迁移率也可以达到13cm^2/(V·s)左右。说明了快速热处理晶化不仅可以制备本征多晶硅薄膜，而且可以制备重掺杂薄膜，使得制备的多晶硅薄膜可以在太阳能光电、集成电路的多晶硅发射极和场效应管等器件上得到应用。

多晶硅薄膜的性能主要受晶界和晶粒内部的缺陷影响，为了提高多晶硅薄膜的性能，必须增大晶粒尺寸和减少多晶硅薄膜的缺陷态密度。与常规热处理相比，快速热处理显著地减少了晶化热量（thermal budget）和晶化时间，但这种单步热处理晶化的多晶硅薄膜的晶粒尺寸要比常规热处理所制得的小得多，严重影响了多晶硅的性能。为了解决这个问题，M. Bonnel等人和K. S. Nam等人提出了结合常规热处理和快速热处理的方式（即增加快速热处理工艺），减少常规热处理时间，以达到制备大晶粒高质量多晶硅薄膜的目的。然而，这种热处理方式晶化非晶硅仍然需要几个小时。最近，有研究者提出，采用两步或多步快速热处理技术，可以将非晶硅晶化时间减少到几分钟，而得到的多晶硅薄膜的晶粒尺寸与长时间常规热处理晶化得到的多晶硅薄膜的晶粒相近。

9.2.3 多晶硅薄膜的晶界和缺陷

多晶硅薄膜的缺陷包括晶界、位错、点缺陷等。到目前为止，它们对材料性能的影响还未完全清楚，但是多晶硅薄膜由大小不同的晶粒组成，因此晶界的面积较大，是多晶硅薄膜的主要缺陷。晶界引入的结构缺陷会导致材料电学性能的大幅度降低；同时，在制备过程中，由于冷却快，晶粒内含有大量的位错等微缺陷，这些微缺陷也影响多晶硅薄膜性能的提高。就多晶硅薄膜在太阳电池方面的应用而言，正是这些缺陷制约着多晶硅薄膜在产业上的大规模应用。

目前，多晶硅薄膜缺陷的许多物理机理还没有完全清楚，也还没有很好地解决，但是缺陷对太阳电池的负面作用已经被公认。因此，在制备多晶硅薄膜时，要调整工艺参数，使得多晶硅薄膜的晶粒尽量大，晶界尽量少，而且晶粒尽量垂直于衬底表面，以降低晶界等缺陷对多晶硅性能的影响。

多晶硅薄膜既具有单晶硅的电学特性，又具有非晶硅薄膜成本低、设备简单，可以大面积制备等优点，在集成电路和液晶显示领域已经广泛应用，同时也是最具有前景的新型太阳电池材料之一。多晶硅薄膜太阳电池已成为目前世界上光伏领域中最活跃的研究方向，人们期待研究工作获得突破，以大大降低太阳电池的成本，为解决能源和环境问题作出贡献。

10　硅材料的测试与分析

10.1　硅材料的电学参数测量

电学参数测量是硅材电学性能测量的重要内容，主要包括导电型号、电阻率、少子寿命和迁移率测量。本节将对上述电学参数逐一进行介绍。

10.1.1　导电型号的测量

硅半导体的导电过程存在电子和空穴两种载流子。多数载流子是电子的称 n 型硅半导体；多数载流子是空穴的称 P 型硅半导体。测量导电型号就是确定硅材料中多数载流子的类别。

目前，国内外测量导电型号的方法有冷热探针法、整流法、双电源动态电导法和霍尔效应法等。由于前面三种方法具有所需设备简单的优点，而霍尔效应法所用到的设备较复杂，且对于近本征材料的型号确定不准确，因此下面主要介绍前面三种方法。

10.1.1.1　冷热探针法

冷热探针法是利用温差电效应来测量硅晶体的导电型号的。它包括两种测量方法，即利用温差电流方向测量法和利用温差电势极性测量法，如图 10-1 所示。

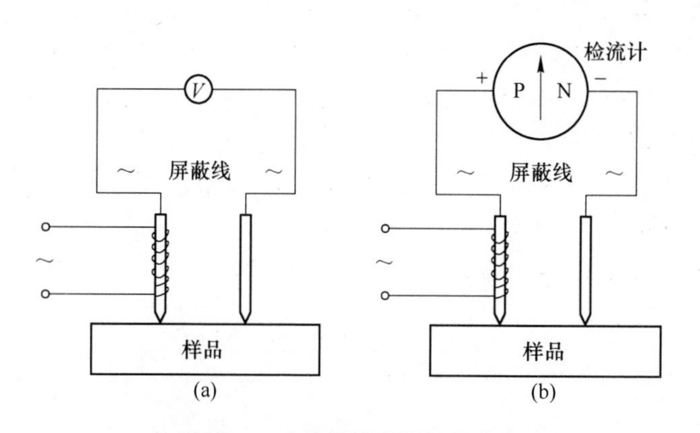

图 10-1　冷热探针法测导电类型

（a）利用温差电势极性测量；（b）利用温差电流方向测量

在样品上压上两根金属探针，一根是热探针，其结构可以是将小的加热线圈围绕在一个探针的周围，也可以用小型电烙铁；另一根是冷探针，其温度为室温。冷热探针的材料用不锈钢或镍比较好，其温差保持30~40℃即可。每一根探针的尖端应为60°的圆锥。

当冷热探针和N型硅晶体接触时，两个接触点便产生温差，传导电子将流向温度较低的区域，从而使热探针处于电子缺少状态，因而相对于室温触点而言，热探针电势将是正的；同理，对P型硅晶体热探针相对室温触点而言将是负的。此时，如果将冷热探针接上数字电压表（或检流计）形成一闭合回路，则根据两个接触点处存在温差所引起的温差电压（或温差电流）的方向可以确定导电类型。

如果冷热探针法测量的是温差电流，则主要适用于电阻率小于1000Ω · cm的硅晶体的检测；而如果检测的是温差电势，便可提高电阻率的检测上限。

10.1.1.2 整流法

整流法用于测量电阻率在1~1000Ω · cm之间的硅晶体的导电型号。此法是将一个直流微安表、一个交流电源与半导体上的两个接触点串联起来，根据直流微安表正向或负向偏转可判断样品是P型还是N型。如图10-2所示，其中一个触点是整流触点，通常只需采用一个探针；另一个触点必须是欧姆触点，较难处理，为了获得欧姆触点，经常采用大面积夹紧的方法。另外，为了解决欧姆触点的制备难题，还可用三探针结构进行处理。

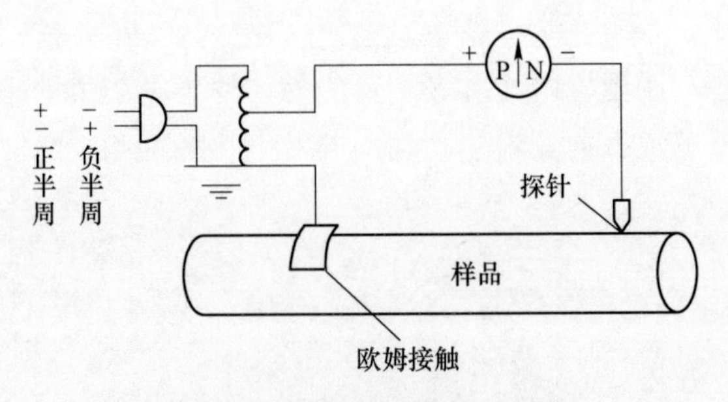

图10-2 整流法测量导电型号

10.1.1.3 双电源动态电导法

与冷热探针法和整流法相比，双电源动态电导法的优点是探针与半导体之间无须构成欧姆接触。

双电源动态电导法装置如图10-3所示，1、4探针合并为一个探针，工频电压加在2、3探针与1、4探针之间。因为2、3两个触点构成整流结，正反偏置时的电导不同，所以2、3探针的电导变化可显示动态电导，从而导电型号就可确定。如果将音频信号加在2、3探针间，那么音频电流的变化便可反映电导的变化，从示波器可观察到这一变化。

双电源动态电导法主要用于判别1000Ω·cm以上高阻硅晶体的导电型号。

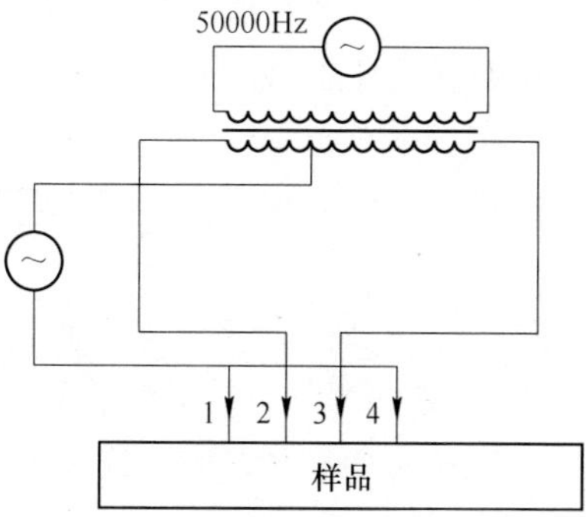

图10-3 双电源动态电导法示意图

10.1.1.4 测准条件的分析

每一种测量导电类型的方法只有在一定适用范围内才有可能保证检测结果的准确，因此，测量时应该注意以下几个问题：

（1）首先应根据晶体电阻率的大致范围，再选择一种测量型号的方法。

（2）测量样品时不宜用抛光面或腐蚀面，通常需要粗磨样品表面，最好经过喷砂处理。

（3）在测量型号时最好对周围电磁场加以电磁屏蔽，避免外界干扰。另外，电流表一般用中心指零式，灵敏度为满刻度至少200μA。

（4）用整流法时，要注意大面积欧姆接触，一定要用力压紧，使接触良好，使用薄的软铅皮能得到良好的欧姆接触。

（5）用冷热探针法时，热探笔的温度不能过高。过高的温度会引起本征激发，从而使产生的载流子有可能接近或超过杂质电离产生的载流子，这样就难于判断半导体的导电类型。

（6）热探针上的氧化物也能引起测量错误，在测量时应去掉。

（7）测量晶体型号时，当局部区域出现反型或测不准型号时，可以用化学腐蚀法处理。其方法是：在氢氟酸中加1滴1%的HNO_3溶液，将晶体放入刚配好的溶液中，大约经过20min后取出观察，则呈黑色的样品为P型，呈亮白色的样品为N型。

10.1.2 电阻率的测量

电阻率是反映硅晶体导电能力强弱的一个重要电学参数。测量硅片电阻率的方法有很多，按是否与样品接触可分为两类，即接触法和非接触法。

10.1.2.1 接触法

用接触法测量半导体材料的电阻率方法有两探针法、四探针法、扩展电阻法、范德堡法等。下面对其中的部分方法进行介绍。

A　四探针法

四探针法是用针距为 S（S 约为 1mm）的四个探针同时压在样品的平整表面上，且四个探针的针尖在同一直线上，如图 10-4 所示。

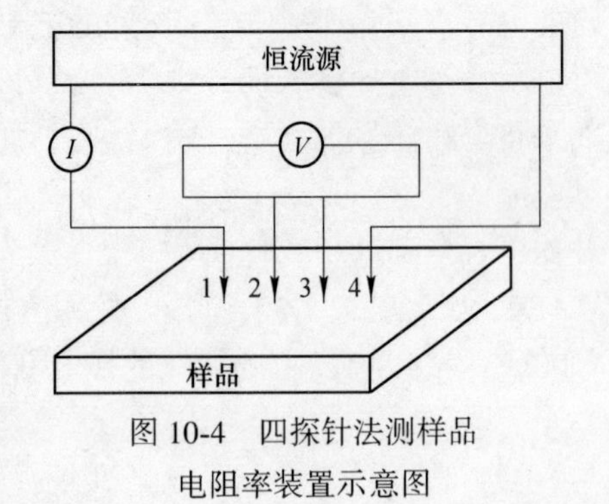

图 10-4　四探针法测样品电阻率装置示意图

利用恒流源给 1、4 探针通以电流 I，再在 2、3 探针上用数字电压表测量电压 V，最后根据理论公式计算出样品的电阻率：

$$\rho = 2\pi S \frac{V}{I} \tag{10-1}$$

从原理上说，测量时，四个探针不一定都得排成一条直线，可以排成任何几何图形，普通用得较多的是正方形或矩形四探针。这与直线四探针法没有很大差别，只是由于探针排列方法改变了，因此公式（10-1）略有变化，现列表 10-1 予以说明（适用于半无限大样品）。

表 10-1　非线形四探针测量电阻率

名称	图　形	电阻率计算式
正方形四探针	$\overline{S}$　I	$\rho=\frac{2\pi S}{2-\sqrt{2}}\frac{V}{I}=10.7S\frac{V}{I}$
矩形四探针	I　nS　S　V　V	$\rho=\frac{2\pi S}{2-(2/\sqrt{1+n^2})}\frac{V}{I}$

四探针法的优点在于设备简单，操作方便，且对样品的形状要求不高，因此，此法在生产中被广泛应用。四探针法可用于测量晶锭和硅片的电阻率；另外，还可用于测量某些扩散层或外延层的薄层电阻率。但是，四探针法尚存在缺点：对样品具有一定的破坏作用，对薄片样品尤其是抛光片的损伤更严重。

B　扩展电阻法

由于四探针法必须对样品体积有限及探针排列不同进行修正，因此人们又提出了一种新的测量电阻率的方法，称为扩展电阻法。此法可以确定体积为 10^{-10} cm^3的区域的电阻率，空间分辨率可以达到 20nm。

图 10-5 为扩展电阻探针的基本结构，样品正面放置一根探针，该探针可由金属锇针尖做成，样品的背面制成欧姆接触。

如果把探针尖看成是一个镶嵌在半无限大半导体中的半球，在样品内半径为 r 处的电流密度 j 为：

$$j=\frac{I}{2\pi r^2}$$

径向电场 E 为：

$$E=-\frac{\partial V}{\partial r}=\rho\cdot j=\frac{I\rho}{2\pi r^2}\quad(10\text{-}2)$$

积分后可得体内电压降 $V=IR_s$

$$V=\int_{r_0}^{\infty}\left(-\frac{\partial V}{\partial r}\right)\mathrm{d}r=\frac{I\rho}{2\pi}\frac{1}{r}\quad(10\text{-}3)$$

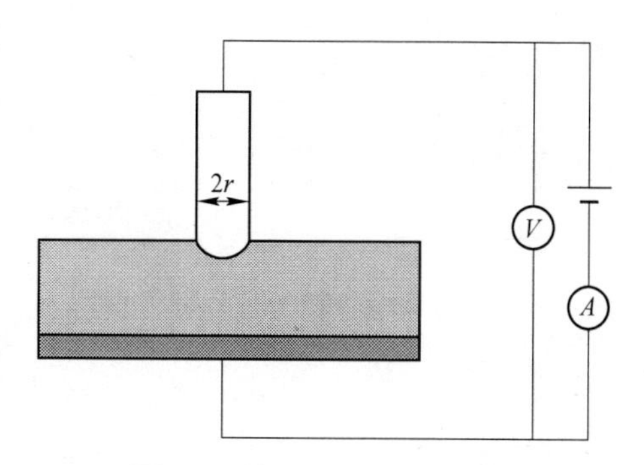

图 10-5 扩展电阻探针示意图

式中，I 为流过探针和样品的电流；r 为探针的球面半径。

R_s 为扩展电阻

$$R_s=\frac{\rho}{2\pi r}\quad(10\text{-}4)$$

如果把探针尖看成是半径为 r 的平面圆触点，理论分析表明它与电阻率为 ρ 的半无限大介质接触后的扩展电阻

$$R_s=\frac{\rho}{4r}\quad(10\text{-}5)$$

上述两种情况都属于理想状况，实际情况是针尖的形状介于上述二者之间，呈扁平的形状，针尖与介质接触后接触区的半径为 a，a 的大小由下式确定

$$a=1.2\left[\left(\frac{Fr}{2}\right)\left(\frac{1}{E_1}+\frac{1}{E_2}\right)\right]^{1/3}\quad(10\text{-}6)$$

式中，E_1 为探针的杨氏模量；E_2 为介质的杨氏模量；F 为针尖上施加的压力；r 为针尖的半径。

由公式（10-6）可以求出接触半径，因此探针所接触区域的电阻率可以通过测量扩展电阻获得。但实际上由于表面层、探针压力变化，压力引起的应力场导致的变化等因素的影响，扩展电阻的测量结果存在较大误差。因而实际工作中通常需要对所测量的扩展电阻进行校正，校正后的扩展电阻与电阻率的关系为：

$$R_s=K\frac{\rho}{4a}\quad(10\text{-}7)$$

式中，K 为校正系数。

由公式（10-4）可推知探针尖与样品之间的电压及电流、电阻率、针尖半径

的关系为：

$$V = \frac{I\rho}{2\pi a} \tag{10-8}$$

式（10-8）中，V 为样品正面与背面之间的电压降；I 为流过样品与探针的电流；ρ 为样品针尖附近的电阻率；a 为曲率半径。因此当针尖在正面移动时，样品各处电阻率的分布情况可通过测量 I 获得。

式（10-2）表明探针附近的电场是与距离的平方成反比，可推知，电阻主要由探针附近很小的区域决定，因此扩展电阻法主要用于测量微区电阻率。

宏观上电阻率（用四探针测量）均匀的材料，其微观电阻率（用扩展电阻法测量）往往存在很大的不均匀性。而扩展电阻法可用于测量半导体材料内微区电阻率的均匀性，还可以测量外延层的电阻率及其厚度，同时也可测定杂质在外延层的分布，但是在测试样品前需要对样品正面进行镜面抛光处理。

10.1.2.2　非接触法

目前非接触法测量电阻率技术已被应用到不少厂家的生产线上。其主要原因是此类方法操作简单，且不会损伤与沾污样品；另外，它还可与无接触厚度测量技术结合，在同一台设备上测量出硅片厚度及其电阻率。但这类方法也存在缺点：通常需要高频小信号测量技术；精度不如接触法。此类方法主要是利用电容耦合或电感耦合，使用较广波段进行工作。

（1）电容耦合法。将硅片通过电容与高频源耦合，样品在电路中与 RC 相同，从而改变电路的共振条件及 Q 值，电阻率的数值可根据这些变化推算出来。

（2）电感耦合法。利用高频电场在硅片中产生的涡流使回路的 Q 值改变。硅片的电阻率数值可根据 Q 值的变化推算出来，而 Q 值的微小变化可利用现代高频测试技术准确地测出。

10.1.3　少子寿命的测量

半导体材料中空穴和电子的平衡数目是一定的，当存在外界激发时，少数载流子浓度可明显地偏离于其平衡值，通常称较平衡状态多出的少数载流子为非平衡少数载流子（简称少子）。少子寿命（用 τ 表示）就是非平衡少数载流子复合所需要的平均时间。

少子寿命是半导体晶体硅材料的一项重要参数，它对晶体硅太阳电池的光电转换效率有重要的影响。其测量方法主要有光电导衰减法、表面光电压法、调制自由载流子吸收法、IR 载流子浓度成像、准稳态光电导方法、光束（电子束）诱导电流等。在硅晶体的检验和器件工艺监测中应用最广泛的是光电导衰退法和表面光电压法，这两种测试方法已经被列为美国材料测试学会（ASTM）的标准方法。

10.1.3.1 光电导衰退法（PCD）

光电导衰退法有直流光电导衰退法、高频光电导衰退法和微波反射光电导衰退法，其差别主要在于是用直流、高频电流还是用微波来提供检测样品中非平衡载流子的衰减过程的手段。直流法是标准方法，高频法在 Si 单晶质量检验中使用十分方便，微波法可以用于太阳电池和半导体器件生产在线测试。

A 直流光电导衰退法

直流光电导衰退法的优点是准确度高、对样品的电阻率要求低。其缺点是对样品的尺寸有一定要求，并且由于是接触式的方法，对样品有一定的破坏性。

在直流光电导衰退法测量少子寿命的装置示意图（如图 10-6）中，R_L是回路中的外加串联电阻，V_B为直流电源。样品电阻因光照会发生变化，而 R_L可使回路电流不受这一变化的影响，从而保证回路是恒流的，因此 R_L的大小应是样品电阻值的 20 倍以上。V_B在样品中产生的电场的大小应满足：

$$E \leqslant 300/\sqrt{\mu\tau} \tag{10-9}$$

式中，μ 为少子迁移率。为了测量不同的样品，电阻和直流电源必须可调。为了准确测定少子寿命值，脉冲光应照射在不大于样品总长 1/2 的中心部分，样品两端将光脉冲挡住，避免在电极附近产生非平衡载流子。

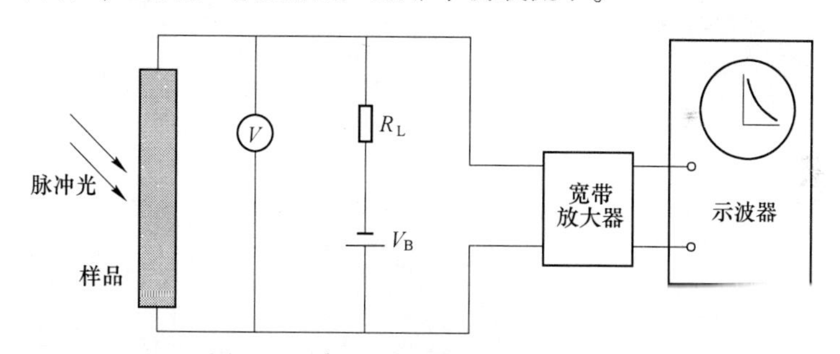

图 10-6 直流光电导测量装置示意图

假定样品的电阻率为ρ，长度为 l，截面积为 s，则其电阻为

$$R = \rho l/s \tag{10-10}$$

无光照射样品时，样品内没有非平衡载流子，两端电压为

$$V = IR \tag{10-11}$$

有光照射样品时，样品中产生了非平衡载流子，引起电导增加，电阻下降。假设样品电阻变化量为 ΔR，则样品两端的电压变化量

$$\Delta V = I\Delta R = I\frac{I}{s}\Delta\rho = V_0\frac{\Delta\rho}{\rho_0} = -V_0\frac{\Delta\sigma}{\sigma} \tag{10-12}$$

式中，σ、V_0分别为无光照时样品的电导率和端电压。下面再进一步考察样品两

端的电压变化量与非平衡载流子之间的关系。

假定所测样品为 N 型，那么

$$\Delta\sigma = q\Delta\rho(\mu_P + \mu_N) \tag{10-13}$$

式中，$\Delta\rho$ 为光激发的非平衡载流子浓度；μ_P 和 μ_N 分别为空穴和电子的迁移率。将式（10-13）代入式（10-12）得：

$$\Delta V = V_0 - \frac{q\Delta\rho(\mu_P + \mu_N)}{qn_0\mu_N} = -V_0\frac{\Delta\rho}{n_0}(1+b) \tag{10-14}$$

式中，$b=\mu_P/\mu_N$；$\Delta\rho/n_0$ 为注入比。由式（10-14）可看出，在小注入的条件下，$\dfrac{\Delta V}{V_0}$ 与注入比成正比，且 ΔV 与 $\Delta\rho$ 成正比，所以可以用样品上的电压变化来反映非平衡载流子的变化，即由示波器的电压衰减曲线所得到的寿命就是样品中的少子寿命。

B　高频光电导衰退法

图 10-7 为高频光电导衰退法测量非平衡载流子寿命的装置示意图。将待测样品置于金属电极上，在样品与电极接触处涂上自来水以改善两者之间的耦合情况，另外在回路中串入一个可变电容以改善线路的匹配情况，从而增大光电导信号。脉冲光可根据被测样品的寿命值范围选择：$\tau < 10\mu s$，选用红外光源；$\tau > 10\mu s$，选用氙灯光源。

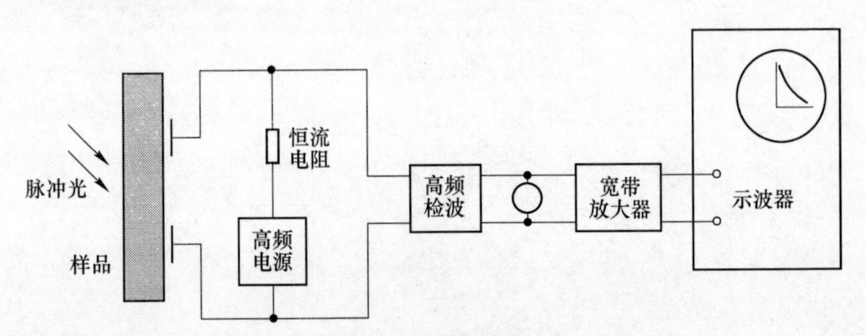

图 10-7　交流高频光电导测量装置示意图

当没有光照时，在 30MHz 左右的高频电磁场的作用下，样品两端存在高频电压 $V_0\sin\omega t$（V_0 为无光照时样品中高频电压；ω 为高频电源的频率）。

当脉冲光照射样品时，晶体内产生的非平衡光生载流子使样品产生附加光电导，从而导致样品电阻减小，样品两端的高频电压值下降。

当光照停止后，样品中的非平衡载流子就按指数规律衰减，逐渐复合而消失。在小注入条件下，当光照区复合为主要因素时，样品中两端产生的高频电压变化 ΔV 也将按指数规律衰减，即

$$\Delta V = \Delta V_0 e^{-\frac{t}{\tau}}$$

此调幅高频信号经检波器解调和高频滤波，再经宽带放大器放大后输入到脉冲示波器，在示波器上可显示指数衰减曲线，由曲线就可获得寿命值。

C 微波反射光电导衰退法

微波反射光电导衰退法是通过测试从样品表面反射的微波功率的时间变化曲线来记录光电导的衰减。此法通常使用脉冲光源在样品中产生过剩载流子，由于产生的过剩载流子使样品的电导发生变化，而入射的微波的反射率是材料电导的函数，即反射微波的能量变化也反映了过剩载流子浓度的变化。其测试系统包括脉冲激光源、微波系统和数据采集三部分。脉冲激光作为硅片的注入光源，可在半导体材料中激发过剩载流子；微波源给出探测信号，检测半导体材料的光电导，微波经硅片反射后进入检波器和放大电路。通过示波器的 GPIB 接口来实现计算机对示波器的控制及完成后续的数据处理和计算。微波反射光电导实验装置如图 10-8 所示。

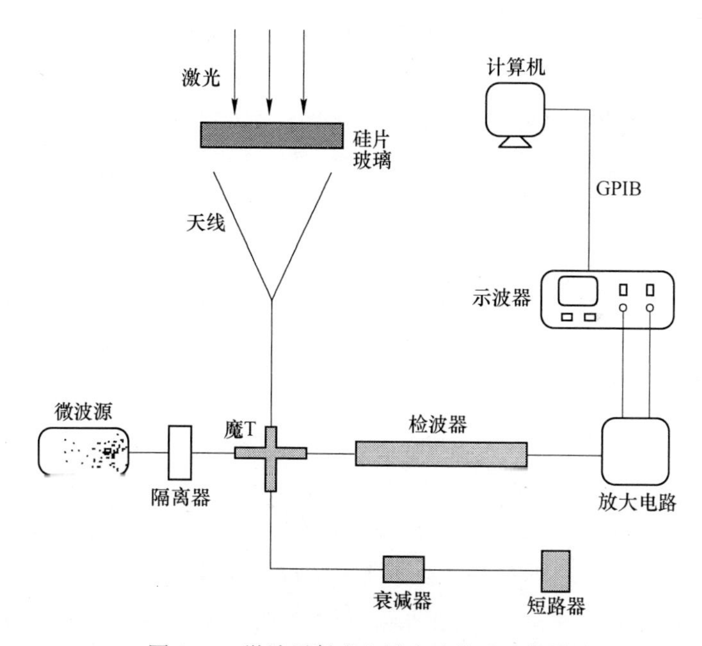

图 10-8 微波反射光电导实验装置示意图

10.1.3.2 表面光电压（SPV）法

虽然 PCD 法较简单，已成为人们首选的方法，但是当少子寿命较长时，样品尺寸（如薄片）会限制 PCD 法的使用，而使用 SPV 法测量寿命时允许检测的厚度可大大减少。另外，SPV 法还具有不破坏样品的优点，因此在生产中也受到很大关注。

当光照射在半导体表面，产生电子-空穴对时，通常在半导体近表面区域电子、空穴会重新分布，从而减少了能带的弯曲，这种能带弯曲的减少称为表面光电压。这一电压的检测可利用电容耦合表面，不需要接触样品。研究发现 SPV 是少子浓度的单一函数，而少子自身依赖于体少子扩散长度、入射光通量、光学吸收系数等。

测试扩散长度的方法两种，一种是固定入射光的光强，而测试在不同波长下的 SPV 值；另外一种是恒定 SPV 方法，即改变激发光的波长，调节光通量使在不同波长下得到相同的 SPV 值。通常采用恒定 SPV 方法测试扩散长度，测试系统如图 10-9 所示，用能量大于硅半导体禁带宽度的斩波单色光照射样品，在样品前面放置一透明电极，用来收集电压，光照后的表面形成空间电荷区，而背面仍为黑暗状态，可用锁相技术来提高信噪比。

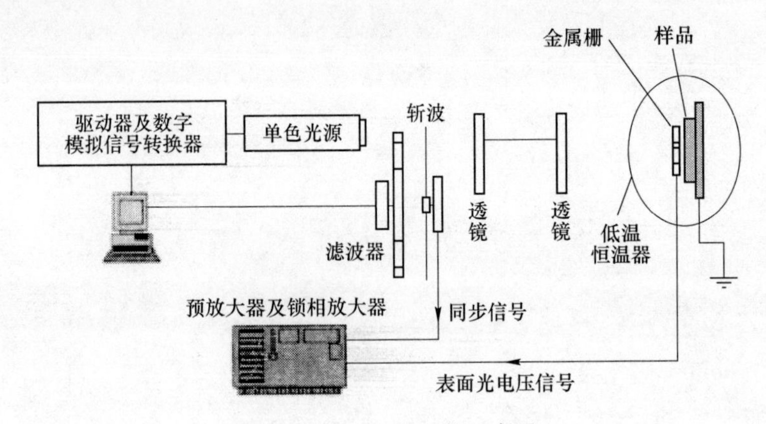

图 10-9 SPV 测试系统示意图

10.1.3.3 其他方法

A IR 载流子浓度成像（CDI）法

CDI 法的优点是测试时间短，适用于生产上的在线监控过程。此法是利用 Si 片中自由载流子的红外吸收进行测试。一个红外光源发出的红外光照射在硅片上，另外一个快响应，CCD 相机对中红外区域敏感，可结合锁相技术测试两种状态下的硅片的红外透射率：在锁相周期的前半个周期内，用近似为 1 个太阳 (AM1.5G) 的半导体激光（$\lambda=917$nm）照在样品上，产生过剩自由载流子；在后半个周期内，样品处于完全黑暗状态，不能产生过剩载流子。这两个过程的图像之间的差异正比局域过剩载流子的浓度。由产生几率 $G(x, y)$，可以根据式（10-15）计算出实际寿命值。

$$\tau=\frac{\Delta n(x, y)}{G(x, y)} \tag{10-15}$$

CDI 法除了能够测试出真实的载流子寿命之外，还能够测试在不同注入水平下的有效寿命。

B 调制自由载流子吸收（MFCA）法

MFCA 法是利用锁相技术测量平均过剩载流子浓度与谐波调制偏置光之间的相偏移及其与调制频率之间的关系。用能量小于 Si 能隙的红外激光（波长 1.55μm）探测平均过剩载流子浓度。自由载流子的带内跃迁吸收这些光子，其吸收程度取决于红外激光在材料中的透射强度及红外光探测区的自由电子的总浓度。当 $\omega<\frac{1}{b}$ 时，有效寿命 τ_{eff} 可近似表述如下：

$$\tau_{eff}=\frac{\tan(\phi)}{\omega} \tag{10-16}$$

式中，ω 为角调制频率；ϕ 为测量的相偏移。可使用激光二极管作为载流子激发光源，光源由两部分组成：正旋信号部分和恒定稳态部分，为了在限定的注入水平下进行测试，产生光源中正旋部分的强度是稳态部分的 10%。稳态部分的强度可以通过中性滤光片加以调节，MFCA 技术非常适合于测试较高过剩载流子浓度（1014～1017/cm^3）。

C 电子束诱导电流（EBIC）法

高能电子束入射到样品上时，轰击区内原子电离，产生大量的电子-空穴对。如果样品具有势垒性质，电子和空穴会被势垒所建的电场分开，从而在外电路输出一个远大于入射电子束的电流，这个电流称为电子束诱导电流（EBIC）。

EBIC 可用来描述样品特征图像的产生信号，例如，样品中 PN 结的位置，存在的局域缺陷，载流子的扩散长度，以及非均匀掺杂分布等。由于扫描电镜是电子束最为方便的源头，EBIC 技术一般作为 SEM 的一个附属功能提供。如果采用合适的电接触，可以收集、放大和分析电子束注入样品产生的电子和空穴，因此载流子在不同局域位置产生、漂移或者复合的差异可以直接通过 EBIC 图像给出。具有电学活性的缺陷使电子束诱导电流减少，在 EBIC 图像中会显得比较暗，这表明少子寿命比较低。

此外，EBIC 还可用于研究半导体器件与集成电路失效分析、深能级，观察样品中微区电阻率变化和生长条纹。

D 光束诱导电流（LBIC）法

LBIC 法是测量具有一定大小和形状的单色光束激发太阳电池产生的电流的光谱响应。在此法中，光生载流子产生于光束照射的局域位置，在所有光照产生的少子中，只有不参与复合过程的少子才会产生电流信号。测量光束产生的短路电流，通过这个短路电流，同时测得了在这个光照区域的少子复合信息，如少子扩散长度。如果确定分布在材料表面和体内的功率密度，则可以决定单位时间内产生的载流子数量。为了获得绝对的光生电流值，需要对光的强度进行标定（如采用标准太阳电池)，利用锁相技术来提高信号的信噪比。

10.1.3.4　光电导衰退法测量少子寿命的测准条件分析

用光电导衰退法测量少子寿命时，要做到准确测量，应满足以下几个条件。

A　表面复合修正

非平衡载流子注入半导体内后，通过复合，会逐渐衰减。复合中心可来自两方面：一方面是体内的杂质；另一方面是表面能级。当表面复合作用影响较大时，非平衡载流子的衰减偏离指数曲线，往往显得衰减更快一些。这样测出的寿命值（表观寿命）比实际体寿命更短。二者之间的关系为：

$$\tau = \left(\frac{1}{\tau_{\text{表观}}} - \frac{1}{\tau_{\text{表面}}}\right)^{-1} \tag{10-17}$$

$$\tau_{\text{表面}} = \frac{1}{R_s} \tag{10-18}$$

式中，$\tau_{\text{表观}}$为在表面复合作用影响下实际测出的表观的寿命；$\tau_{\text{表面}}$为仅仅考虑表面复合作用的寿命，它的大小与表面复合率 R_s成反比。

表面复合作用与样品表面的状况、样品的尺寸和形状有很大关系。样品表面经过喷砂或粗磨后，则其表面能级，即表面复合中心较多，表面复合作用影响就较大。但是如果样品经喷砂或粗磨后，其表面复合率 R_s 比较稳定，便于修正。样品表面若经过化学抛光后，其表面复合作用比较小。样品的尺寸越小，其表面积相对就大，即表面积与体积的比值大，因此表面复合作用影响就大一些。目前解决表面复合影响的办法主要有两种：

（1）对于大尺寸样品，进行化学抛光。如果化学抛光样品的尺寸比较大，可以不考虑表面复合的影响，直接将测定的寿命作为样品的体寿命。

（2）对于标准尺寸的样品，应控制和稳定其表面复合率，然后进行修正。通常采用的做法是对样品进行喷砂或粗磨处理，因为经过喷砂或粗磨的表面，其表面复合速度比较恒定，便于从理论上考虑修正。对于边长为 a、b、c 且表面经粗磨的矩形样品，表面符合率为：

$$R_s = \pi^2 D\left(\frac{1}{a^2} + \frac{1}{b^2} + \frac{1}{c^2}\right) \tag{10-19}$$

对于长为 l，直径为 d 且表面经粗磨的圆柱形样品，表面复合率为：

$$R_s = \pi^2 D\left(\frac{1}{l^2} + \frac{1}{4d^2}\right) \tag{10-20}$$

式（10-19）与式（10-20）中，D 为双极扩散系数，即：

$$D = \frac{n_0 + p_0}{\dfrac{n_0}{D_P} + \dfrac{p_0}{D_N}} \tag{10-21}$$

式中，D_P 和 D_N 分别为空穴和电子的扩散系数。

关于薄片样品的表观寿命，阙端麟认为可利用表面研磨过的一定厚度的硅片作为寿命测量的基准。相应的寿命值为

$$\tau_{表观} = \frac{d^2}{\pi^2 D} \tag{10-22}$$

式中，d 为硅片的厚度。

B 光源波长

使用贯穿光作为激发光源，可满足体复合条件，减小表面复合影响。对硅来说，要保证在体内激发出非平衡载流子，应使用波长为 1.1μm 左右的光的光子。更短波长的光波通常难以透入半导体内部，只能激发出表面非平衡载流子，从而增大了表面复合作用的影响。因此必须防止短波长的光照射到待测试样，通常可采取的防止措施是在光路上添置一块高阻硅滤光片，以吸收掉短波长的光。

另外，使用激光作为光电导衰退法的光源，效果更好。由于它的波长是单色的，只要波长为 1.1μm 左右就是很好的贯穿光，这样可以增加这种有用贯穿光的强度。

C 注入比

在大注入情况下，由电压衰减曲线得到的衰减时间常数 τ_v 与非平衡载流子寿命 τ 之间的关系可用下式表示：

$$\tau = \tau_v\left(1 - \frac{\Delta V}{V_0}\right) \tag{10-23}$$

式中，τ_v 是由电压衰减曲线得到的寿命值。很显然，此时由电压衰减曲线得到的寿命值与非平衡载流子寿命相差一个系数，且这一系数与注入比有关。因此，在大注入比的情况下，为了减少误差，需要将式（10-23）进行修正。当然，应该尽可能满足小注入比这一条件，即注入比控制在 1%以内。注入比可以通过控制氙灯的闪光电压、加滤光片或加光栏以限制光通量这三方面进行控制。

D 样品内电场强度和光照面积

在直流光电导衰退法测量寿命时，电场强度是一个重要的影响因素。如果样品内的电场强度太大，非平衡少子将受直流电场的作用，漂移速度加大，尚未来得及复合掉就被电场牵引出半导体的体外，进入电极，从而使测量到的样品的寿命值偏低。因此人们提出了一个临界电场的概念。临界电场是指非平衡载流子的漂移运动和扩散运动速度相一致时的电场强度。临界电场以下的电场强度不会影响到半导体体内少子寿命的准确测量。在实际测量中，可通过在回路上串联一个电流表，以监视恒流大小这一途径来控制电场强度。

在直流光电导衰退法测寿命时，对光照面积也有一定的要求，即光照区应在

样品的中央。对矩形样品（$2A\times2B$），光照面积应在 $A\times B$ 之内。因为光照面积过大，甚至照射到样品两端电极附近，在电极附近的非平衡载流子很容易被电场牵引到电极之中，加快非平衡载流子的衰减，从而导致所测寿命值的偏低。

在高频光电导法中高频电场的临界值非常大，实际的高频电场强度远小于临界电场，因此，在实际测量中不需要考虑高频电场的大小。非平衡载流子没有扫出效应。

直流光电导法要求光照限制在1/4正中央面积上，而高频光电导法可不必考虑样品受光面部位的大小，因而大大简化了测量手续。

E 陷阱效应的消除

一些陷阱中心往往存在半导体内，陷阱可以俘获经过光照激发出的非平衡载流子。这些非平衡载流子经过较长时间（远大于τ）才能被释放出来，然后被复合衰减掉，从而使寿命值虚假地增长。但这种寿命不能代表真正的体寿命。陷阱效应表现在指数衰减曲线有一条拖长的尾巴。在出现陷阱效应时，读取寿命值的最好方法是标准曲线法，在 $1/2\tau\sim2\tau$ 区间内将实际衰减曲线与标准曲线相重合，以尽量减少寿命测量值受陷阱效应的影响。

可以采用如下办法来消除陷阱效应对测量的影响：就是使整个样品普遍加底光照，然后再用脉冲光进行测量。这样做的目的是让样品预先底光照激发出载流子，用这些激发出的载流子来填满陷阱。然后在脉冲光测量少子寿命时，陷阱就失去继续俘获非平衡载流子的能力，从而消除了它对测量的影响。

F 光生伏特效应及其检查

电阻率不均匀的硅晶体样品经过光照射时，被光激发出非平衡载流子后，N型材料的非平衡空穴向高阻区扩散，非平衡电子向低阻区扩散，从而引起两个区域之间的电荷积累，产生电位差。另外，光照面与暗面之间由于非平衡载流子的不均匀分布也可导致电位差的存在，这些现象均可称为光生伏特效应。这种效应会影响非平衡载流子的复合，进而影响寿命值的准确测量。

在直流光电导或高频光电导衰退法中，光生伏特效应是否存在，可以采用如下检查办法：不给样品通电流，再用光激发出样品内的非平衡载流子，若有光生伏特效应，则样品内将产生光生电动势，此电动势也是随非平衡载流子按指数规律衰减。这样，在示波器上也出现一条指数衰减曲线，这就表明样品内存在较大的光生伏特效应。

通常情况下，如果样品的电阻率比较均匀或光照不太强，则光生伏特效应不明显，少子寿命受其影响甚微，可忽略不计。

G 影响寿命测量的其他因素

以上讨论是在假设条件下进行，即激发光是瞬时切断的，但是实际上光源熄灭时存在余辉。由于余辉的强度一般按指数规律衰减，因此非平衡载流子的衰减变慢。为了测准寿命值，光源的余辉时间应控制在 $\tau/3$ 以内。

除了以上因素以外，少子寿命值的测准还受测试位置、测量者实践经验、显示系统的失真情况、测试方法本身固有的缺点等因素影响。

10.1.4 霍尔系数的测定

霍尔效应是半导体中载流子在磁场和电场作用下所产生的效应。金属和导电流体等也有这种效应，而半导体的霍尔效应比金属强得多。利用霍尔效应可以测量霍尔系数，通过霍尔系数的测量可判断硅晶体的导电型号，还可推算出半导体中的载流子浓度、杂质电离能、禁带宽度等。如果配合半导体材料的电阻率测量还可以推算出载流子的迁移率。

10.1.4.1 霍尔效应

将一块半导体样品，沿 z 方向加以磁场 B，沿 x 方向通以工作电流 I，则在 y 方向产生出电动势 V_H，如图 10-10 所示，这一现象称为霍尔效应。V_H 称为霍尔电压，对应的电场称为霍尔电场。霍尔效应产生的原因是形成电流的作定向运动的带电粒子即载流子在磁场中所受到的洛仑兹力作用。

实验表明，在磁场不太强时，霍尔电场 E_H 和霍尔电压都与电流密度和磁感应强度的乘积成正比，此外，霍尔电压还与板的厚度 d 成反比

$$E_H = \frac{R_H IB}{A} \quad 或 \quad V_H = \frac{R_H IB}{d} \tag{10-24}$$

式中，R_H 为霍尔系数；I 为通过样品的电流；B 为磁感应强度；A 为样品的横截面；d 为样品厚度。

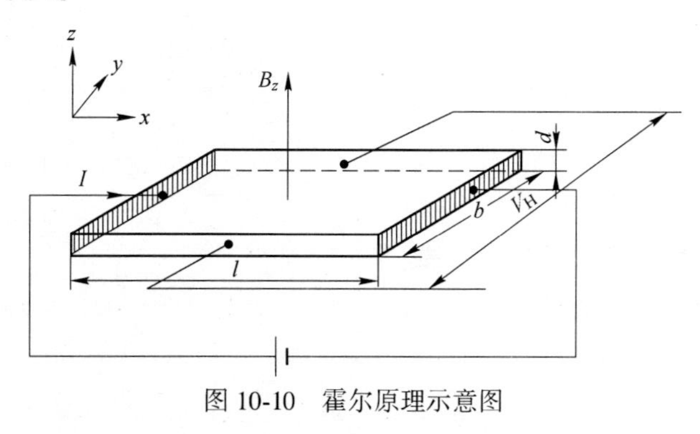

图 10-10 霍尔原理示意图

10.1.4.2 霍尔系数的测定

将厚度为 d 待测半导体样品，放在均匀磁场中，通以控制电流 I，测出霍尔

电压 V_H，再用高斯计测出磁感应强度 B 值，就可测定样品的霍尔系数 R_H。

根据理论推导的结果，霍尔系数 R_H 可表示如下

$$R_H = -\frac{1}{nq} \quad (\text{N 型}) \quad 或 \quad R_H = \frac{1}{pq} \quad (\text{P 型}) \tag{10-25}$$

式中，n 或 p 是载流子浓度；q 是电子电荷。因此硅材料的导电型号可通过霍尔系数的测量来确定。当 R_H 为正时，半导体为 P 型，当 R_H 为负时，半导体为 N 型。

有更精确的理论指出，半导体霍尔系数的公式中还应引入一个霍尔因子 γ，即

$$R_H = -\frac{\gamma_n}{nq} \quad (\text{N 型}) \quad 或 \quad R_H = -\frac{\gamma_p}{pq} (\text{P 型}) \tag{10-26}$$

γ 是霍尔因子，一般在 0.5~1.5 之间，它取决于所给定材料导电的具体情况。当磁场足够高时，γ 可以简化为 1。实际上，直接用 $\gamma=1$ 所对应的霍尔系数确定载流子浓度所引进的误差并不严重。

当样品中空穴和电子的数量相当时，即存在明显的杂质补偿，此时，霍尔系数还与电子、空穴有关。如果电场较弱，则：

$$R_H = \frac{p - b^2 n}{q(bn + p)^2} \tag{10-27}$$

式中，b 为电子、空穴电导迁移率的比率。

上述推导是从理想情况出发的，实际情况要复杂得多，在产生霍尔电压的同时，还伴有副效应，副效应产生的电压叠加在霍尔电压上，造成系统误差。因此，在霍尔电极上读出的数值中，包括虚假的电压。虚假电压中大多数能够通过测量不同磁场和电流组合下的电压值得到消除，具体如表 10-2 所示。

表 10-2　不同磁场和电流组合下的电压值

磁场方向	电流方向	测量电压值	理论值
+	+	V_1	$V_H+V_E+V_N+V_{RL}+V_M+V_T$
−	+	V_2	$-V_H-V_E-V_N-V_{RL}+V_M+V_T$
+	−	V_3	$-V_H-V_E+V_N+V_{RL}-V_M+V_T$
−	−	V_4	$V_H+V_E-V_N-V_{RL}-V_M+V_T$

表 10-2 中，V_E 是爱廷豪森效应引起的电压；V_N 是能斯特效应引起的电压；V_{RL} 是里纪-勒杜克效应产生的电压；V_M 是由于霍尔探针在电学上未精确对准而引起的电压；V_T 是由于探针间外加的温度梯度而产生的温差电压；V_H 才是真正的霍尔电压。将他们合并可以得到

$$V_H + V_E = \frac{V_1 - V_2 - V_3 + V_4}{4} \tag{10-28}$$

10.1.4.3 测准条件分析

在测量霍尔电压和电阻率中，由下列因素可能会得到某些虚假的结果。

(1) 当样品中因电场的存在而引起少数载流子的注入时，对于高少子寿命和高阻材料，这种注入的结果往往会导致使电极附近试棒的电阻率下降。在测量时，选用低电压，通过重复测量可检测出有无载流子注入。如果电阻率不增加，则说明没有注入载流子。

(2) 电阻率的测量受光电导和光生伏特效应影响很大，在接近本征材料的电阻率时影响更为明显。为了保证测量的准确性，所有测试工作必须在暗室中进行。

(3) 如果检测设备放在高频发生器附近，则电路中会产生感应的虚假电流。此时必须屏蔽该电流。

(4) 测量高阻样品时，如果表面漏电会导致结果不准确。另外，电路中开关、插接件、导线、电缆等元件的漏电也会引起虚假的结果。

(5) 半导体中电阻率温度系数显著，因此为了避免电阻加热效应，样品温度应该是已知的，且使用的电流应该足够小。

(6) 样品杂质浓度、磁通不均匀或接触电阻太大都会导致不精确的测量结果。

(7) 在测量平行六面体或桥形样品的霍尔系数时，为了避免或减少短路效应，测量所用的侧面接触点要远离两端接触点。

(8) 由爱廷豪森效应所引入的误差往往很小，尤其在样品与它周围环境有良好的热交换时误差更小，因而这一误差可忽略不计。除爱廷豪森效应以外的热磁效应和由于侧面电极没有对准引起的效应（在平行六面体或桥形样品上），平均霍尔电势的方法可将其消除。

(9) 对于像 N 型硅这样的各向异性材料，电流、磁场与晶轴相对取向都会影响霍尔系数的测量。

霍尔效应要求的大部分测量结果应精确到±1%。整个样品中磁通的均匀性保持在±1%。磁场变化应小于 1%。样品中电流密度应使相应的电场小于 1V/cm。

10.1.5 迁移率的测量

在半导体材料中，由某种原因产生的载流子处在无规则的热运动中，当外加一电场时，则在热运动上又叠加了附加的速度分量——漂移速度，方向由载流子的类型而定。载流子在外场下的漂移速度比载流子的实际速度要小得多，这是因

为载流子实际的热运动的踪迹是十分曲折的。载流子在外电场的漂移速度 v_d 与电场强度 E 成正比

$$v_d = \mu_d E \tag{10-29}$$

式中，μ_d 是载流子漂移迁移率，简称迁移率。μ_d 反映了载流子在电场作用下的运动能力，直接关系到载流子的传输性能、复合状况、发光效率与器件高频性能等，是半导体的重要参数。

另外，μ 可以由下式定义和测量：

$$J = \sigma E = \mu_c nqE(\text{N 型}) \quad \text{或} \quad J = \sigma E = \mu_c pqE(\text{P 型}) \tag{10-30}$$

式中，μ_c 为电导迁移率；n 和 p 为载流子浓度；μ_c 和 μ_d 在原则上是相同的。因此，由对电阻率和载流子浓度的测量可得出多数载流子的迁移率和漂移速度。

对于硅半导体 μ 的测量，最普遍的方法是霍尔效应法。此法在非常宽广的温度范围和掺杂范围内都适用。因此，μ 还可由霍尔迁移率 μ_H 定义

$$\mu_H = \sigma R_H \tag{10-31}$$

式中，R_H 为霍尔系数，理论证明 μ_H 与 μ_c 相差一个系数，具体与掺杂浓度和散射机制有关。

值得注意的是，由于 μ 是个二阶张量，所以在晶体（立方晶系除外）中 μ 都与方向有关，是各向异性的。

10.2　硅材料物理化学性能的分析

10.2.1　X 射线分析

10.2.1.1　X 射线性质

X 射线在本质上与可见光一样，都是一种电磁波，但其波长要短得多。通常，X 射线的波长范围约为 0.001~10nm。在晶体结构分析时常用的 X 射线波长约在 0.01~0.1nm。因为 X 射线的波长很短、能量很高，所以有很强的穿透物体的能力。实验证明，当 X 射线穿过物质时，其强度会衰减，而衰减的程度与所经过物体的厚度有关。X 射线对厚度在 1mm 内的硅晶体样品有一定的透射强度。

如果让一束连续波长的 X 射线照射到一小片晶体上，则在照相底片上除了透射光束形成的中心斑点以外，还可以出现其他许多斑点，这些斑点的存在表明有偏离原入射方向的 X 射线存在。把 X 射线遇到晶体以后改变其前进方向的现象，称为 X 射线的衍射现象。把偏离原来入射方向的这种 X 射线束，称为衍射线。

10.2.1.2　X 射线衍射分析

当波长为 λ 的单色 X 射线照射到晶体时，且入射 X 射线与晶体中某一晶面

的掠射角为 θ，晶体中电子受迫振动产生相干散射，同一原子内各电子散射波相互干涉形成原子散射波，各原子散射波相互干涉，在某些方向上一致加强，即满足布拉格定律：

$$2d\sin\theta = n\lambda \tag{10-32}$$

式中，n 为衍射级数；d 为衍射晶面的面间距；2θ 为衍射加强的角度，即衍射角。此时，可在与入射线之间角度为 2θ 的位置上产生衍射线（见图 10-11）。

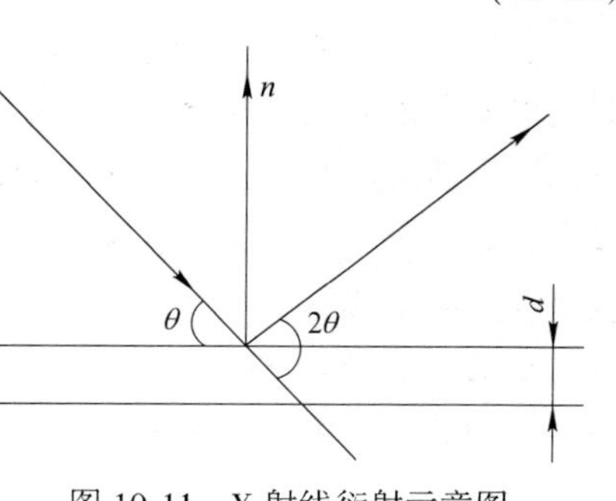

图 10-11 X 射线衍射示意图

如果样品结构未知，则利用 X 射线衍射仪可确定衍射角，即可确定其晶面间的距离，从而确定其结构。X 射线衍射分析物相比较简便快捷，可用于多晶体的综合分析，也可对尺寸在微米量级的单晶体进行晶体结构、晶体取向和晶体的点阵常数等方面的分析。

单晶硅和多晶硅的 X 射线衍射图存在很大差别，单晶硅的衍射图为斑点；而多晶硅的衍射图一般为一系列的圆环，主要是由于各晶粒的取向不同。如果多晶硅的晶粒比较大，则圆环还可能呈不连续状态。

10.2.1.3 X 射线双晶衍射

普通 X 射线衍射仪的分辨率较低，主要是由于普通 X 射线衍射仪的 X 光源是通过高能电子撞击金属靶材产生的，导致获得的 X 射线的宽度较大。为了降低 X 射线的线宽，以提高谱线的分辨率，可将一个高质量的晶体插入于 X 射线源与待测样品之间，如图 10 12 所示。该晶体衍射束的平行度和单色性都有了很大的改善，因此利用这样的衍射束作为待测样品的光源，可以进行一些十分精细的分析即双晶衍射。

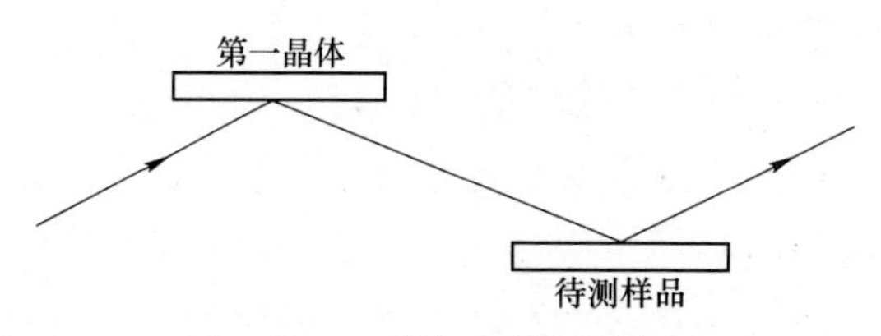

图 10-12 双晶衍射装置示意图

10.2.1.4 X 射线形貌技术

X 射线在半导体测试技术中除了用来测定晶体结构和取向等以外，最主要的是利用晶体周围的晶格畸变区与完整晶格区的 X 射线衍射强度差或异常透射效应引起的强度衬度所形成的缺陷像来分析样品中的缺陷和杂质，这种技术称为X射线形貌术或X射线显微术。这种形貌术在工业上已得到广泛的应用，成为分析半导体材料中缺陷和杂质团的有效手段。

当X射线入射到一薄晶体上时，入射线的延长线方向上强度可能加强或减小。如果样品对X射线的吸收系数与样品厚度的乘积大于1，则可观测到强度加强现象，反之，表现为强度的减弱，这就是异常透射效应。理论证明，异常透射是由于不满足衍射条件而引起的透射。当样品很厚时，X射线被晶体全部吸收，异常透射效应消失；但厚度较薄时它的强度显得比背景强。因此如果有杂质及缺陷存在样品中，就破坏了正常的衍射条件，在衍射中就会出现缺陷像。

X射线形貌术被广泛地应用于科研与生产领域，这主要是由于它与其他观察晶体缺陷的方法相比较具有如下优点：

(1) 用X射线形貌术检查晶体中缺陷时，不需要破坏样品，样品经检查后可以继续使用，且对样品无特殊要求，可以直接用样品片子进行照相。其他的检查缺陷的方法，如腐蚀坑法、电子显微镜薄膜透射法，红外显微镜法都要破坏样品，也难以保证样品中的缺陷保持原始状态。电子显微镜薄膜技术要求使用薄箔样品，而制备这种样品就非常困难。

(2) 能够测定晶体中位错的类型、走向和柏格斯矢量。

(3) 能够一次拍摄大块晶片中所有的缺陷，并能拍立体照片，推测缺陷在晶体中的空间位置。

(4) 能够显示晶体中的杂质条纹和杂质所造成的微应力区，还可显示晶体弯曲、损伤等情况。

10.2.2　光谱分析

10.2.2.1　红外吸收光谱

半导体硅对红外线吸收很弱，有良好的透过率。因此，利用红外光谱可以测定硅材料中的微量杂质，还可以测定它的许多光学和电学参数。

A　晶体中杂质及其络合体的组态分析

利用杂质及其络合体在晶体中振动模的红外吸收峰的位置、数目、相对强度、同位素位移及晶体的对称性可以确定它们的大部分性质。如可检测硅单晶中的替位碳及间隙氧等。

B　测定分子结构、杂质浓度及能级

利用分子对红外辐射有选择吸收可确定分子的种类和结构。分子的振动及转动能量较小，与光谱中的红外波段相对应。因此当物体被红外光照射时，在与光子能量对应的能级间产生电子跃迁，宏观上表现为物体对红外光的选择性吸收。

物质分子结构可由吸收峰位置来确定，这是由于不同的分子其振动能级和转动能级时不同。

利用红外光谱还可以测定杂质的浓度。如果不考虑样品表面的反射和多次内部吸收，那么当一束强度为 I_0 的光透过厚度为 d 的样品后，其光强度为 $I = I_0 e^{-\alpha d}$,其中 α 为吸收系数。吸收系数与透射后的光强 I 存在如下关系：

$$\alpha = \frac{1}{d}\ln(I_0/I) \tag{10-33}$$

吸收系数确定后，对应这一吸收峰的杂质浓度可表示为 $N = f\int\alpha(v)\,dv = fA$。其中，$A$ 为积分吸收强度；f 为转换因子。实际工作中，通常用吸收峰的峰值代替积分吸收强度，即

$$N = f\alpha_{max} \tag{10-34}$$

在使用红外吸收光谱法测量半导体的杂质和缺陷时，应注意以下事项：所采用的参比样品要求厚度大致相同但杂质含量很低，这主要是因为原生半导体一般杂质很少，且有的吸收峰与硅材料本身的吸收峰有重叠；在测重掺样品时，首先应通过高能电子轰击样品，这主要是因为当样品中自由载流子浓度很高时，其吸收峰往往会掩盖杂质吸收峰，导致材料中的杂质含量难以被红外光谱直接测定。

当杂质含量较低时，吸收系数也低，但是红外谱图中的吸收峰却变得更加敏锐，而且还出现更多的精细结构，这些精细结构能够反映杂质的激发态能级。

C 光学参数的测定

半导体对不同波长的光或电磁辐射有不同的吸收性能，人们常用吸收系数 α 来描述这种吸收特性。α 的大小与光的波长 λ 有关，因而可以构成一个 $\alpha \sim \lambda$ 的连续谱带。由固体光学理论可知，当光透过厚度为 x 的薄片样品时，其透射率为 $T=(1-R)^2e^{\alpha x}$，其中 R 为反射系数。吸收系数和反射系数可以通过测量不同厚度的样品（处理方法相同）的透射率来确定。而吸收系数和反射系数与折射率 n 和吸收率 k 的关系如下：

$$R = \frac{(n-1)^2 - k^2}{(n-1)^2 + k^2},\quad \alpha = \frac{4k\pi}{\lambda} \tag{10-35}$$

由此可见，通过对厚度不同的样品的红外透射率 T 的测定，就可以测定吸收系数 α、吸收指数 k、反射系数 R 及折射率 n 等光学参数。

D 外延层厚度的测定

通常使用红外干涉法来测定外延层厚度，即利用红外线入射到外延层后又分别从衬底表面和外延层表面反射出来，反射光束在满足一定条件下会发生相互加强或减弱的干涉作用，然后由发生加强或减弱的波长换算出外延层厚度为：

$$t = \frac{m\lambda_1\lambda_2}{2(\lambda_1 - \lambda_2)\sqrt{n^2 - \sin^2\theta}} \tag{10-36}$$

式中，λ_1、λ_2分别为干涉极大或极小值对应的两个波长；θ 为入射角；m 为两个波长之间的峰或谷的数目；n 为外延层的折射率。

红外干涉法对样品不具破坏性，此法还可用来测定薄片和二氧化硅氧化膜的厚度。

E 载流子浓度的测量

除了利用电学特性测量半导体中载流子浓度外，还可以利用光学性质对之进行测量。例如，半导体的光学吸收系数和折射率就与其中自由电子或空穴浓度有关。从原理上说，可以借助于测量吸收系数或反射率来确定半导体中载流子浓度。光学方法的优点在于它是非接触和非破坏性的，适用于薄层材料的测量。

利用红外吸收谱中等离子共振极小点处的波长 λ_{PR} 来测定半导体中载流子浓度是光学测量方法之一。对杂质半导体来说，其反射率与光的波长有关。波长比较短时，其反射率几乎不变，与载流子浓度无关，接近本征半导体的反射率。随波长增加，反射率减小。在波长 λ_{PR} 处出现极小点，称这种现象为等离子共振。当波长超过 λ_{PR} 反射率又很快增加到 1。等离子共振反射率极小点波长 λ_{PR} 和半导体中多数载流子浓度 N 之间存在如下关系：

$$N = [A\lambda_{PR} + C]^B \tag{10-37}$$

这是一经验关系，其中常数 A、B、C 列于表 10-3 中，这些经验常数是通过实验测定的，对于半导体硅材料，不同型号，不同波长适用范围应选取不同的值。

表 10-3 由 λ_{PR} 计算硅材料载流子浓度的公式中各常数值

型号	应用波长范围/μm	A	B	C
N	2.8~42.5	3.039×10^{-12}	−1.835	-5.516×10^{-11}
P	2.5~5.4	4.097×10^{-13}	−2.071	0

F 硅中氧、碳、氮的红外吸收及其浓度测定

氧、碳、氮是硅晶体中浓度比较高的元素，其中氧、碳在硅晶体中的行为对材料的性质有重大影响。下面对氧、碳、氮这三种元素依次介绍他们与红外吸收有关的某些行为及其浓度测定。

a 硅中的氧

氧是直拉硅晶体中的主要杂质，它来源于晶体生长过程中石英坩埚的污染；而区熔硅单晶中氧浓度很低，低于氧的红外探测极限（$1\times10^{16}\text{cm}^{-3}$），这是因为区熔硅晶体不使用石英坩埚。硅中氧的存在形式为间隙氧或沉淀氧。硅样品经1350℃以上热处理，沉淀的氧可以溶解，转变成间隙氧。1956 年 Kaiser 等通过熔

融气相色谱法确定红外吸收光谱中 9.04μm（$1106cm^{-1}$）处的间隙氧含量为

$$[O] = f\alpha \times 10^{23} s/m^3 = 2f\alpha(10^{-6}) \tag{10-38}$$

b　硅中的碳

碳是硅晶体中的另外一种重要轻元素杂质，它主要存在于直拉硅晶体中，在区熔硅单晶中偶尔也能观测到。硅中的碳杂质能使硅器件击穿电压大大降低，漏电流增加，对器件的质量有负面作用，在晶体生长中应尽力避免碳杂质的引入。在目前的集成电路用直拉硅晶体中，碳杂质已能被很好地控制，浓度可以在 $5\times10^{15}cm^{-3}$以下。硅中碳的存在形式是替位碳，C—Si 振动的吸收峰位于 16.6μm（$603cm^{-1}$）处。但由于硅晶格振动峰在 16μm 处有很强的吸收，所以需要用参比法测定硅中的碳含量。

c　硅中的氮

氮不是硅晶体中不可避免的杂质，一般是通过不同途径故意加入的，以抑制微缺陷和增加机械强度。氮在硅晶体中存在的主要形式是氮对，这种氮对有两个未配对电子，和相邻的两个硅原子以共价键结合，形成了中性的氮对，对硅晶体不提供电子。到目前为止，有两种可能的氮对结构模型被报道，如图 10-13 所示。

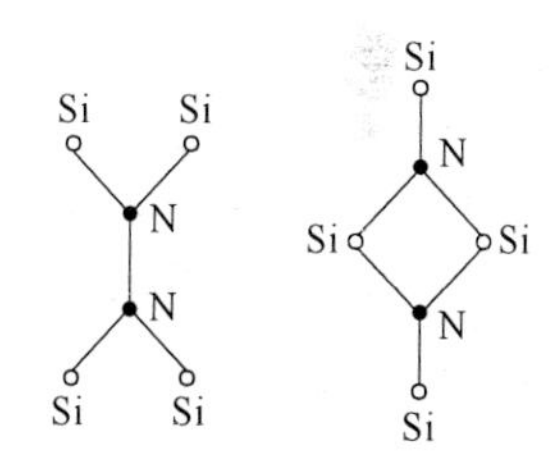

图 10-13　氮在硅中的两种模型

红外光谱法是硅中氮测量的常用方法，这种方法测量的是硅中氮对的浓度，而不是氮的所有总浓度。在红外光谱中，$963cm^{-1}$和 $766cm^{-1}$处吸收峰被认为和硅晶体中氮对相关，其中 $963cm^{-1}$处吸收峰被用来计算硅中氮的浓度。硅中主要杂质的红外参数见表 10-4。

表 10-4　硅中主要杂质的红外参数

杂质	峰位/cm^{-1}	半峰宽/cm^{-1}	转换因子
间隙氧	1106		4.81，2.45，3.03
替位碳	603	8	1.1
硅中氮	963	10.4	1.83

10.2.2.2　摄谱法

摄谱法，又名光谱法，是原子发射光谱中最常用的检测方法。量子物理表明，原子中的电子只能取分立值，电子在不同能级之间的跃迁伴随电磁波（光谱）的发射或吸收。这些光谱具有不同的波长和谱线强度。利用摄谱仪记录样品受激后发出的光谱，就可以确定样品中杂质元素的种类及其含量，且灵敏度很高。摄谱法操作简单、价格便宜、快速，在几小时内可将含有的数十种元素定性检出。

A　纯硅和二氧化硅中微量及痕量杂质的测定

在硅晶体生长以及随后的工艺处理过程中，往往会引入杂质，如痕量的金属杂质。要测定硅中痕量金属杂质可以采用摄谱法。先将硅置于氢氟酸与硝酸的混合溶液中分解，然后让氢氟酸挥发出去，再用纯碳粉吸附杂质。干燥后的硅装入石英摄谱仪的电极空穴中。用电弧激发，然后在摄谱仪上摄谱。利用此法，可以测定 Cu、Al、Ti、Ni、Ca、Sb、Fe、Mg 等金属元素。

二氧化硅中的金属杂质也可用摄谱仪测量，先将二氧化硅在氢氟酸中分解，其他操作与硅中的金属杂质的摄谱法测量类似。

如果富集溶解后的残渣中的杂质，并将其转移到平头石墨电极上进行摄谱，则检测灵敏度还可以提高到 $10^{-6}\sim10^{-8}$。表 10-5 为摄谱法检测微量及痕量杂质时常用的谱线位置。

表 10-5　摄谱法检测微量及痕量杂质时常用的谱线位置

元素	谱线	波长/10^{-10}m
Cu	Cu Ⅰ	3249. 54
Ca	Ca Ⅱ	3179. 33
Ti	Ti Ⅱ	30810. 03
Al	Al Ⅰ	3082. 16
Ni	Ni Ⅰ	3050. 82
Mg	Mg Ⅰ	2779. 83
	Mg Ⅱ	2790. 79
Fe	Fe Ⅱ	25910. 37/2599. 40
Sb	Sb Ⅰ	25910. 06
Mn	Mn Ⅱ	2576. 1
Ga	Ga Ⅰ	2943. 64
Mo		3170. 35
Zn	Zn Ⅰ	3345. 02
Pb	Pb Ⅰ	2833. 63
Sn	Sn Ⅰ	3175. 02
	Sn Ⅱ	2839. 99
In	In Ⅰ	3256. 09
Au	Au Ⅰ	2675. 95

B 高纯石墨中微量杂质测定

石墨被用作 CZ 单晶炉中的加热器，为单晶生长提供热量。石墨中的杂质对晶锭的质量有直接影响。摄谱法可测定石墨中杂质的含量。其操作方法如下：首先将石墨在 850～950℃下通氧气，反应生成二氧化碳，然后将残余物用盐酸溶解，再浓缩溶液，将浓缩后的溶液转移到光谱仪的电极上，用电弧激发后进行摄谱。利用摄谱法可同时测定石墨中的多种元素，灵敏度高达 10^{-7}～10^{-9}。

C 气体中痕量杂质的测定

气体中痕量杂质可以通过络合、挥发等方法富集，然后可利用摄谱法进行测量。例如三氯硅烷中的金属氯化物杂质浓度就可采用摄谱法测量，因为三氯硅烷中的金属氯化物可以与乙腈生成稳定的配合物。在一定温度下除去配合物，并用氢氟酸除去二氧化硅，将残渣溶解于盐酸中，再将其转移到平头石墨电极上进行摄谱。此法的检测灵敏度可达 10^{-8}～10^{-10}。

10.2.2.3 荧光光谱

荧光光谱可用于识别半导体中的杂质，测定硅中浅杂质的浓度，测量少子寿命和辐射效率，研究样品均匀性和硅中位错缺陷等。其优点在于对测试样品的形状无严格要求，且在大气中对样品的分析没有破坏性，是一种高灵敏度的测量方法。

荧光光谱分为原子荧光光谱和分子荧光光谱，荧光是一种辐射现象，原子荧光和分子荧光都是光致发光的结果。

当一定波长的光子照射物体时，光子可能被物体中的原子或分子吸收，使系统的能量上升。具有较高能量的系统通过释放能量而回到基态。系统可通过两种形式释放能量：一种是以非辐射的形式释放能量，如由俄歇效应或与声子作用转变成热量释放；另一种是以光子形式辐射释放能量。发射出的光按波长可分几个区，即红外区、可见区、紫外区、X 射线区，荧光光谱仪通常检测的是近红外区、可见区及紫外区的辐射。荧光光谱的工作方式有两种：一种发射谱，就是保持激发波长不变，扫描发射波长；另一种方法是激发谱，就是保持发射波长不变，对激发波长进行扫描。荧光激发光谱和发射光谱都可用于鉴别荧光物质、研究物质的电子结构及物体的发光机理。

随着人们对硅基光电集成材料的不断探索，利用荧光光谱的实验不断增加，如近年来纳米硅、多孔硅、二氧化硅发光等研究都需要利用荧光光谱检测。

10.2.3 质谱与能谱分析

10.2.3.1 X 射线光电子能谱（XPS）

X 射线光电子能谱是光电子能谱的其中一种形式，主要用于成分和化学状态的非破坏性分析，是以从样品射出的电子的能量分布作为分析基础。XPS 是与俄歇电子谱（AES）相兼容的一种非常有用的材料表面分析技术，XPS 得到表面信息深度与 AES 大致相同。但二者存在差别，如 AES 测量的是俄歇电子，其激发源是电子束或 X 射线；而 XPS 中测量的是光电子，其激发源必须是 X 射线。XPS 常用的 X 射线有两种，一种是 Mg 的 Kα 线，另一种是 Al 的 Kα 线。

XPS 的测量原理是建立在爱因斯坦光电效应基础之上的，图 10-14 为其原理示意图。

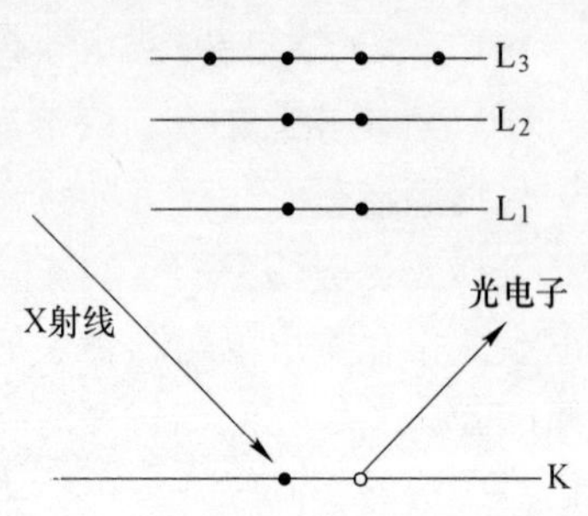

图 10-14　光电子能谱原理示意图

当能量为几千电子伏的 X 光入射到样品上时，在固体表面将有电子逸出，这种电子称为光电子。由爱因斯坦方程可得出，从原子某一能级发出的自由电子的动能应为 $E_k = h\nu - E_b - W_s$。其中 $h\nu$ 为光子能量，E_b 是电子所在能级的结合能，W_s 为固体的功函数。不同原子发出的光电子的动能是不同的，这是由于不同原子的结合能不同。因此根据出射电子随动能的分布可以确定样品中元素浓度。原则上 XPS 能分析所有元素，因为 XPS 的激发只涉及一个能级。但是，在一般情况下，XPS 与 AES 一样不能测出 H 和 He 这两种元素，这是因为常规的光电离对 H 和 He 的电离截面太小。

XPS 不但可以分析元素种类及浓度，还可以分析原子所处的环境。这主要利用了 XPS 中的化学位移。

与 AES 相比，XPS 具有以下优点：第一，根据化学位移，可进行价态分析；第二，可以分析绝缘样品。

10.2.3.2　二次离子质谱（SIMS）

二次离子质谱的基本概念是用质谱法分析由能量为几千电子伏的离子轰击样品表面产生的正、负二次离子。SIMS 可用于确定样品表面的组成。其原理如图 10-15 所示。

与 AES 和 XPS 相比，SIMS 具有以下优点：信息深度为表面几个原子层甚至单层；可探测包括氢、氦在内的全部元素及同位素、分子团等；能分析化合物，得到其分子量及分子结构信息，且特别适于检测不易挥发、热不稳定的有机大分子；对许多成分都有很高的检测灵敏度，对杂质的检测限可达 10^{-6} 甚至 10^{-9} 量级，是所有表面分析中灵敏度最高的一种；结合粒子束扫描及对表面的溅射作用，还可三维成分分布情况进行分析，例如可以分析硅片中杂质的面分布、周期很小的超晶格结构等。

但是，SIMS 具有以下主要缺点：对样品具有破坏性；质量分析比较困难，

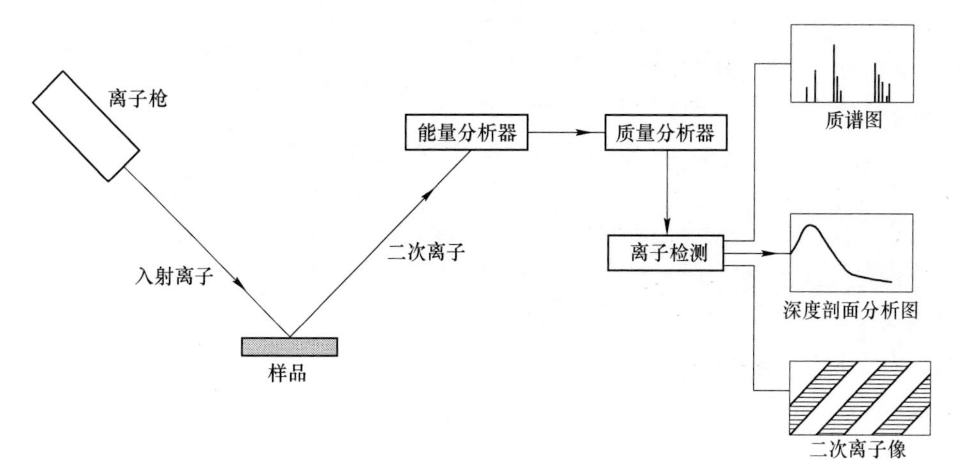

图 10-15　二次离子质谱原理示意图

这是由于入射离子的种类、数量、入射角、样品原子系数、表面结构、基体效应等对二次离子溅射产额有很大影响；由于存在择优溅射，可能不能准确测量真实成分的浓度。

10.3　硅晶体结构特性的检测

10.3.1　表面机械损伤和硅单晶中应变的测量

10.3.1.1　硅片表面损伤厚度的测量

表面损伤包括表面位错数目、粗糙程度、残余弹性应变及因碎裂而引起的各部分的微小取向差等。目前关于表面损伤尚无确切的定义。

在硅片生产线上硅片表面损伤通常通过目测决定，其损伤程度通常由观测者的眼睛、经验及检测方法来决定。生产线上硅片损伤层厚度的常规检测法可以采用磨角、择优腐蚀法。

磨角、择优腐蚀法的原理就是腐蚀速率及通过磨角扩展测试线宽。在单晶硅片中，硅晶格的有序排列区域和因机械损伤引起硅晶格无序排列区域的化学势不同，用择优腐蚀液腐蚀硅片时，损伤区腐蚀速率比正常区域快，所以形成一定形状的蚀坑。检测从硅片表面向内部蚀坑的分布和深度就能确定硅片中损伤层的厚度。因损伤层厚度较小，在微米量级，所以在测试前，用磨角器对被测样品先磨一个已知角度的斜面，如图 10-16 所示。在斜面上检测蚀坑的分布宽度 L，然后利用 $T=L\sin\theta$ 就能确定损伤层厚度 T。

硅片表面损伤层的厚度还可以通过 X 射线形貌术、电子显微镜、X 射线双晶衍射线的宽度、红外反射系数、光导电衰减法、电子顺磁共振、残余弹性应力及离子背散射等方法进行测量，但这些方法不适于生产线的常规检测。

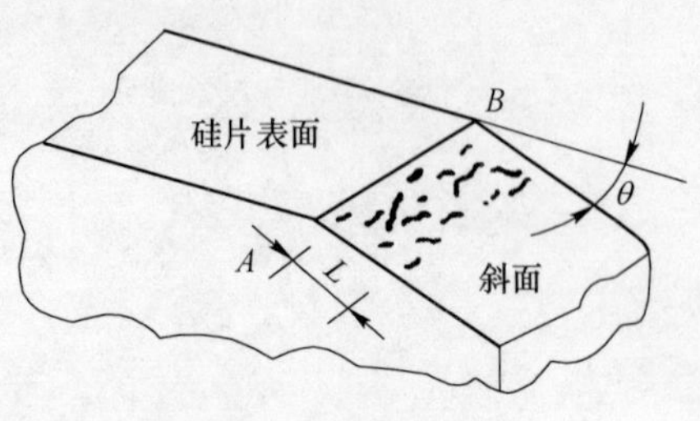

图 10-16　磨角示意图

10.3.1.2　硅单晶中应变的测量

在硅晶体生长过程及以后的各种处理中，往往会使晶体产生应变。带有应变的硅片在热处理中产生二次缺陷。X 射线衍射、双晶衍射等方法可用来测量与表面损伤有关的应变。

10.3.2　晶向的测定

测定晶体晶向的方法有 X 射线衍射法、电子衍射法、激光定向和 EBSD 技术等，对于要求不高的场合可以选用光学方法测定。下面简要介绍金相腐蚀法测定原理和步骤。

硅单晶中的原子按一定的对称性排列，形成金刚石结构。不同方向上原子间的键合强度存在差别，这是因为在不同的方向上原子间的距离不同。如果将硅单晶进行腐蚀，不同晶面上的腐蚀速度是不同的。经腐蚀后的硅片表面暴露的蚀坑能够反映晶体表面的晶向。当一束细平行光入射于经腐蚀过的表面后，晶体表面结构的信息包含于反射光束中。为了显示出特征光图，可在反射光经过的途中放置一个光屏。另外，晶体结构的暴露还可以通过解理的方法解决。即用金刚砂研磨需要的表面，研磨后的表面上就会留下许多微小解理面，这些解理面能够反映晶体结构。

根据上述原理测定晶向，操作步骤如下。

(1) 样品制备用粗金刚砂研磨样品表面使其平整。最后将样品放入腐蚀液中，腐蚀液的配方、浓度、时间及温度选择如下。

方法一：对〈111〉晶向的单晶可用 5%～10%NaOH 水溶液煮沸 5～6min 到样品光亮为止。对〈110〉和〈100〉晶向的单晶煮沸时间比〈111〉晶向的单晶时间更长一些。

方法二：50%NaOH 水溶液在 65℃下腐蚀 5min。

(2) 晶向显示通过屏幕中心的小孔用准直光源照射腐蚀面，可以观察到不同晶向生长的单晶的光像。

金相腐蚀法存在的缺点：第一，定向精度不高，主要是由于光斑强度较弱而且往往存在弥散现象；第二，对需要定向的面有破坏性，这是由于腐蚀及研磨都需要较长时间。因此目前工业上测定晶向主要采用 X 射线衍射法。

10.3.3　膜厚的测量

10.3.3.1　测量原理

多晶硅薄膜厚度测量可以按照材料破坏与否分为破坏性测量和非破坏性测量两类。破坏性测量方法主要有研磨法、台阶法等；非破坏性测量方法主要包括称重法、椭圆偏振法以及采用其他最新测试设备直接对薄膜进行测量的方法。

由于椭圆偏振法测量膜厚对样品不具破坏性，且其测量精度较高，应用范围非常广，因此下面主要介绍椭圆偏振法。

由于电子计算机的发展，椭圆偏振法测量膜厚原理的数学处理不再复杂，从而使椭圆偏振法实际应用的价值得以实现。此外，由于激光技术的发展，采用激光作为椭圆偏振仪的光源，因此，椭圆偏振仪在结构上取得了很大进步。

如图 10-17 所示，由激光器发出一定波长（$\lambda = 6.328 \times 10^{-7}$m）的激光束，经过起偏器后变为线偏振光，并确定其偏振方向。再经过 1/4 波长片，由于双折射现象，使其分解成互相垂直的 P 分量和 S 分量，成为椭圆偏振光，椭圆的形状由起偏器的方位角决定。椭圆偏振光以一定角度入射到样品上，经过样品表面和多层介质（包括衬底—介质膜—空气）的来回反射与折射，总的反射光束一般仍为椭圆偏振光，但椭圆的形状和方位改变了。一般用 Ψ 和 Δ 来描述反射时偏振状态的变化，其定义为：

$$\psi = \frac{|R_P|}{|R_S|},\ \Delta = \Delta_P - \Delta_S \tag{10-39}$$

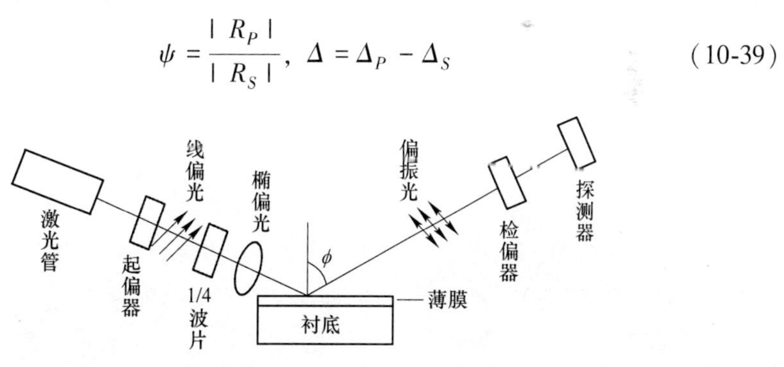

图 10-17　椭圆偏振仪装置及工作原理示意图

式中，R_S和 R_P分别为 S 和 P 分量各自的反射系数，Δ_S和 Δ_P是反射时 S 和 P 各自引起的相移。当波长、入射角、衬底等参数一定时，ψ 和 Δ 是与膜厚 d 和膜折射率 n 有关的函数。通过计算机计算可以得到一系列的曲线，它们组成曲线族，如图 10-18 所示。曲线表示了 ψ 和 Δ 与膜的折射率 n 及膜厚 d 之间的关系。对一定厚度的某种膜，旋转起偏器总可以找到某一方位角，使反射光变为线偏振光。这时再转动检偏器，当检偏器的方位角与样品上的反射光的偏振方向垂直时，光束不能通过，出现消光现象。消光时，Δ 和 ψ 分别由起偏器的方位角 P 和检偏器的方位角 A 决定。把 P 值和 A 值分别换算成 Δ 和 ψ 后，再利用公式和图表就可得到膜的折射率和膜厚度。

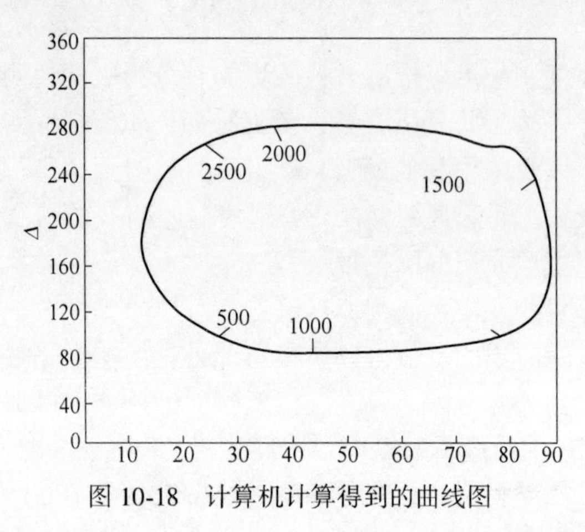

图 10-18　计算机计算得到的曲线图

10.3.3.2　测试步骤

椭圆偏振仪能测量几纳米量级厚度的不同类型的薄膜。最基本的要求是膜层为透明或半透明的。具体测试步骤如下：

(1) 接通激光电源，转动反射光管，使与入射光管夹角为 140° ($\phi=70°$)，再将位置固定；

(2) 把样品放在样品台，使光经样品反射后能进入反射光管；

(3) 把 1/4 波片的快轴成+45°放置，并把起偏器、检偏器的方位先置零，同时转动起偏器和检偏器找出第一个消光位置，并从起偏器和检偏器上分别读出起偏角 P_1 和检偏角 A_1，并记录下来；

(4) 把起偏器转到大约一 P_1 处，与第一次转动检偏器相反的方向转动检偏器（同时轻动检偏器），找出第二个消光位置，读出起偏角 P_2 及检偏角 A_2；

(5) 将 1/4 波片的快轴成 45°放置，重复 (3)、(4) 步骤，分别测出 P_3、A_3、P_4、A_4。

参 考 文 献

[1] Blakers Andrew W, Wang Aihua, Milne Adele M, et al. 22.8% efficientsilicon solar cell [J]. Applied Physics Letters, 2010, 55: 1363.

[2] 韩海建, 周旗钢, 戴小林, 300mm 直拉单晶硅中的氮元素对氧化诱生层错的影响 [J]. 稀有金属, 2009, 33: 223~226.

[3] Schropp R E I, Zeman Miro. Amorphous and Microcrystalline Silicon Solar Cells: Modeling, Materials and Device Technology [M]. 1998.

[4] Carlson D E, Wronski C R. Amorphous silicon solar cell [J]. IEEE Transactions on Electron Devices, 1976, 28: 671~673.

[5] Tan Zhongfu, Tan Qingkun, Rong Menglei. Analysis on the financing status of PV industry in China and the ways of improvement [J]. Renewable & Sustainable Energy Reviews, 2018, 93: 409~420.

[6] Bei Wu, Stoddard Nathan, Ma Ronghui, et al. Bulk multicrystalline silicon growth for photovoltaic (PV) application [J]. Journal of Crystal Growth, 2008, 310: 2178~2184.

[7] Buonassisi T, Istratov A A, Pickett M D, et al. Chemical natures and distributions of metal impurities in multicrystalline silicon materials [J]. Progress in Photovoltaics Research & Applications, 2010, 14: 513~531.

[8] Sun Honghang, Qiang Zhi, Wang Yibo, et al. China's solar photovoltaic industry development: The status quo, problems and approaches [J]. Applied Energy, 2014, 118: 221~230.

[9] Marigo Nicoletta, The Chinese silicon photovoltaic industry and market: a critical review of trends and outlook [J]. Progress in Photovoltaics Research & Applications, 2010, 15: 143~162.

[10] Shi Enzheng, Li Hongbian, Long Yang, et al. Colloidal Antireflection Coating Improves Graphene-Silicon Solar Cells [J]. Nano Letters, 2013, 13: 1776~1781.

[11] Istratov A A, Buonassisi T, Pickett M D, et al. Control of metal impurities in "dirty" multicrystalline silicon for solar cells [J]. Materials Science & Engineering B, 2006, 134: 282~286.

[12] Green Martin A. Crystalline and thin-film silicon solar cells: state of the art and future potential [J]. Solar Energy, 2003, 74: 181~192.

[13] Zhang Yao Ming. The Current Status and Prospects of solar photovoltaic industry in China [J]. Energy Research & Utilization, 2007.

[14] Yang Y M, Yu A, Hsu B, et al. Development of high-performance multicrystalline silicon for photovoltaic industry [J]. Progress in Photovoltaics Research & Applications, 2015, 23: 340~351.

[15] Keevers M J, Green M A. Efficiency improvements of silicon solar cells by the impurity photovoltaic effect [J]. Journal of Applied Physics, 1994, 75: 4022~4031.

[16] Dale Michael, Benson Sally M. Energy Balance of the Global Photovoltaic (PV) Industry-Is the

PV Industry a Net Electricity Producer? [J]. Environmental Science & Technology, 2013, 47: 3482~3489.

[17] Bothe Karsten, Sinton Ron, Schmidt Jan. Oxygen-related carrier lifetime limit in mono-and multicrystalline silicon [J]. Progress in Photovoltaics Research & Applications, 2010, 13: 287~296.

[18] Haley Usha C V, Schuler Douglas A. Government Policy and Firm Strategy in the Solar Photovoltaic Industry [J]. California Management Review, 2011, 54: 17~38.

[19] Fossum J G, Lindholm F A, Shibib M A. The importance of surface recombination and energy-bandgap arrowing in p-n-junction silicon solar cells [J]. Electron Devices IEEE Transactions, 1979, 26: 1294~1298.

[20] Davis J R, Rohatgi A, Hopkins R H, et al. Impurities in silicon solar cells [J]. Electron Devices IEEE Transactions, 1980, 27: 677~687.

[21] Fang Zhang, Gallagher Kelly Sims. Innovation and technology transfer through global value chains: Evidence from China's PV industry [J]. Energy Policy, 2016, 94: 191~203.

[22] Tiedje T, Yablonovitch E, Cody G D, et al. Limiting efficiency of silicon solar cells [J]. Electron Devices IEEE Transactions, 1984, 31: 711~716.

[23] Leguijt C, Lölgen P, Eikelboom J A, et al. Low temperature surface passivation for silicon solar cells [J]. Solar Energy Materials & Solar Cells, 1996, 40: 297~345.

[24] Szlufcik J, Sivoththaman S, Nlis J F, et al. Low-cost industrial technologies of crystalline silicon solar cells [J]. Proceedings of the IEEE, 1997, 85: 711~730.

[25] Möller H J, Funke C, Rinio M, et al. Multicrystalline silicon for solar cells [J]. Solid State Phenomena, 2005, 47~48: 127~142.

[26] 何玉平，黄海宾. n/p 型掺杂非晶硅薄膜工艺优化研究 [J]. 南昌工程学院学报，2017，36：28~30.

[27] 杨灼坚，沈辉. n 型晶体硅太阳电池最新研究进展的分析与评估 [J]. 材料导报，2010，24：126~130.

[28] Yan Huimin, Zhou Zhizhi, Lu Huayong. Photovoltaic industry and market investigation [C]. Sustainable Power Generation and Supply, 2009.

[29] Kelzenberg M D, Turner-Evans D B, Kayes B M, et al. Photovoltaic measurements in single-nanowire silicon solar cells [J]. Nano Letters, 2008, 8: 710.

[30] 李玲，李明标. pin 型非晶硅薄膜太阳能电池优化设计 [J]. 科技与企业，2015：183~184.

[31] 李旺，刘石勇，刘路，等. PI 衬底 n-i-p 结构非晶硅薄膜太阳能电池的制备 [J]. 人工晶体学报，2015，44：2350~2353.

[32] Yang Feifei, Zhao Xingang. Policies and Economic Efficiency of China's Distributed Photovoltaic and Energy Storage Industry [J]. Energy, 2018, 154.

[33] Menna P, Francia G Di, Ferrara V La. Porous silicon in solar cells: A review and a description of its application as an AR coating [J]. Solar Energy Materials & Solar Cells, 1995, 37: 13~24.

[34] Rech B, Wagner H. Potential of amorphous silicon for solar cells [J]. Applied Physics A, 1999, 69: 155~167.

[35] Catchpole Kylie R, Mccann Michelle J, Weber Klaus J, et al. A review of thin-film crystalline silicon for solar cell applications. Part 2: Foreign substrates [J]. Solar Energy Materials & Solar Cells, 2001, 68: 173~215.

[36] Li Jiangong, Wu Peng, Yu Peng, et al. Ribbon Silicon Material for Solar Cells [J]. Advanced Materials Research, 2012, 531: 67~70.

[37] Sarti Dominique, Einhaus Roland. Silicon feedstock for the multi-crystalline photovoltaic industry [J]. Solar Energy Materials & Solar Cells, 2002, 72: 27~40.

[38] Prince M B. Silicon Solar Energy Converters [J]. Journal of Applied Physics, 1955, 26: 534~540.

[39] WODITSCH, Peter, KOCH, et al. Solar grade silicon feedstock supply for PV industry [J]. Solar Energy Materials & Solar Cells, 2002, 72: 11~26.

[40] Staebler D L, Crandall R S, Williams R. Stability of n-i-p amorphous silicon solar cells [J]. Applied Physics Letters, 1981, 39: 733~735.

[41] Dingemans G, Kessels W M M. Status and prospects of Al_2O_3-based surface passivation schemes for silicon solar cells [J]. Journal of Vacuum Science & Technology A Vacuum Surfaces & Films, 2012, 30: 040802~040827.

[42] GRAU, Thilo, Huo Molin, et al. Survey of photovoltaic industry and policy in Germany and China [J]. Energy Policy, 2012, 51: 20~37.

[43] Panek P, Lipiński M, Dutkiewicz J. Texturization of multicrystalline silicon by wet chemical etching for silicon solar cells [J]. Journal of Materials Science, 2005, 40: 1459~1463.

[44] Munzer K A, Holdermann K T, Schlosser R E, et al. Thin monocrystalline silicon solar cells [J]. Electron Devices IEEE Transactions, 1999, 46: 2055~2061.

[45] Han S E, Chen G. Toward the Lambertian limit of light trapping in thin nanostructured silicon solar cells [J]. Nano Letters, 2010, 10: 4692.

[46] Macdonald D, Cuevas A, Kinomura A, et al. Transition-metal profiles in a multicrystalline silicon ingot [J]. Journal of Applied Physics, 2005, 97: 6552.

[47] 马文会, 魏奎先, 杨斌, 等. Vacuum distillation refining of metallurgical grade silicon (Ⅱ) ——Kinetics on removal of phosphorus from metallurgical grade silicon [J]. Transactions of Nonferrous Metals Society of China, 2007, 17: 1022~1025.

[48] Green M A, Zhao Jianhua, Wang Aihua, et al. Very high efficiency silicon solar cells-science and technology [J]. IEEE Transactions on Electron Devices, 1999, 46: 1940~1947.

[49] 闻瑞梅, 梁骏吾, 邓礼生, 等. 半导体材料与器件生产工艺尾气中砷、磷、硫的治理及检测 [J]. Journal of Semiconductors, 1995, 16: 188~194.

[50] 舒福璋. 半导体硅片清洗工艺的发展研究 [J]. 中国高新技术企业, 2007: 96~99.

[51] 梁骏吾, 郑敏政, 袁桐, 等. 半导体硅片生产形势的分析 [J]. 中国集成电路, 2003, 44: 34~37.

[52] 梁宗存, 沈辉. 薄硅片太阳电池制备技术 [C] //杨德仁, 汪雷. 第十届中国太阳能光

伏会议论文集．杭州：浙江大学出版社，2008：92~95.

[53] 孔继川，缪娟．薄膜太阳能电池的研究进展 [J]. 化工时刊，2011，22 (7)：60~64.

[54] 梁骏吾．薄膜太阳能电池的研究进展 [C] //2011 年多晶硅及太阳能电池技术发展研讨会，2011.

[55] 李勇．掺氮直拉单晶硅在太阳电池中的应用 [D]. 杭州：浙江大学，2006.

[56] 张泰生，马向阳，杨德仁．掺氮直拉单晶硅中氧沉淀的研究进展 [J]. 材料导报，2006，20：5~8.

[57] 孙洁，超薄硅片倒角工艺研究 [J]. 电子工业专用设备，2016：17~19.

[58] 戴永年，马文会，杨斌，等．粗硅精炼制多晶硅 [J]. 世界有色金属，2009：29~35.

[59] 廉子丰．大直径硅片加工技术 [J]. 电子工业专用设备，1997：5~9.

[60] 吴明明．单晶硅片的超精密加工技术研究 [D]. 杭州：浙江工业大学，2005.

[61] 李东升，杨德仁，朱爱平，等．氮杂质对直拉单晶硅中位错的作用 [J]. 半导体学报，2001，22：1401~1405.

[62] 许颖，励旭东，王文静．低成本衬底上多晶硅薄膜电池的探索 [J]. 发光学报，2003，24：301~304.

[63] 姜丽丽，路忠林，张凤鸣，等．低温退火磷吸杂工艺对低少子寿命铸造多晶硅电性能的影响 [J]. 物理学报，2013，62：1~7.

[64] 梁骏吾．电子级多晶硅的生产工艺 [J]. 中国工程科学，2000，2：34~39.

[65] 武耀祖．定向凝固多晶铸锭的影响因素 [D]. 呼和浩特：内蒙古大学，2016.

[66] 史冰川，李昆，亢若谷，等．定向凝固法制备铸造多晶硅技术现状及发展综述 [J]. 材料导报，2014：183~186.

[67] 梅向阳，马文会，戴永年，等．定向凝固技术的发展及其在制备太阳能级硅材料中的应用 [J]. 轻金属，2008：64~71.

[68] 蒋咏，马文会，魏奎先，等．定向凝固技术去除超冶金级硅中铁的实验研究 [J]. 热加工工艺，2011，40：17~18.

[69] 薛连伟．定向凝固制备铸造多晶硅研究进展 [J]. 化工生产与技术，2013，20：32~35.

[70] 陈君，杨德仁，席珍强，等．定向凝固铸造多晶硅材料的 EBIC 研究 [C] //严陆光．21 世纪太阳能新技术——2003 年中国太阳能学会学术年会论文集．上海：上海交通大学出版社，2003.

[71] 何海洋，陈诺夫，李宁，等．多晶硅薄膜太阳电池 [J]. 微纳电子技术，2013，50：13~18.

[72] 胡芸菲，沈辉，梁宗存，等．多晶硅薄膜太阳电池的研究与进展 [J]. 太阳能学报，2005，26：200~206.

[73] 钟德京，邱家梁，邹军，等．多晶硅锭高氧浓度与少子寿命的研究 [J]. 太阳能学报，2018.

[74] 刘祖明，陈庭金．多晶硅太阳电池 [J]. 太阳能，2000：3.

[75] 段金刚，明亮，邱昊，等．多晶硅铸锭红外探伤阴影问题浅析 [J]. 电子工业专用设备，2017，46：26~28.

[76] 涂晔，杨雯，杨培志，等．非晶硅/微晶硅叠层太阳电池中间层的研究［J］．光学学报，2015，35：226~232.

[77] 何宇亮，程光煦．非晶硅薄膜晶化过程中微结构的分析［J］．物理学报，1990，39：1796~1802.

[78] 贾玉坤．非晶硅薄膜太阳电池陷光结构的模拟与设计［D］．郑州：郑州大学，2014.

[79] 罗士雨，冯磊，汪洪，等．非晶硅薄膜制备及其晶化特性研究［J］．人工晶体学报，2008，37：1191~1194.

[80] 吕宝堂，赵晖，郑君，等．非晶硅太阳电池的衰减与退火［J］．半导体技术，2002，27：65~67.

[81] 张力，薛钰芝．非晶硅太阳电池的研发进展［J］．太阳能，2004：24~26.

[82] 钱勇之．非晶硅太阳电池的研究开发新进展［J］．稀有金属，1990：363~370.

[83] 黄庆举．非晶硅太阳能电池的研究进展［J］．科技创新与应用，2014：52~53.

[84] 吕中原．非晶硅太阳能电池陷光特性研究与参数反演［D］．哈尔滨：哈尔滨工业大学，2016.

[85] 辛超，周剑，周潘兵，等．高温退火对铸造多晶硅片中位错密度的影响［J］．半导体技术，2011，36：378~381.

[86] 常欣．高效晶体硅太阳电池技术及其应用进展［J］．太阳能，2016：33~36.

[87] 董艳奇，马文会，魏奎先，等．工业硅炉电磁场和温度场的数值模拟［J］．昆明理工大学学报（自然科学版），2016：9~15.

[88] 伍继君，徐敏，马文会，等．工业硅炉外吹气精炼除硼研究进展［J］．昆明理工大学学报（自然科学版），2014：1~7.

[89] 魏奎先，陆海飞，马文会，等．工业硅炉外精炼提纯与湿法浸出研究进展［J］．昆明理工大学学报（自然科学版），2015：1~11.

[90] 于志强，马文会，伍继君，等．工业硅熔炼过程的㶲分析［J］．轻金属，2009：55~60.

[91] 叶宏亮，马文会，杨斌，等．工业硅生产过程生命周期评价研究［J］．轻金属，2007：46~49.

[92] 刘娟，黄辉，于怡青，等．固结磨料加工硅片的技术进展［J］．超硬材料工程，2004，16：5~7.

[93] 梁骏吾，光伏产业面临多晶硅瓶颈及对策［J］．科技导报，2006，24：5~7.

[94] 阙端麟，硅材料科学与技术［M］．杭州：浙江大学出版社，2000.

[95] 王喆，硅基薄膜太阳能电池研究进展［J］．科技视界，2018：34~35.

[96] 季鑫，杨德仁，答建成，硅基单结太阳能电池的制备技术、缺陷及其性能的研究［J］．材料导报，2016，30：15~18.

[97] 高尚，康仁科．硅片超精密磨削减薄工艺基础研究［J］．机械工程学报，2015：52~53.

[98] 江瑞生，硅片的几何参数及其测试［J］．上海有色金属，1994：217~228.

[99] 史勇，黄因慧，田宗军，等．硅片电火花线切割加工技术的发展［J］．电加工与模具，2008：64~68.

[100] 杨建忠．硅片端磨切割技术［J］．电子工业专用设备，1993：24~27.

[101] 赵喜文．硅片高效低损伤磨削工艺研究［D］．大连：大连理工大学，2014.

[102] 蔡鑫泉，硅片划片加工 [J]. 电子工业专用设备，1993：50~54.
[103] 刘敬远. 硅片化学机械抛光加工区域中抛光液动压和温度研究 [D]. 大连：大连理工大学，2009.
[104] 曾湘安，艾斌，邓幼俊，等. 硅片及其太阳电池的光衰规律研究 [J]. 物理学报，2014，63：415~420.
[105] 张银霞，李大磊，郜伟，等. 硅片加工表面层损伤检测技术的试验研究 [J]. 人工晶体学报，2011，40：359~364.
[106] 喻淑伦. 硅片加工及材料发展趋势 [J]. 微电子学，1989：63~67.
[107] 张厥宗. 硅片加工技术 [M]. 北京：化学工业出版社，2010.
[108] 郜伟，张银霞，硅片加工损伤机理的压痕、划痕研究 [J]. 电子质量，2008：44~47.
[109] 廖建勇. 硅片精密加工技术发展概述 [J]. 科技风，2008：53~55.
[110] 韦建德，潘再峰，刘浩，等. 硅片线切割机 HCT-B5 半载工艺研究 [J]. 能源与环境，2016：47~48.
[111] 王亮，刘志东，黄因慧，等. 硅片线切割有限元热分析 [J]. 电加工与模具，2008：36~39.
[112] 田业冰，金洙吉，康仁科，等. 硅片自旋转磨削的运动几何学分析 [J]. 中国机械工程，2005，16：1798~1801.
[113] 徐文婷，马文会，杨斌，等. 硅提纯的热力学基础 [J]. 中山大学学报（自然科学版），2007，46：88~90.
[114] 沈辉，舒碧芬. 国内外太阳电池的发展与应用 [J]. 阳光能源，2005：42~44.
[115] 孙禹辉，康仁科，郭东明，等. 化学机械抛光中的硅片夹持技术 [J]. 半导体技术，2004，29：10~14.
[116] 马文会，戴永年，杨斌，等. 加快太阳级硅制备新技术研发促进硅资源可持续发展 [J]. 中国工程科学，2005：91~94.
[117] 刘海军. 减薄硅片变形的测量方法与技术 [D]. 大连：大连理工大学，2016.
[118] 沈辉，闻立时，简论发展我国太阳电池及多晶硅产业 [J]. 科技导报，2006，24：8~10.
[119] 伍继君，马文会，刘大春，等. 金属硅中杂质元素的熔渣氧化研究 [J]. 中国稀土学报，2010，28：462~465.
[120] 吴伟梁，林文杰，赵影文，等. 金属氧化物多层膜背接触晶体硅太阳电池 [J]. 太阳能，2017：35~38.
[121] 王英连. 晶硅太阳电池的研究现状与发展前景 [J]. 科技创新与应用，2018，245：68~69，72.
[122] 戴恩琦，王欢欢，谢汝平，等. 晶体硅表面纳米孔减反光结构的制备及其性能表征 [J]. 光电子：激光，2017：1325~1330.
[123] 姚宏，欧阳萌，高敬媛，等. 晶体硅材料太阳电池的光吸收率仿真研究 [J]. 电源技术，2017，41：1431~1432.
[124] 赵汝强，梁宗存，李军勇，等. 晶体硅太阳电池工艺技术新进展 [J]. 材料导报，2009，23：25~29.

[125] 任先培，程浩然，何发林，等．晶体硅太阳电池光衰减现象研究的新进展［J］．材料导报，2012，26：15~21.

[126] 刘良玉，张威，禹庆荣，晶体硅太阳电池技术及进展研究论述［J］．中国设备工程，2017：206~207.

[127] 魏挺．晶体硅太阳电池制备研究［J］．科技广场，2017：65~69.

[128] 徐泽．快速热处理对直拉单晶硅缺陷的调控［D］．杭州：浙江大学，2012.

[129] 符黎明．快速热处理对直拉单晶硅中氧沉淀和内吸杂的影响［D］．杭州：浙江大学，2008.

[130] 陈玉武，郝秋艳，刘彩池，等．快速热处理工艺下金属杂质对铸造多晶硅少子寿命的影响［J］．太阳能学报，2009，30：611~614.

[131] 周潘兵，柯航，周浪．热处理和冷却速率对直拉单晶硅少子寿命的影响［J］．材料热处理学报，2012，33：23~27.

[132] 吴洪军，马文会，陈秀华，等．热退火对超冶金级硅中缺陷的影响（英文）［J］．中国有色金属学报（英文版），2011：1340~1347.

[133] 杨德仁．太阳电池材料［M］．北京：化学工业出版社，2007.

[134] 郭志球，沈辉，刘正义，等．太阳电池研究进展［J］．材料导报，2006，20：41~43.

[135] 李勇，钟尧，席珍强，等．太阳电池用掺氮直拉单晶硅中氧沉淀行为的研究［J］．材料科学与工程学报，2006，24：676~678.

[136] 姜婷婷．太阳电池用晶体硅中金属杂质与缺陷的相互作用研究［D］．杭州：浙江大学，2014.

[137] 吴珊珊．太阳电池用铸造多晶硅结构缺陷和杂质的研究［D］．杭州：浙江大学，2011.

[138] 李云明，罗玉峰，张发云，等．太阳电池铸造多晶硅材料的结构缺陷及其控制［J］．材料导报，2015：29~33.

[139] 沈辉，柳锡运．太阳能电池单晶硅表面织构化正交试验［J］．华南理工大学学报（自然科学版），2006，34：11~14.

[140] 魏奎先，戴永年，马文会，等．太阳能电池硅转换材料现状及发展趋势［J］．轻金属，2006：52~56.

[141] 梁宗存，沈辉，李戬洪．太阳能电池及材料研究［J］．材料导报，2000，14：38~40.

[142] 刘耀南，梁萍兰，张存磊，等．太阳能电池用铸造多晶硅的碳浓度分布研究［J］．浙江理工大学学报（自然科学版），2013，30：250~253.

[143] 邓太平．太阳能多晶硅锭中夹杂的分布特性及其成因［D］．南昌：南昌大学，2007.

[144] 沈辉．太阳能光伏发电技术［M］．北京：化学工业出版社，2005.

[145] 刘志东，邱明波，汪炜，等．太阳能硅片切割技术的研究［J］．电加工与模具，2009：61~64.

[146] 于站良，马文会，戴永年，等．太阳能级硅制备新工艺研究进展［J］．轻金属，2006：43~47.

[147] 马文会，戴永年，杨斌，等．太阳能级硅制备新技术研究进展［J］．新材料产业，2006：12~16.

[148] 罗运俊．太阳能利用技术［M］．北京：化学工业出版社，2008.

[149] 王君一. 太阳能利用技术 [M]. 北京: 金盾出版社, 2009.
[150] 魏奎先, 马文会, 戴永年, 等. 提纯工业硅除铝的实验研究 [J]. 功能材料, 2007, 38: 2087~2089.
[151] 沈辉, 舒碧芬, 闻立时. 我国太阳能光伏产业的发展机遇与战略对策 [J]. 电池, 2005, 35: 430~432.
[152] AllenBowling, CecilJ. Davis. 现代硅片加工过程中的沾污控制 [J]. 微电子技术, 1995: 82~86.
[153] 梁骏吾. 兴建年产一千吨电子级多晶硅工厂的思考 [J]. 新材料产业, 2000, 2: 33~35.
[154] 樊树斌. 研磨液对硅片加工的发展前景 [J]. 电子工业专用设备, 2016, 45: 1~3.
[155] 付亚惠, 李治明, 刘建全. 氧碳对太阳能级直拉单晶硅品质影响初探 [J]. 青海科技, 2011, 18: 35~37.
[156] 吕东, 马文会, 伍继君, 等. 冶金法制备太阳能级多晶硅新工艺原理及研究进展 [J]. 材料导报, 2009, 23: 30~33.
[157] 伍继君, 马文会, 谢克强, 等. 冶金法制备太阳能级硅研究进展 [J]. 昆明理工大学学报 (自然科学版), 2012: 11~16.
[158] 麦毅, 马文会, 谢克强, 等. 冶金法制备太阳能级硅中湿法除 B 探索研究 [J]. 中国稀土学报, 2012, 30: 158~162.
[159] 伍继君, 马文会, 杨斌, 等. 冶金级硅氧气精炼过程杂质元素的热力学行为 [J]. 北京工业大学学报, 2013: 1566~1569.
[160] 魏奎先, 马文会, 戴永年, 等. 冶金级硅真空蒸馏除磷研究 [J]. 中山大学学报 (自然科学版), 2007, 46: 69~71.
[161] 康洪亮, 陶术鹤, 张伟才. 影响硅片倒角加工效率的工艺研究 [J]. 中国新技术新产品, 2015, 303: 51~52.
[162] 王学孟, 赵汝强, 沈辉, 等. 用于太阳能电池的多晶硅激光表面织构化研究 [J]. 激光与光电子学进展, 2010, 47: 76~81.
[163] 赵志文. 用于冶金法提纯多晶硅的石墨坩埚涂层的研究 [D]. 厦门: 厦门大学, 2012.
[164] 席珍强, 杨德仁, 陈君, 等. 原生直拉单晶硅中的铜沉淀规律 [J]. Journal of Semiconductors, 2005, 26: 1753~1759.
[165] 丁朝, 马文会, 魏奎先, 等. 造渣氧化精炼提纯冶金级硅研究进展 [J]. 真空科学与技术学报, 2013, 33: 185~191.
[166] 梅向阳, 马文会, 吕国强, 等. 真空定向凝固法去除硅中铁铝杂质的研究 [J]. 铸造技术, 2010, 31: 1432~1434.
[167] 魏奎先, 郑达敏, 马文会, 等. 真空精炼提纯工业硅除钙研究 [J]. 真空科学与技术学报, 2014, 34: 978~983.
[168] 田达晰. 直拉单晶硅的晶体生长及缺陷研究 [D]. 杭州: 浙江大学, 2010.
[169] 黄有志, 王丽. 直拉单晶硅工艺技术 [M]. 北京: 化学工业出版社, 2009.
[170] 汤艳. 直拉单晶硅内吸杂研究 [D]. 杭州: 浙江大学, 2002.

[171] 陈文浩，凌继贝，周浪．直拉单晶硅片“黑心”现象性质分析［J］．人工晶体学报，2015，44：348~353.

[172] 曾庆凯，关小军，潘忠奔，等．直拉单晶硅生长时空洞演化的相场模拟［J］．人工晶体学报，2012，41：888~895.

[173] 胡天乐，陆妩，席善斌，等．直拉单晶硅中洁净区形成后铜沉淀行为的研究［J］．物理学报，2013，62：305~310.

[174] 符黎明，杨德仁，马向阳，等．直拉单晶硅中氧沉淀的高温消融和再生长［J］．半导体学报，2007，28：52~55.

[175] 郭宽新，陈秀华，马文会，等．制备太阳能级硅工艺进展［J］．中国稀土学报，2008，26：462~469.

[176] 王占国．中国材料工程大典［M］．北京：化学工业出版社，2006.

[177] 梁骏吾，郑敏政，袁桐，等．中国硅材料工业的前景与挑战［J］．中国集成电路，2002，34：36~38.

[178] 梁骏吾，郑敏政，袁桐，等．中国信息产业领域相关重点基础材料科技发展战略研究［J］．材料导报，2000，14：1~4.

[179] 赵泽钢，赵剑，马向阳，等．重掺硼对直拉单晶硅片上压痕位错运动的影响［J］．材料科学与工程学报，2016，34：345~347.

[180] 王朋，杨德仁，李晓强，等．铸造多晶硅不同部位的少子寿命研究［C］//杨德仁，汪雷．第十届中国太阳能光伏会议论文集．杭州：浙江大学出版社，2008：299~302.

[181] 俞征峰．铸造多晶硅材料中氧缺陷的研究［D］．杭州：浙江大学，2004.

[182] 王凯．铸造多晶硅的稳定掺杂及电性能研究［D］．大连：大连理工大学，2017.

[183] 石湘波，许志强，施正荣，等．铸造多晶硅的吸杂［J］．江南大学学报（自然科学版），2006，5：749~752.

[184] 席珍强，杨德仁，陈君．铸造多晶硅的研究进展［J］．材料导报，2001，15：67~66.

[185] 罗大伟，孙金玲，张爽，等．铸造多晶硅的制备与研究［J］．功能材料，2011，42：674~676.

[186] 王建立，张呈沛，张华利，等．铸造多晶硅锭常见异常问题浅析［J］．硅谷，2014：14~15.

[187] 唐骏，黄笑容，席珍强，等．铸造多晶硅硅片的磷吸杂研究［J］．能源工程，2007：34~36.

[188] 陈君，杨德仁，席珍强．铸造多晶硅晶界的 EBSD 和 EBIC 研究［J］．太阳能学报，2006，27：364~368.

[189] 陈君．铸造多晶硅晶界电学特性的 EBIC 研究［D］．杭州：浙江大学，2005.

[190] 陈君，杨德仁，阙端麟，等．铸造多晶硅铝吸杂的 EBIC 研究［J］．太阳能学报，2003：48~51.

[191] 周潘兵，周浪．铸造多晶硅少子寿命的热衰减研究［J］．太阳能学报，2013，34：734~740.

[192] 邓敏，权祥．铸造多晶硅生产中的杂质引入与控制［J］．化工时刊，2018，32：43~

45，48.

[193] 王海荣．铸造多晶硅生长过程中氧的传递过程研究 [J]．科技信息，2011：52，55.

[194] 辛超．铸造多晶硅位错及其热处理消除研究 [D]．南昌：南昌大学，2011.

[195] 唐骏，席珍强，邓海，等．铸造多晶硅中的原生杂质 [J]．阳光能源，2007：43~44.

[196] 俞征峰，席珍强，杨德仁，等．铸造多晶硅中热施主形成规律 [J]．太阳能学报，2005，26：581~584.

[197] 陈君，杨德仁，席珍强，等．铸造多晶硅中铜沉淀的电子束诱生电流 [J]．太阳能学报，2005，26：1~5.